建筑工程项目管理服务指南

主编单位：泛华建设集团
副主编单位：中国建筑业协会工程项目管理专业委员会
中国建设监理协会

中国建筑工业出版社

图书在版编目(CIP)数据

建筑工程项目管理服务指南/泛华建设集团主编. —北京：中国建筑工业出版社，2005

ISBN 978-7-112-07926-1

Ⅰ. 建… Ⅱ. 泛… Ⅲ. 建筑工程—项目管理 Ⅳ. TU71

中国版本图书馆CIP数据核字(2005)第145908号

建筑工程项目管理服务指南

主 编 单 位： 泛华建设集团

副主编单位： 中国建筑业协会工程项目管理专业委员会
中国建设监理协会

*

中国建筑工业出版社出版、发行(北京西郊百万庄)
新 华 书 店 经 销
北京天成排版公司制版
北京蓝海印刷有限公司印刷

*

开本：787×1092毫米 1/16 印张：19 字数：470千字
2006年1月第一版 2007年5月第三次印刷
印数：6001—7500册 定价：**40.00**元

ISBN 978-7-112-07926-1
(13880)

本社网址：http：//www.cabp.com.cn
网上书店：http：//www.china-building.com.cn

本书内容由五篇14章组成，主要有：项目管理的任务与组织、项目策划与决策咨询、项目设计与施工管理、项目竣工验收与后评价、项目风险管理与信息管理。

本书可作为《建设工程项目管理规范》的应用指南，也可作为项目经理、注册建造师、注册建筑师、注册结构工程师、注册监理工程师和建筑行业职业经理人的培训推荐用书。

*　*　*

责任编辑：刘　江　周世明

责任设计：赵　力

责任校对：孙　爽　王雪竹

《建筑工程项目管理服务指南》
编　委　会

主 管 单 位： 建设部市场管理司

主 编 单 位： 泛华建设集团

副主编单位： 中国建筑业协会工程项目管理专业委员会
中国建设监理协会

顾　　　问： 黄　卫　张青林

主 任 委 员： 王素卿

副主任委员： 王早生　杨天举　逄宗展　吴　涛

编　　　委：

刘伊生　北京交通大学教授
何伯森　天津大学教授
邱　闯　中咨工程建设监理公司总工程师
丛培经　北京建工学院教授
马小良　原天津建工集团总承包公司总工程师
黄金枝　上海建通工程建设有限公司董事长
尤　完　中建一局集团公司副总经理
乐　云　同济大学教授
林之毅　中国建设监理协会副秘书长
颜思展　中国建筑业协会经营管理委员会副秘书长
陈立军　中国建筑业协会工程项目管理专业委员会副秘书长
罗云兵　泛华建设集团副总裁
蔚志平　泛华建设集团副总裁
许文发　泛华建设集团副总裁
董丽珠　泛华建设集团总建筑师

主　　　编： 刘伊生

副　主　编： 罗云兵　蔚志平　尤　完

参 编 单 位：

天津大学
中建一局集团公司

中咨工程建设监理公司
上海建通工程建设有限公司
铁道第五勘察设计院

参 编 人 员：（按姓氏笔画排序）

卢有杰 边卫东 巩 海 李富军 李国栋 刘 菁 刘玉明
刘斌斌 刘晓达 刘俊颖 吕文学 闫宪春 陈 欣 陈勇强
谷建华 何 坚 宋彩萍 吴善述 肖 力 肖 木 张京生
张水波 杨春宁 杨卫东 姜 涛 郭婧娟 胡国良 赵 朋
贾宏俊 韩珠杰 雷丙寅

序 一

建国以来，我国工程项目建设管理实行过多次改革，但基本上是用行政手段去决定工程建设的技术经济问题，忽视了建设项目的客观规律和内在联系，没有按专业化、科学化、市场化的要求，建立起专业化的服务体系，导致建设项目的管理水平低，不规范，不科学，严重影响了基本建设的整体效益。特别是我国加入WTO之后，这种做法与国际惯例不接轨。因此，迫切需要对我国传统的工程项目组织实施方式进行改革，按照专业化、社会化、市场化管理的原则，建立权责分明、制约有效、科学规范的工程项目管理体制和运行机制，不断提高投资效益和项目管理水平。

为了促进工程项目管理的发展，近两年建设部发布了《关于培育发展工程总承包和工程项目管理企业的指导意见》和《建设工程项目管理试行办法》等文件，提出了培育发展专业化的工程总承包和工程项目管理企业的具体意见和措施。鉴于目前国内勘察设计、施工、监理等企业的项目管理人员在实际工作中，缺乏可操作性的程序文件和工作手册，建设部市场管理司委托泛华建设集团组织研究编制《建筑工程项目管理体系文件》，并希望其研究成果能作为指导从事建筑工程项目管理服务人员的工作手册。《建筑工程项目管理体系文件》是一个完整的体系，包括投资决策、设计、施工、项目服务和后评价等各个模块的专业分册。希望泛华建设集团继续组织行业内的专家，尽快完成整个体系的编制工作。

此次出版的《建筑工程项目管理服务指南》，充分吸取了近年来工程项目管理的新经验、新成果，全面阐述了项目管理企业为业主提供服务的内容、程序和方法，体系比较完整，内容比较全面，坚持简明性、指导性和先进性，并特别突出了实用性。相信该指南的出版，对培育我国项目管理人才，促进工程项目管理企业的发展，提高建筑工程项目管理水平将起到积极的促进作用。

建设部建筑市场管理司司长 王素卿

2005年11月29日

序　二

工程项目管理引进我国已有20多年的历史。它的实践和发展，对于促进我国工程建设水平的提高起到了积极的推动作用。项目管理的应用不仅是工程项目参建各方的需求，更是工程建设成败的关键。因此，工程项目管理的实践应用备受建筑行业各界人士的关注。目前，我国工程项目管理人员的素质与国外相比，起点较低，专业技能和管理水平上有很大差距。这是因为国内的工程项目管理开展时间不是很长，项目管理人员不但处于外国项目管理理论的学习阶段，而且还要面临国内错综复杂的特殊工程情况，他们迫切需要有人给予其理论和实践的指导，尤其是对工作中的操作性实务管理。

但当今国内关于工程项目管理的操作性丛书在民用建筑工程方面适合我国国情的还较少。为了提高我国建筑工程项目管理的水平，建设部市场管理司组织相关的专家、学者进行了"建筑工程项目管理体系文件"的课题研究。《建筑工程项目管理服务指南》作为该课题的最新研究成果，是广大从事工程项目管理研究和实践人士经验的总结。

《建筑工程项目管理服务指南》的出版发行，为广大工程项目管理人员提供了具有可操作性的指导用书，希望各位读者能从中吸取有益的内容，结合本企业、本地区工程项目特点，创造性地加以应用，并不断地总结经验。同时也希望各界专家、企业能积极加入"建筑工程项目管理体系文件"课题的研究中来，将大家的宝贵经验通过研究成果在行业内推广，以进一步提高我国建筑工程项目管理水平。

张青林

前　言

随着社会经济的不断发展和工程项目生产方式的逐步转变，无论是政府投资项目，还是非政府投资项目，越来越多的业主需要专业化的工程项目管理单位为其提供全过程或分阶段的项目管理服务。为满足我国工程项目管理单位的实际需求，进而促进我国建筑工程项目管理水平的提高，建设部市场管理司委托泛华建设集团组织行业内专家学者，进行专项课题《建筑工程项目管理体系文件》的研究，其成果将是一个完整的科学体系，也是应从事项目管理人员实际工作需要应运而生的操作性成果。

《建筑工程项目管理服务指南》作为本课题研究的阶段性成果，在充分结合我国建筑工程管理体制改革和项目管理实践的基础上，站在项目管理单位的角度，以建筑工程项目管理为对象，作为《建筑工程项目管理体系文件》课题研究的综合性指南，并将在后斯陆续完成投资决策、设计、施工、项目服务和后评价等各个模块的专业分册。编委会希望在后期的编写工作中，能有更多的企业和专家学者参与到该课题的研究中来，群策群力，特别是使我们的编写成果更加满足广大项目管理人员的实际需求，为提高我国建筑行业的项目管理水平做出贡献。

本书站在专业化、社会化项目管理单位的角度，以项目周期为主线，从建筑工程项目前期策划开始，经可行性研究与评价、建设实施(设计、招标、施工及其监理)、竣工验收，直至项目后评价，全面、系统阐述了建筑工程项目管理的程序、内容和方法。

本书以现代项目管理理论为指导，注重可操作性，是专业化、社会化项目管理单位向业主提供全过程或分阶段项目管理服务的实用手册。本书是国家标准 GB/T 50326《建设工程项目管理规范》的延续文件，不仅深化了我国《建设工程项目管理规范》中的工作内容，具有很强的可操作性，而且可作为建筑工程项目参建各方管理人员实施项目管理的工作指南。同时也可作为我国建设领域有关执业资格人士进行继续教育的优选教程和我国建筑行业职业经理人认证的推荐用书。

为使《建筑工程项目管理服务指南》更具指导意义，在编撰中遵循了以下原则：

1. 工程项目管理理论与实践相结合。立足于工程项目管理实践，以现代项目管理理论为指导，注重可操作性，真正体现指南的作用。

2. 体现工程项目的全过程管理。以项目周期(项目建设程序)为主线，包括项目策划与决策、设计管理、工程招标、施工过程管理、竣工验收及后评价。

3. 体现工程项目目标控制的系统性。综合考虑工程造价、质量、进度三大目标之间的对立统一关系，以合同管理为纽带，以信息管理为基础，运用动态控制原理并引入风险管理理念，系统阐述工程项目目标策划与控制的程序、方法和手段。

在编写过程中，受到了来自各方人士的强力支持，使本书具有以下特色：

1. 本书编写在建设部相关领导的指导下，注重贯彻建设部发布的《关于培育发展工程总承包和工程项目管理企业的指导意见》和《建设工程项目管理试行办法》等文件精神，为广大工程总承包和工程项目管理企业提供了最新政策下的实操手册。

2. 本书编审过程中，广泛邀请了来自建设部、建筑企业、勘察设计企业、监理企业、工程咨询企业、高等院校、建筑类协会、业主投资方等多方面的专家、学者，从而使本书内容更具代表性。

3. 本书编写不但广泛吸取一线项目管理人员实际工作中的宝贵经验，而且借鉴了国内广大优秀企业内部项目管理手册的精华，使本书更具可操作性。

本书共分五篇：第一篇项目管理的任务与组织，着重介绍了建筑工程项目及其分类、项目周期、项目管理的类型和任务、项目管理的发展趋势、项目管理任务的委托方式及实施程序；第二篇项目管理策划与决策咨询，重点阐述了项目的构思与实施策划、项目建议书与可行性研究报告的编制、项目评价、项目决策报批程序、项目投资估算、项目融资分析；第三篇项目设计与施工管理，全面阐述了项目勘察管理、设计管理、施工任务的发包与材料设备采购及合同管理、项目监理、项目质量监督、施工许可证的办理、项目施工过程中的目标(质量、进度、造价、健康安全与环境)管理；第四篇项目竣工验收与后评价，介绍了项目竣工验收的内容和程序、竣工决算、工程保修、项目后评价的内容和方法；第五篇项目风险管理和信息管理，介绍了项目风险管理的程序和内容、工程保险与担保、项目信息管理的基本环节、项目信息管理平台。

由于本书是站在项目管理单位的角度全面阐述建筑工程项目前期决策阶段的咨询服务和实施阶段的管理实务，故其中的项目经理是指接受业主委托的项目管理单位派出的项目经理。项目经理对内向其项目管理单位负责，对外向业主负责。项目经理将带领项目管理机构(项目团队)代表项目管理单位履行委托项目管理合同。

限于时间及水平，本书中缺点和不妥之处在所难免，恳请各位同行批评指正，本编委会衷心希望不断吸收业内各方的优秀经验，欢迎更多的企业和业内人士参加此项课题的研究，通过逐年改版来组织和完善该行业成果。本书的完成离不开社会各界热心于提高我国工程项目管理水平专业人士的强力支持，在此表示深深的感谢！

目　　录

第一篇 项目管理的任务与组织

第1章 项目管理概述

1.1 项目分类与项目周期

1.1.1 项目及其组成

1. 项目及建筑工程项目

项目是指在一定的约束条件下（主要是限定时间、限定资源），具有明确目标的一次性任务。建筑工程项目是指为新建、改建、扩建房屋建筑物和附属构筑物、设施所进行的规划、勘察、设计、采购、施工、竣工验收和移交等过程。建筑工程项目包括以扩大生产能力或居住空间为主要目的的新建、扩建项目和以改进技术、增加产品品种、提高质量和安全、治理三废、节约资源为主要目的的更新改造项目。

2. 建筑工程项目的组成

建筑工程项目可分为单位（子单位）工程、分部（子分部）工程和分项工程。

(1) 单位（子单位）工程

单位工程是指具备独立施工条件并能形成独立使用功能的建筑物及构筑物。单位工程通常指一个单体建筑物或构筑物。对民用建筑工程而言，可能包括一栋以上同类设计、位置相邻、同时施工的房屋建筑工程，或一栋主体建筑及其附属辅助建筑物。

对于建筑规模较大的单位工程，可将其能形成独立使用功能的部分作为一个子单位工程。

具有独立施工条件和能形成独立使用功能是单位（子单位）工程划分的基本要求。在施工之前，应由建设单位、项目管理单位和施工单位商议确定。

(2) 分部（子分部）工程

分部工程是单位工程的组成部分，应按专业性质、建筑部位进行划分。建筑工程的分部工程包括：地基与基础工程、主体结构工程、装饰装修工程、屋面工程、给排水及采暖工程、电气工程、智能建筑工程、通风与空调工程和电梯工程。

当分部工程较大或较复杂时，可按材料种类、施工特点、施工程序、专业系统及类别等将起划分为若干子分部工程。例如，地基与基础分部工程又可细分为无支护土方、有支护土方、地基与基础处理、桩基、地下防水、混凝土基础、砌体基础、劲钢（管）混凝土、钢结构等子分部工程；主体结构分部工程又可细分为混凝土结构、劲钢（管）混凝土结构、砌体结构、钢结构、木结构、网架及索膜结构等子分部工程；建筑装饰装修分部工程又可细分为地面、抹灰、门窗、吊顶、轻质隔墙、饰面板（砖）、幕墙、涂饰、裱糊与软包、细部等子分部工程；智能建筑分部工程又可细分为通信网络系统、办公自动化系统、建筑设备监控系统、火灾报警及消防联动系统、安全防范系统、综合布线系统、智能化集成系统、电源与接地、环境、住宅（小区）智能化系统等子分部工程。

(3) 分项工程

分项工程作为分部工程的组成部分，是建筑工程质量形成的直接过程，同时也是计量工程用工、用料和机械台班消耗的基本单元。分项工程应按主要工种、材料、施工工艺、设备类别等进行划分。例如土方开挖工程、土方回填工程、钢筋工程、模板工程、混凝土工程、砖砌体工程、木门窗制作与安装工程等。

建筑工程的分部(子分部)工程、分项工程划分详见《建筑工程施工质量验收统一标准》(GB 50300—2001)附录 B。

1.1.2　项目分类

建筑工程项目的种类繁多，为了适应科学管理的需要，可以从不同角度进行分类。这里仅考虑两种分类方法。

1. 按项目的经济效益、社会效益和市场需求划分

建筑工程项目可划分为竞争性项目、基础性项目和公益性项目三种。

(1) 竞争性项目

主要是指投资效益比较高、竞争性比较强的建筑工程项目。其投资主体一般为企业，由企业自主决策、自担投资风险。

(2) 基础性项目

主要是指具有自然垄断性、建设周期长、投资额大而收益低的基础设施和需要政府重点扶持的一部分基础工业项目，以及直接增强国力的符合经济规模的支柱产业项目。政府应集中必要的财力、物力通过经济实体进行投资，同时，还应广泛吸收企业参与投资，有时还可吸收外商直接投资。

(3) 公益性项目

主要包括科技、文教、卫生、体育和环保等设施，公、检、法等政权机关以及政府机关、社会团体办公设施，国防建设等。公益性项目的投资主要由政府用财政资金安排。

2. 按项目的投资来源划分

建筑工程项目可划分为政府投资项目和非政府投资项目。

(1) 政府投资项目

政府投资项目在国外也称为公共工程，是指为了适应和推动国民经济或区域经济的发展，为了满足社会的文化、生活需要，以及出于政治、国防等因素的考虑，由政府通过财政投资、发行国债或地方财政债券、利用外国政府赠款以及国家财政担保的国内外金融组织的贷款等方式独资或合资兴建的建筑工程项目。

按照项目的性质不同，政府投资项目又可分为经营性政府投资项目和非经营性政府投资项目。

① 经营性政府投资项目。是指具有盈利性质的政府投资项目。政府投资的水利、电力、铁路等项目基本都属于经营性项目。经营性政府投资项目应实行项目法人责任制，由项目法人对项目的策划、资金筹措、建设实施、生产经营、债务偿还和资产的保值增值，实行全过程负责，使项目的建设与建成后的运营实现一条龙管理。

② 非经营性政府投资项目。一般是指非盈利性的、主要追求社会效益最大化的公益性项目。学校、医院以及各行政、司法机关的办公楼等项目都属于非经营性政府投资项目。非经营性政府投资项目应推行代建制，通过招标等方式，选择专业化的项目管理单位负责建设实施，严格控制项目投资、质量和工期，待工程竣工验收后再移交给使用单位，

从而使项目的“投资、建设、监管、使用”实现四分离。

（2）非政府投资项目

非政府投资项目是指企业、集体单位、外商和私人投资兴建的建筑工程项目。这类项目一般均实行项目法人责任制，使项目的建设与建成后的运营实现一条龙管理。

随着我国投资体制改革的不断深化，无论是实施建设项目法人责任制的经营性建筑工程项目，还是实施工程代建制的非经营性政府投资项目，均需要有专业化、社会化的项目管理服务为业主提供。这种项目管理服务可以是从建筑工程项目前期策划、设计管理，到工程招标、施工过程管理的全过程服务或其中几个阶段的服务，而且是包含工程质量、进度、造价及安全等方面的全方位管理。

1.1.3　项目周期

建筑工程项目周期在我国也称为工程建设程序，是指项目从设想、选择、评估、决策，到设计、施工、投入生产或交付使用整个过程中，各项工作必须遵循的先后次序。项目周期是工程建设过程客观规律的反映，是建筑工程项目科学决策和顺利进行的重要保证。

1. 项目周期的基本内容

尽管世界上各个国家和国际组织的项目周期可能存在着某些差异，如世界银行对任何一个国家的贷款项目，都要求经过项目选定、项目准备、项目评估、项目谈判、项目实施和项目总结评价六个阶段，从而保证世界银行在各国的投资保持较高的成功率。但一般而言，按照建筑工程项目的内在发展规律，投资建设一个工程项目都要经过投资决策、建设实施（设计、采购与施工）和交付使用三个发展时期。这三个发展时期又可分为若干个阶段，它们之间存在着严格的先后次序，可以进行合理的交叉，但不能任意颠倒次序。

按现行规定，我国政府投资项目周期如图 1-1 所示。

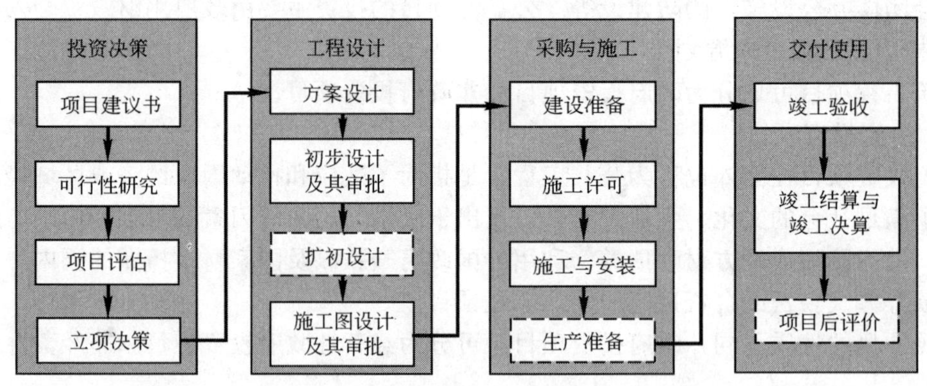

图 1-1　建筑工程项目周期

（1）投资决策阶段的主要工作内容

① 根据国民经济和社会发展长远规划，结合行业和地区发展规划的要求，提出项目建议书；

② 在勘察、试验、调查研究及详细技术经济论证的基础上编制可行性研究报告；

③ 根据项目评估情况，对建筑工程项目进行决策。

（2）建设实施阶段的主要工作内容

① 根据批准的可行性研究报告，编制方案设计文件。必要时，在此之前还需要进行

规划设计；

② 根据批准的方案设计，进行初步设计。对于技术复杂、需要进行技术论证的建筑工程项目，在进行施工图设计之前可进行扩大初步设计；

③ 根据批准的初步设计，进行施工图设计。施工图设计文件经审查批准后，即可进行施工前的各项准备工作，包括：征地、拆迁和场地平整，完成施工用水、电、通讯、道路等接通工作，组织招标选择监理、施工单位及设备、材料供应商；

④ 办理施工许可证后，组织土建工程施工及机电设备安装。对于生产性建筑工程项目，还需要根据施工进度安排，做好生产或动用前的各项准备工作。

(3) 交付使用阶段的主要工作内容

① 项目按批准的设计内容建成，经验收合格后即可正式投产、交付使用；

② 竣工验收合格后，需要进行竣工结算与竣工决算，并办理资产移交手续；

③ 生产运营一段时间(一般为 1 年)后，根据需要可以进行项目后评价。

2. 项目的投资决策审批制度

根据《国务院关于投资体制改革的决定》(国发［2004］20 号)，政府投资项目和非政府投资项目分别实行审批制、核准制或备案制。

(1) 政府投资项目

对于采用直接投资和资本金注入方式的政府投资项目，政府需要从投资决策的角度审批项目建议书和可行性研究报告，同时还要严格审批其初步设计和概算；对于采用投资补助、转贷和贷款贴息方式的政府投资项目，则只审批资金申请报告。

政府投资项目一般都要经过符合资质要求的咨询中介机构的评估论证，特别重大的项目还应实行专家评议制度。国家将逐步实行政府投资项目公示制度，以广泛听取各方面的意见和建议。

(2) 非政府投资项目

对于企业不使用政府资金投资建设的项目，一律不再实行审批制，区别不同情况实行核准制或登记备案制。

① 核准制。企业投资建设《政府核准的投资项目目录》中的项目时，仅需向政府提交项目申请报告，不再经过批准项目建议书、可行性研究报告的程序。

② 备案制。对于《政府核准的投资项目目录》以外的企业投资项目，实行备案制。除国家另有规定外，由企业按照属地原则向地方政府投资主管部门备案。

为扩大大型企业集团的投资决策权，对于基本建立现代企业制度的特大型企业集团，投资建设《政府核准的投资项目目录》中的项目时，可以按项目单独申报核准，也可编制中长期发展建设规划，规划经国务院或国务院投资主管部门批准后，规划中属于《政府核准的投资项目目录》中的项目不再另行申报核准，只须办理备案手续。企业集团要及时向国务院有关部门报告规划执行和项目建设情况。

1.2　项目管理的类型和任务

1.2.1　项目管理的类型

1. 建筑工程项目管理及其类型

建筑工程项目管理是指组织运用系统工程的观点、理论和方法对建筑工程项目周期内的所有工作(包括项目建议书、可行性研究、评估论证、设计、采购、施工、验收、后评价等)进行计划、组织、指挥、协调和控制的过程。建筑工程项目管理的核心任务是控制建筑工程项目目标(造价、质量、工期)，最终实现项目的功能以满足使用者的需求。

在建筑工程项目周期中，由于各阶段的任务和实施主体不同，从而构成了不同类型的项目管理。从系统工程的角度分析，每一类型的项目管理都是在特定条件下为实现整个建筑工程项目总目标的一个管理子系统。

(1) 业主方的项目管理

业主方的项目管理是全过程的项目管理，包括项目决策与实施阶段的各个环节。由于项目实施的一次性，使得业主方自行进行项目管理往往存在很大的局限性。首先，在技术和管理方面缺乏相应的配套力量；其次，即使是配备健全的管理机构，如果没有持续不断的项目管理任务也是不经济的。为此，项目业主需要专业化、社会化的项目管理单位为其提供项目管理服务。项目管理单位既可以为业主提供全过程的项目管理服务，也可以根据业主需求提供分阶段的项目管理服务。

对于需要实施监理的建筑工程项目，具有工程监理资质的项目管理单位可以为业主提供项目监理服务，但这通常需要业主在委托项目管理任务时一并考虑。当然，建筑工程监理任务也可由项目管理单位协助业主委托给其他具有工程监理资质的单位。

(2) 工程总承包方的项目管理

在项目设计、施工综合承包或设计、采购和施工综合承包(简称 EPC 承包)的情况下，业主在项目决策之后，通过招标择优选定总承包单位全面负责工程项目的实施过程，直至最终交付使用功能和质量标准符合合同文件规定的工程项目。由此可见，工程总承包方的项目管理是贯穿于项目实施全过程的全面管理，既包括项目设计阶段，也包括项目施工安装阶段。

(3) 设计方的项目管理

勘察设计单位承揽到项目勘察设计任务后，需要根据勘察设计合同所界定的工作目标及责任义务，引进先进技术和科研成果，在技术和经济上对项目的实施进行全面而详尽的安排，最终形成设计图纸和说明书，并在项目施工安装过程中参与监督和验收。因此，设计方的项目管理不仅仅局限于项目勘察设计阶段，而且要延伸到项目的施工阶段和竣工验收阶段。

(4) 施工方的项目管理

施工单位通过投标承揽到项目施工任务后，无论是施工总承包方还是分包方，均需要根据施工承包合同所界定的工程范围组织项目管理。施工方项目管理的目标体系包括项目施工质量(Quality)、成本(Cost)、工期(Delivery)、安全和现场标准化(Safety)和环境保护(Environment)，简称 QCDSE 目标体系。显然，这一目标体系既与建筑工程项目的目标相联系，又具有施工方项目管理的鲜明特征。

(5) 供货方的项目管理

从建筑工程项目管理的系统角度分析，建筑材料和设备的供应工作也是实施建筑工程项目的一个子系统。该子系统有明确的任务和目标、明确的约束条件以及与项目设计、施工等子系统的内在联系。因此，设备制造厂、供应商同样需要根据加工生产制造和供应合同所界定的任务进行项目管理，以适应建筑工程项目总目标的要求。

2. 建筑工程项目利益相关者

项目利益相关者一般是指在项目中有既定利益的人员和组织。他们或者积极支持、参与项目或阻碍项目的进展，或者由于项目的实施对其利益产生积极或消极的影响。建筑工程项目涉及到的利益相关者包括政府、投资人、业主、金融机构、项目管理单位、咨询单位、监理单位、勘察单位、设计单位、施工单位、供货单位、运营管理单位、使用单位、保险公司、竞争者、社会公众、政治组织、当地社区、媒体等，如图 1-2 所示。为使建筑工程项目得以顺利实施，各方项目管理者必须针对建筑工程项目的具体情况，充分考虑项目利益相关者的需求。

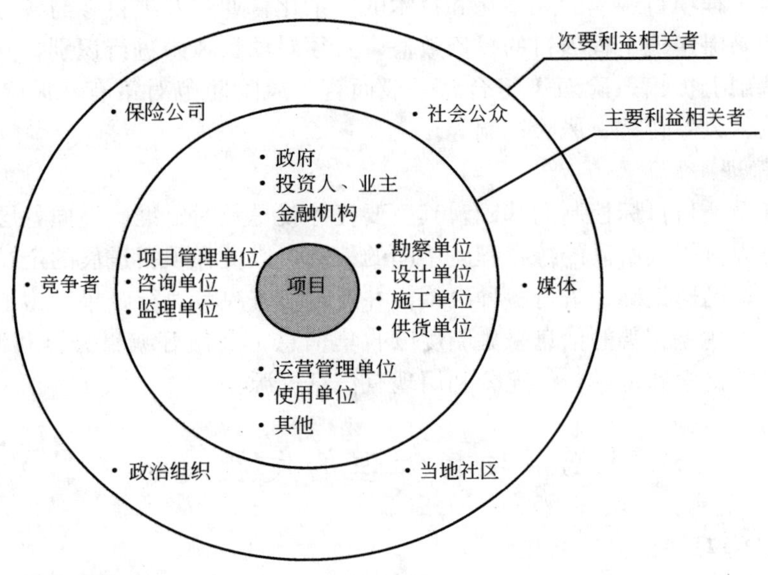

图 1-2　建筑工程项目利益相关者

1.2.2　项目管理的任务

建筑工程项目管理的主要任务是在建筑工程项目可行性研究、投资决策的基础上，对勘察设计、建设准备、施工及竣工验收等全过程的一系列活动进行规划、协调、监督、控制和总结评价，通过合同管理、组织协调、目标控制、风险管理和信息管理等措施，保证建筑工程项目质量、进度、造价目标得到有效控制。

1. 合同管理

建筑工程勘察设计合同、施工合同、材料设备采购合同、委托项目管理合同、委托监理合同等均是业主和参与项目实施各主体之间明确权利义务关系的具有法律效力的协议文件，也是市场经济体制下组织项目实施的基本手段。从某种意义上讲，项目的实施过程就是合同订立和履行的过程。合同管理主要是指对各类合同的依法订立过程和履行过程的管理，包括合同文本的选择，合同条件的协商、谈判，合同书的签署；合同履行的检查，变更和违约、纠纷的处理；总结评价等。

2. 组织协调

组织协调是实现项目目标必不可少的方法和手段。在项目实施过程中，各个项目参与单位需要处理和调整众多复杂的业务组织关系，主要包括：①外部环境协调，如与政府管理部门之间的协调、资源供应及社区环境方面的协调等；②项目参与单位之间的协调；③项目参与单位内部各部门、各层次及个人之间的协调。

3. 目标控制

目标控制是指项目管理人员在不断变化的动态环境中为保证既定计划目标的实现而进行的一系列检查和调整活动的过程。目标控制的主要任务是采用规划、组织、协调等手段，采取组织、技术、经济、合同等措施，确保项目总目标的实现。项目目标控制的任务贯穿在项目前期策划与决策、勘察设计、施工、竣工验收及交付使用等各个阶段。

4. 风险管理

随着建筑工程项目规模的大型化和技术的复杂化，业主及项目参与各方所面临的风险越来越多。为确保建筑工程项目的投资效益，必须对项目风险进行识别，并在定量分析和系统评价的基础上提出风险对策组合。一般而言，风险防范对策有：风险回避、风险分离、风险分散、风险转移、风险控制等。

5. 信息管理

信息管理是项目目标控制的基础，其主要任务就是及时、准确地向各层级领导、各参加单位及各类人员提供所需的综合程度不同的信息，以便在项目进展的全过程中，动态地进行项目规划，迅速正确地进行各种决策，并及时检查决策执行结果。为了做好信息管理工作，需要：①建立完善的信息采集制度以收集信息；②做好编目分类和流程设计工作，实现信息的科学检索和传递；③充分利用现有信息资源。

1.3　项目管理的发展趋势

1.3.1　建筑工程项目的系统特点

在从前期策划与决策开始、经设计与施工到竣工验收的整个寿命期内，建筑工程项目是一个复杂的有机系统。其系统性体现在以下几个方面。

1. 项目组成的整体性

建筑工程项目是按照一个总体设计实施的，是可以形成生产能力或使用价值的若干单位工程的总体。而每一个单位工程包含若干个分部工程，每一个分部工程又包含若干个分项工程。无论是单位工程，还是分部工程或分项工程，如果未能实现其应有的功能，都将会影响建筑工程项目的整体投资效益。

2. 项目决策和实施的程序性

建筑工程项目从决策到实施需要经过若干相互联系的阶段，各个阶段环环相扣，缺一不可。如果不从技术、经济、社会效益和环境保护方面对建筑工程项目进行认真细致的可行性研究，将本来不可行的项目误认为可行的项目，即使设计方案合理、施工组织科学，也会造成巨大损失。反之，如果所论证的项目确实可行，但设计方案不合理或施工组织不科学，也不会成为一个成功的项目。

3. 项目目标的对立统一性

建筑工程项目的质量、进度和造价三大目标是一个相互关联的整体，三大目标之间既存在着矛盾，又存在着统一。进行建筑工程项目管理，必须充分考虑建筑工程项目三大目标之间的对立统一关系，注意统筹兼顾，合理确定三大目标，防止发生盲目追求单一目标而冲击或干扰其他目标的现象。

1.3.2　建筑工程项目管理的发展趋势

为了适应建筑工程项目大型化、项目大规模融资及分散项目风险等需求，国际上建筑工程项目管理呈现出集成化、国际化、信息化趋势。

1. 集成化趋势

在项目组织方面，业主变自行管理模式为委托项目管理模式。由项目管理咨询公司作为业主代表或业主的延伸，根据其自身的资质、人才和经验，以系统和组织运作的手段和方法对项目进行集成化管理。包括项目前期决策阶段的准备工作、协助业主进行项目融资、对技术来源方进行管理、对各种设施、装置的技术进行统一和整合、对参与项目的众多承包商和供货商进行管理等。尤其是合同界面之间的协调管理，要确保各合同包之间的一致性和互动性，力求项目全寿命期内的效益最佳。

在项目管理理念方面，不仅注重项目的质量、进度和造价三大目标的系统性，更加强调了项目目标的全寿命期管理。为了确保项目的运行质量，必须以全面质量管理的观点控制项目策划、决策、设计和施工全过程的质量。项目进度控制也不仅仅是项目实施(设计、施工)阶段的进度控制，而是包括项目前期策划、决策在内的全过程控制。项目造价的全寿命期管理是将项目建设的一次性投资和项目建成后的日常费用综合起来进行控制，力求项目全寿命期造价最低，而不是追求项目建设的一次性投资最省。

2. 国际化趋势

随着经济全球化及我国经济的快速发展，在我国的跨国公司和跨国项目越来越多，我国的许多项目已通过国际招标、咨询等方式运作，我国企业走出国门在海外投资和经营的项目也在不断增加。特别是我国加入 WTO 后，我国的行业壁垒下降，国内市场国际化，国内外市场全面融合，使得项目管理的国际化正成为趋势和潮流，从而为我国从事项目管理的企业带来机遇和挑战。

3. 信息化趋势

伴随着网络时代和知识经济时代的到来，项目管理的信息化已成为必然趋势。欧美发达国家的一些项目管理公司已经在项目管理中运用了计算机网络技术，开始实现项目管理网络化、虚拟化。此外，许多项目管理公司已开始大量使用项目管理软件进行项目管理，同时还从事项目管理软件的开发研究工作。借助于有效的信息技术，将规划管理中的战略协调、运作管理中的变更管理、商业环境中的客户关系管理等与项目管理的核心内容(造价/成本、质量/安全、进度/工期控制)相结合，建立基于 Internet 的工程项目管理信息系统，将成为提高工程项目管理水平和企业的核心竞争力的有效手段。

第2章 项目管理组织

2.1 项目管理任务的委托与实施

2.1.1 项目管理任务的委托方式

1. 项目管理任务的委托

建筑工程项目业主可以通过直接委托或招标方式选择项目管理单位。由于项目管理单位是以自身的知识、技能和经验为业主提供项目管理咨询和服务工作，与设计、施工、加工制造等承包经营活动有着本质的区别。因此，无论是直接委托还是通过招标选择项目管理单位，衡量其能力的主要是人员素质、项目管理方案和管理经验。

（1）直接委托

业主多以直接委托方式选择项目管理单位。被选择的项目管理单位与业主通过意向性洽谈，在了解拟建项目概况、项目管理服务要求、项目管理工作范围、拟委托的权限及要求达到的目标等情况后，需要编制项目管理方案，说明项目管理工作方法及措施、项目管理工作制度和工作程序，以及项目管理机构的组织形式、人员配备计划和人员岗位职责，并在估算项目管理服务费用的基础上，同业主协商一致后签订委托项目管理合同，明确双方的权利和义务。

（2）招标委托

按照我国《招标投标法》规定，招标分公开招标和邀请招标两种方式。业主进行建筑工程项目管理招标时，通常采用邀请招标方式。业主根据项目管理的需要和对有关项目管理单位的了解，邀请至少3家与拟委托的项目管理任务相适应的项目管理单位投标，通过评标选定项目管理单位后与其签订委托项目管理合同。

① 邀请招标程序。如图2-1所示。

② 项目管理方案的主要内容。包括：工程项目概况；项目管理工作目标、范围及内容；项目管理工作方法及措施；项目管理机构人员配备计划；项目管理工作制度和工作程序；项目管理设施等。

③ 项目管理投标书的评审。应分为技术评审和商务评审两大部分。这两部分在评审时可以分别考虑，也可以同时综合考虑。到底采用何种方式，应根据建筑工程项目的特点和项目管理工作范围等因素来决定。

技术评审主要考虑项目管理单位的经验、项目管理方案和人员配备方案三个方面；商务评审主要考虑报价的合理性。若两大部分同时记分，技术评审权重一般为70%～90%；商务评审权重一般为10%～30%。其中，技术评审所考虑的三个方面在技术评审总分中所占的权重一般为：项目管理经验占10%～20%，项目管理方案占25%～40%，人员配备占40%～60%。

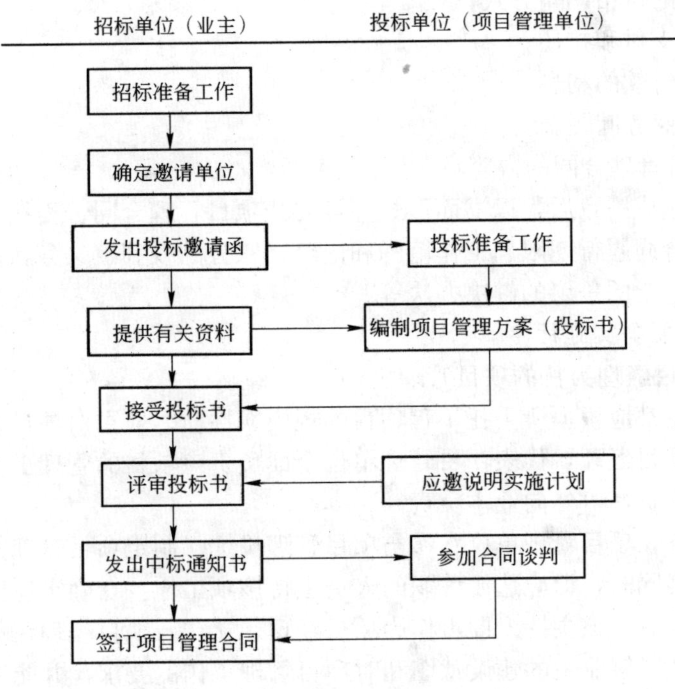

图 2-1 项目管理邀请招标程序

2. 委托项目管理合同的签订

(1) 委托项目管理合同谈判

业主选定项目管理单位后，双方应通过谈判进一步明确项目管理服务内容和服务价格。谈判时首先应明确工作计划、人员配备、业主提供的工作条件等问题，然后再确定项目管理服务价格。

1) 项目管理服务内容的谈判

① 项目管理工作计划和建议。根据讨论的结果形成正式的项目管理任务大纲；

② 项目管理人员配备计划。包括主要人员的情况和职责、专业管理人员不足时的补充方式，对业主认为不合格人员的更换等问题；

③ 各专业管理人员派驻现场的时间计划。委托项目管理合同签订后，除非有正当的理由(如生病或确实不适应工作等)，名单内的人员一律不许私自更换。确需更换时，项目管理单位应提出合格人选并由业主批准后才可替换。在履行委托项目管理合同过程中，如果业主认为项目管理人员中有不胜任者，可以随时据实提出更换人员要求；

④ 业主应为项目管理机构开展正常的服务工作提供的办公、生活条件，以及必要的设施、设备等内容。如果有些设备由项目管理单位提供，也应明确约定内容和计费标准；

⑤ 双方关心的其他问题。

2) 项目管理服务价格的谈判

① 合同的计价方式和酬金的支付；

② 项目管理附加工作和额外工作的取费标准；

③ 项目管理单位提供设备、仪器的取费标准；

④ 应由项目管理单位交纳税费的种类；

⑤ 长期合同的价格调整方式；

⑥ 预付款的支付和扣还；

⑦ 业主逾期付款的利息；

⑧ 其他有关商务问题。

（2）委托项目管理合同的内容

双方经谈判达成一致后，以书面形式签订委托项目管理合同。委托项目管理合同的主要内容应包括：合同履行期限、工作范围和内容，双方的权利、义务和责任，项目管理酬金及其支付方式，合同争议的解决办法等。

2.1.2　项目管理服务实施程序

1. 建立以项目经理为首的项目管理机构

项目管理单位都应根据所委托工程项目的规模、性质、业主对项目管理的要求，委派称职的人员担任项目经理，代表项目管理单位全面负责该项目的管理工作。项目经理对内向项目管理单位负责，对外向业主负责。

在一般情况下，项目管理单位在参与项目管理投标、制定项目管理方案以及与业主商签委托项目管理合同时，即应选派称职的人员主持该项工作。在确定项目管理任务并签订委托项目管理合同后，该主持人即可作为项目经理。这样，项目经理在承接任务阶段就早期介入，从而更能了解业主的建设意图和对项目管理工作的要求，并能更好地与后续工作相衔接。

当项目经理确定后，再以项目经理为首组建项目管理机构，项目管理组织形式及人员配备应根据业主委托的任务、服务期限、工程类别、规模、技术复杂程度、工程环境等因素确定，项目管理人员的数量、专业及技术职称结构等应能满足该工程项目管理工作的需要。

当项目管理单位同时也承担项目监理任务时，还应考虑在项目管理机构中设立项目监理部门，其中包括总监理工程师、专业监理工程师和监理员。

2. 进一步收集有关资料

① 收集反映工程项目特征的有关资料。如：工程项目的批文；规划部门关于规划红线范围和设计条件通知；土地管理部门关于准予用地的批文；批准的工程项目可行性研究报告或申请报告；工程项目地形图；工程项目勘测、设计图纸及有关说明等。

② 收集反映当地工程项目报建程序的有关规定。如：关于工程项目报建程序的有关规定；当地关于拆迁工作的有关规定；当地关于工程项目建设应交纳有关税、费的规定；当地关于工程项目建设管理机构资质管理的有关规定；当地关于实施建设工程项目管理的有关规定；当地关于工程建设招标投标的有关规定；当地关于工程造价管理的有关规定等。

③ 收集反映工程项目所在地区技术经济状况及建设条件的资料。如：气象资料；工程地质及水文地质；交通运输(包括铁路、公路、航运)有关部门可提供的能力、时间及价格等的资料；水、电、燃气、电信有关部门可提供的容(用)量、价格等的资料；勘察设计、土建施工、设备安装单位状况；建筑材料及构件、半成品的生产、供应情况等。

④ 收集类似工程项目建设的有关资料。如：类似工程项目投资方面的有关资料；类似工程项目建设工期方面的有关资料；类似工程项目其他技术经济指标等。

3. 编制工程项目管理规划

工程项目管理规划是开展项目管理活动的纲领性文件，它是根据业主委托项目管理的要求，在详细占有所委托工程项目有关资料的基础上，针对项目的实际情况而编制的全面开展项目管理工作的指导性文件。工程项目管理规划应由项目经理主持编制，报送业主审批后实施。工程项目管理规划应包括以下内容：

① 工程项目概况；

② 项目管理工作目标、范围及内容；

③ 项目管理工作依据、工作方法及措施；

④ 项目管理机构的组织形式、人员配备计划和人员岗位职责；

⑤ 项目管理工作制度和工作程序；

⑥ 项目管理设施。

在项目管理实施过程中，如果实际情况或条件发生重大变化而需要调整项目管理规划时，应由项目经理组织项目管理专业人员研究修改后，报经业主批准后实施。

4. 编制工程项目管理实施细则

对于项目规模较大或专业性较强的建筑工程项目，为了有效地实施项目管理，还需结合工程项目的专业特点，在项目管理规划的基础上，由项目管理专业人员编制详细具体、具有可操作性的项目管理实施细则。项目管理实施细则须经项目经理批准后执行。项目管理实施细则应包括以下内容：

① 专业工程特点；

② 项目管理工作流程；

③ 项目管理工作的控制要点及目标值；

④ 项目管理工作的方法及措施。

在项目管理实施过程中，项目管理实施细则应根据实际情况进行补充、修改和完善。

5. 实施项目管理工作

项目管理机构应按照业主批准的项目管理规划及自己编制的项目管理实施细则，为业主提供规范化的项目管理服务。在项目管理实施过程中，项目管理机构应定期向业主提供项目管理月报以供业主监督工程进展情况和检查项目管理机构的工作质量。如业主提出要求，还应就某些事项提交专项报告。

项目管理月报通常应包括以下内容：

① 本月工程概况；

② 本月工程形象进度；

③ 工程进度。包括：本月实际完成情况与计划进度比较；对进度完成情况及采取措施效果的分析；

④ 工程质量。包括：本月工程质量情况分析；本月采取的工程质量措施及效果；

⑤ 工程计量与工程款支付。包括：工程量审核情况；工程款审批情况及月支付情况；工程款支付情况分析；本月采取的措施及效果；

⑥ 合同管理其他事项的处理情况。包括：工程变更；工程延期；费用索赔；

⑦ 本月项目管理工作小结。包括：对本月进度、质量、工程款支付等方面情况的综合评价；本月项目管理工作情况；有关本工程的意见和建议；下月项目管理工作的重点。

项目管理月报应由项目经理组织编制，签认后报业主和项目管理单位。

6. 组织竣工预验收并参加竣工验收

项目管理机构依据有关法律法规、工程建设强制性标准、设计文件及施工合同，对施工承包单位报送的竣工资料进行审查，并对工程质量进行竣工预验收。对存在的问题，应及时要求施工承包单位整改。

项目管理机构应参加由业主组织的竣工验收，并提供相关项目管理资料。对验收中提出的整改问题，项目管理机构应要求施工承包单位进行整改。工程质量符合要求，由项目经理会同参加验收的各方签署竣工验收报告。

7. 提交档案资料及总结

工程项目管理工作结束后，项目管理机构应向业主提交项目管理档案资料。包括：工程变更资料、项目管理指令性文件、各种签证资料等。此外，项目管理机构还应向业主提交项目管理工作总结。项目管理工作总结通常应包括以下内容：

① 工程概况；

② 项目管理组织机构、项目管理人员和投入的项目管理设施；

③ 委托项目管理合同履行情况；

④ 项目管理工作成效；

⑤ 项目管理工作过程中出现的问题及其处理情况和建议；

⑥ 工程照片(有必要时)。

2.2 项目管理组织机构及人员职责

2.2.1 项目管理组织机构

1. 项目管理组织机构形式

项目管理单位在履行委托项目管理合同时，需要根据所委托项目的特点、规模及业主的要求等建立项目管理机构。项目管理机构可以采用直线制、职能制、直线职能制、矩阵制等形式。

(1) 直线制项目管理组织形式

直线制是一种最简单的组织机构形式，其特点是：组织中各种职务按垂直体系直线排列，各级主管人员对所属下级拥有直接指挥权，组织中每一个人只能向一个直接上级报告。在项目管理组织机构中不再另设职能部门。

对于能够划分为若干相对独立子项目的大中型建筑工程，项目管理单位可以建立如图 2-2 所示的直线制项目管理组织机构。项目经理负责整个工程项目管理的策划、组织、指挥和协调工作，各子项目管理部分别负责各子项目的管理工作，具体指导其所属各专项管理组的工作。

如果受业主委托实施全过程项目管理服务时，项目管理单位还可以按项目周期的不同阶段设立直线制项目管理组织，如图 2-3 所示。

对于小型建筑工程项目，项目管理单位还可以按专业管理内容设立直线制项目管理组织，如图 2-4 所示。

直线制项目管理组织机构的优点是机构比较简单，权力集中，职责分明，命令统一，

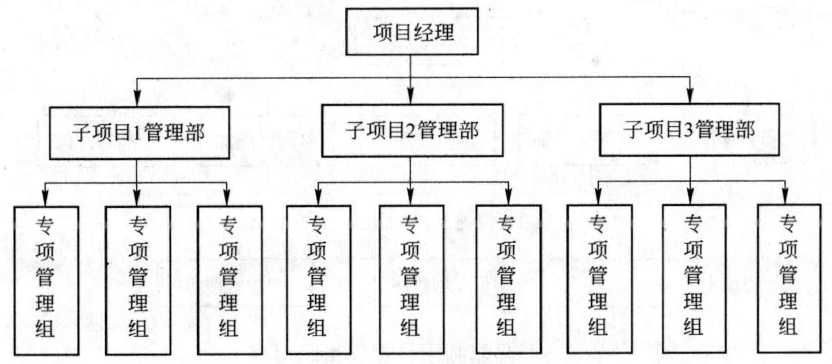

图 2-2　按子项目分解的直线制项目管理组织形式

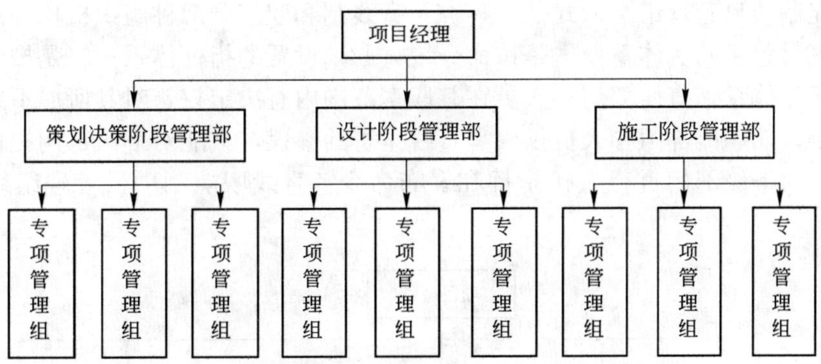

图 2-3　按建设阶段分解的直线制项目管理组织形式

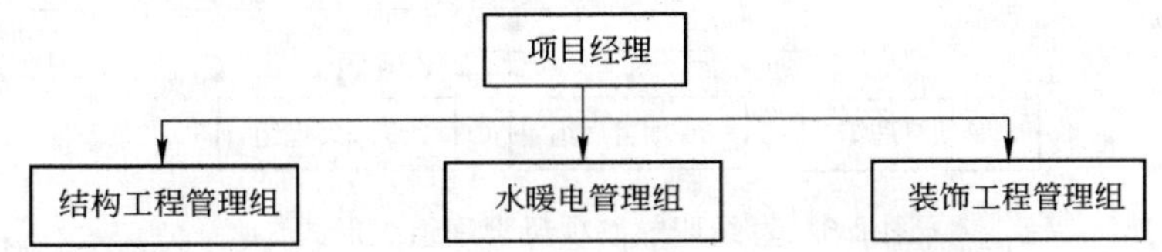

图 2-4　按专业内容分解的直线制项目管理组织形式

联系简捷。其缺点是在组织规模较大的情况下，所有的管理职能都集中由一人承担，往往由于个人的知识及能力有限而感到难于应付，顾此失彼，可能会发生较多失误。此外，每个部门基本关心的是本部门的工作，因而部门间的协调比较困难。

（2）职能制项目管理组织形式

职能制项目管理组织机构中设有一些职能部门，分担某些职能管理的业务。其特点是：各职能部门有权在其业务范围内直接指挥下级，向下级单位下达命令和指示。因此，下级直线主管除接受上级直线主管的领导外，还必须接受上级各职能部门的领导和指示。职能制项目管理组织机构形式如图 2-5 所示。

职能制项目管理组织机构的优点是能够适应组织技术比较复杂和管理分工较细的情况，能够发挥职能部门专业管理作用，减轻上层主管人员的负担。但其缺乏组织必要的集中领导和统一指挥，形成多头领导。如果上级指令相互矛盾，将使下级在工作中无所适从。

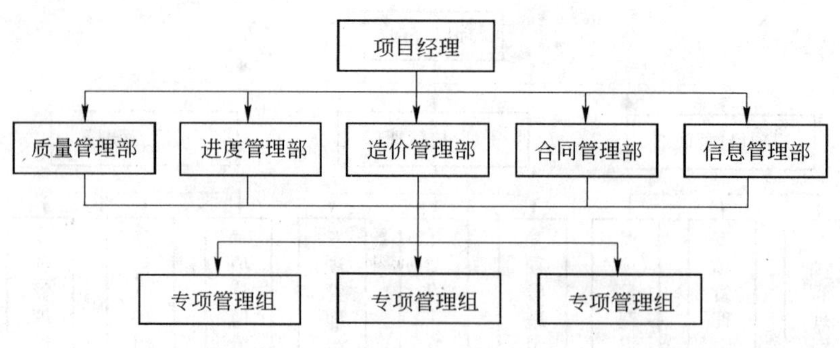

图 2-5　职能制项目管理组织形式

(3) 直线职能制项目管理组织形式

直线职能制项目管理组织形式是一种综合直线制和职能制两种组织机构优点的组织形式。其特点是设置了两套体系：一是按命令统一原则设置的指挥体系；二是按专业化原则设置的管理职能体系。直线部门和人员在其职责范围内有决定权，对其所属下级的工作进行指挥和命令；而职能部门和人员仅仅是直线主管的参谋，只能对下级部门提供建议和业务指导，不能对下级部门进行直接指挥和发布命令。直线职能制项目管理组织形式如图2-6所示。

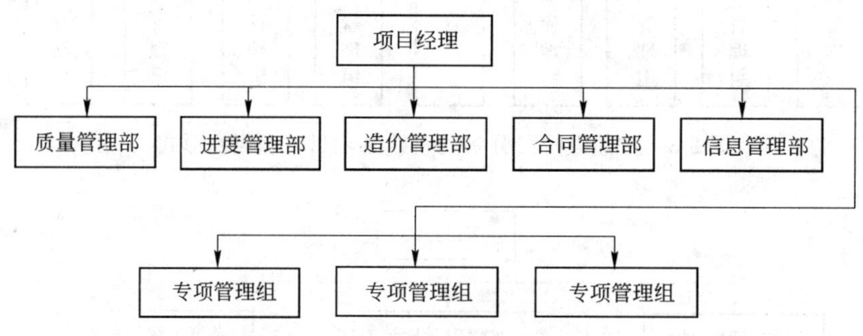

图 2-6　直线职能制项目管理组织形式

直线职能制项目管理组织形式保持了直线制组织机构实行直线领导、统一指挥、职责明确的优点，同时又保持了职能制组织机构专业化管理的优点，工作效率较高。其缺点是下级部门的主动性和积极性的发挥受到限制；职能部门间互通信息少，不能集思广益地做出决策，当职能部门和直线部门之间目标不一致时，容易产生矛盾，致使上层主管的协调工作量增大；难于从组织内部培养熟悉全面工作的管理人才；信息传递路线长，不能对新情况及时做出反应。

(4) 矩阵制项目管理组织形式

矩阵制项目管理组织形式是将按职能划分的部门和按项目划分的部门结合起来组成一个矩阵，使同一名员工既同原职能部门保持组织与业务上的联系，又参加子项目管理组的工作。其特点是：打破了传统的“一个员工只有一个领导”的命令统一原则，使一个员工属于两个甚至两个以上的部门。矩阵制项目管理组织形式如图 2-7 所示。

矩阵制项目管理组织形式的优点是加强了各职能部门的横向联系，具有较大的机动性和适应性；使集权与分权得到有效地结合；有利于发挥专业人员的潜力；有利于各种人才

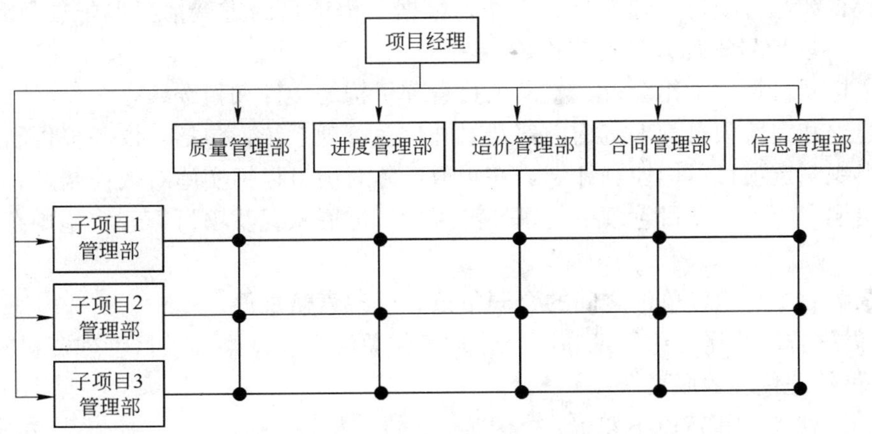

图 2-7　矩阵制项目管理组织形式

的培养。其缺点是由于实行纵向、横向的双重领导，处理不当时，会由于意见分歧而造成工作中的扯皮现象和矛盾；组织关系较复杂，对项目负责人的要求较高。

2. 项目管理团队人员组成

项目管理机构应配备项目经理、专业项目管理工程师，必要时可配备项目经理代表。项目管理机构的管理人员应专业配套、数量应满足工程项目管理工作的需要。

（1）项目经理

项目经理是指由项目管理单位法定代表人书面授权，全面负责委托项目管理合同的履行、主持项目管理机构工作，并具有相应执业资格的专业技术人员。工程项目管理实行项目经理负责制。项目经理不得同时在两个及以上工程项目中从事项目管理工作。

（2）项目经理代表

项目经理代表是指经项目管理单位法定代表人同意，由项目经理书面授权，代表项目经理行使其部分职责和权力的项目管理机构中的专业技术管理人员。项目经理代表一般也应具有相应的执业资格。

（3）专业项目管理工程师

专业项目管理工程师是指根据项目管理岗位职责分工和项目经理的指令，负责实施某一专业或某一方面的项目管理工作，具有相应项目管理文件签发权的项目管理工程师。专业项目管理工程师应由具有同类工程项目管理工作经验的人员担任。

项目管理单位应于委托项目管理合同签订后约定的时间内将项目管理机构的组织形式、人员构成及对项目经理的任命书面通知业主。当需要调整项目经理时，项目管理单位应征得业主同意并书面通知业主和其他参建单位；当需要调整专业项目管理工程师时，项目经理应书面通知业主和其他参建单位。

2.2.2　项目管理人员职责

1. 项目经理的职责

项目经理应履行以下职责：

（1）确定项目管理机构形式及项目管理人员的分工和岗位职责。

（2）主持编写项目管理规划、审批项目管理实施细则，并使各项工作协调进行。

（3）适时做出项目管理决策，及时采取有效措施处理所出现的问题。

(4) 检查和监督项目管理人员的工作，根据工程项目的进展情况调配项目管理人员，以及调换不称职项目管理人员的工作。

(5) 主持项目管理工作会议，签发项目管理机构的文件和指令。

(6) 建立和完善项目管理机构内部及对外信息管理系统，包括会议和报告制度。

(7) 组织制定项目目标控制计划，并采取措施对项目目标实施有效控制。

(8) 定期向业主、项目管理单位领导汇报项目进展状况及项目管理实施中存在的重大问题。

(9) 调解业主与承包单位之间的合同争议、处理索赔事件。

(10) 做好合同收尾，组织编写项目管理工作总结，主持整理项目管理资料。

2. 项目经理代表的职责

项目经理代表应履行以下职责：

(1) 负责项目经理指定或交办的项目管理工作。

(2) 按项目经理的授权，行使项目经理的部分职责和权力。

项目经理一般不得将下列工作委托项目经理代表：

(1) 主持编写项目管理规划、审批项目管理实施细则。

(2) 签发施工承包单位提交的工程开工/复工报审表、工程暂停令、工程款支付证书、工程竣工报验单等。

(3) 审核签认竣工结算。

(4) 调解业主与承包单位之间的合同争议、处理索赔事件。

(5) 根据工程项目的进展情况调配项目管理人员、调换不称职的项目管理人员。

3. 专业项目管理工程师的职责

专业项目管理工程师应履行以下职责：

(1) 负责编制本专业的项目管理实施细则。

(2) 负责本专业项目管理工作的具体实施。

(3) 定期向项目经理提交本专业项目管理实施情况报告，对重大问题及时向项目经理汇报和请示。

(4) 记录本专业项目管理实施情况。

(5) 负责本专业项目管理资料的收集、汇总及整理，并进行工作总结。

2.2.3 项目管理团队建设

项目管理团队通常是指由数名知识与技能互补、彼此承诺协做完成项目管理目标的专业技术管理人员组成的特殊群体。项目管理团队的绩效既依赖于成员个体的贡献，又依赖于成员集体的协作成果。

1. 项目管理团队成员的特点

有效的项目管理团队成员应具有以下共同特点：

① 技术上称职。项目管理团队首先需要有技术上胜任的管理人员。因此，技术上称职常常会作为选择项目管理团队成员的惟一标准。

② 政治上敏感。在项目实施过程中，经常会发生需要项目外部相关部门协作配合和项目内部高级管理层支持解决的问题。为解决此类问题，需要项目管理团队高级成员具有高度的政治敏感性，有能力平衡项目外部各有关单位之间、项目内部各部门之间的权力。

③ 以问题为导向的意识。项目管理团队成员应关心解决项目产生的任何问题，将能量集中用于解决问题，而不是在人际关系问题或竞争性斗争中耗费精力。

④ 强烈的目标理念和自信心。项目管理团队成员应该具有强烈的目标理念，一个只注重活动而不注重结果的项目经理不可能成为一个成功的项目经理。项目管理团队成员必须有足够的自信，能够立刻认识到自己的错误并能指出别人的错误所导致的问题。需要特别注意的是，隐藏错误和失误的项目管理团队成员早晚会引发灾难。

2. 创造和维持项目管理团队协作精神的方法

项目管理团队建设是团队全体成员的职责，但项目经理在其中发挥着关键的作用。创造和维持项目管理团队协作精神的方法主要包括：召开项目会议、创建共同愿景、建立项目信息中心、协调决策过程、管理奖惩体系。

(1) 召开项目会议

① 第一次项目管理团队会议。第一次会议对项目管理团队的初期运行至关重要，因为它确定了项目管理团队合作的基调。在第一次项目管理团队会议上，项目经理应力求实现三个目标：明确项目管理的范围和目标、项目总体进度安排；确定项目管理团队成员的职责、沟通渠道和界面关系；描述项目管理团队成员之间的合作方式和途径。其中，第三个目标是最重要的目标。成功的第一次项目管理团队会议就是让整个团队联合起来，直奔共同的目标。

在必要的情况下，可以将第一次项目管理团队会议拍成录像，可以为后期加入团队的成员提供重要参考。

② 项目管理团队日常会议。包括状态报告会议、问题解决会议、工作总结会议等。不同的会议有不同的主题，但无论何种会议，会议主持者应注意以下几点：在会议之前应准备并分发一份议事日程；不管是否所有的人都到齐，应按时开会；通过提问题而非陈述来鼓励团队成员的积极参与；会议结束时进行总结决策，并介绍下一次会议的安排；安排好会议记录，并准备一份会议总结，分发给相应人员。

为了避免会议时间太长，确定议事日程和休会时间有助于控制参会人员的讨论时间，从而可以为加速会议时间奠定基础。

(2) 创建共同愿景

从最简单的层面上讲，项目愿景是指项目管理团队成员“想创造什么?”的答案。项目愿景的形式多种多样，一句标语、一个符号，都能捕捉到其踪影。项目愿景能够将不同背景的专业技术管理人员和议程结合起来，激励团队成员付出最大的努力。

在很多情况下，项目愿景就包含在项目的范围和目标之中。必要时，也可以召开正式的愿景建立会议。首先由团队成员识别项目的各个方面，并针对每个方面提出建议；然后通过讨论确定最引人的建议方案，并将其转化为项目愿景描述；最后是识别达成愿景描述的战略。例如，如果愿景描述之中有一项是“没有法律诉讼”，团队成员就需要考虑如何与业主和承包商合作，以避免法律纠纷。

(3) 建立项目信息中心

项目信息中心能够以近乎实时的方式向团队成员提供项目的当前信息，因此，建立项目信息中心是分享信息的非常有效的方式，通过分享信息可以加强项目管理团队成员的愿景意识并建立良好的沟通关系。

项目信息中心应该描述出及时的、准确的、与项目相关的信息。计算机技术和通讯网络技术的迅速发展为项目信息中心的建立和有效运行提供了良好的技术条件。

(4) 协调决策过程

为了顺利完成项目管理任务，项目经理必须协调项目管理团队内部的决策过程。项目管理团队经常会遇到新问题，需要创造性的解决办法。项目经理需要管理项目决策过程，在适当的时间将合适的人员聚集到一起，做出适当的决策。

此外，并非所有的决策都需要项目管理团队的积极参与，有些决策可以由一个人做出。项目经理需要监督决策过程，以使决策具有科学性。

(5) 管理奖励体系

项目经理负责管理奖励体系，以促进团队的绩效和额外的努力。在大多数情况下，应实施群体奖励制度奖励团队绩效，因为项目大多是合作性的，奖励体系只有鼓励团队工作才能算是合理的。不管个人成就如何，承认个人的作法势必会破坏团队的团结。

项目经理有时也需要奖励个人绩效，这样不仅能补偿额外的努力，还能告诉他人什么样的行为是可以仿效的。项目经理有必要建立一套非正式的个人奖励体系，包括表扬信、会议公开表扬、优先安排合适的工作、灵活地处理一些例外情况等。值得注意的是，项目经理应明智地使用个人奖励，只有团队中的每一个成员都承认某位应该得到特殊的奖励，才适于使用个人奖励。否则，如果团队成员们开始觉得其他人得到了特殊的待遇，或者觉得自己的待遇不公平，将会使团队的凝聚力受到极大的破坏。

第二篇　项目策划与决策咨询

第 3 章　项目策划与决策

3.1 项　目　策　划

3.1.1　市场调研

市场调研是指有目的地对一系列资料、情报、信息的收集、存储、筛选和分析，以了解现有的、潜在的市场，进行市场决策，达到进入市场、占有市场和获取最大利益的目的的过程。市场调研包括市场调查和市场研究，前者的主要目的是收集有关市场的信息资料，后者主要是分析市场变化原因，找出内在规律，进行合理预测，为进行正确的项目决策提供可靠依据。

1. 市场调研课题与方案的确定

(1) 市场调研课题的确定

市场调研课题的确定过程实质上是发现机会的过程，只有当整个调研课题清楚明白地界定出来，市场调研工作才能顺利开展，并获得项目决策所需要的重要信息。在确定市场调研课题时，可从以下三个方面入手：

① 与行业内专业人士进行讨论。选择行业内工作时间较长、对行业的历史发展过程有连续经验的专业人士，因为他们能凭借自身的专业素质较为系统和全面地了解市场的发展趋势，较为敏锐地发现市场机会。在讨论时，在场人员包括研究者和专业人士在内以不超过 3～5 人为宜，人数太多不易控制论题范围，而太少则不易产生激发效应，达不到应有的效果。

② 分析二手(次级)资料。相对而言，一手资料或初级资料是研究者为了解决具体问题而按特定目的收集整理形成的。而二手资料则是指并非为解决现有的问题而收集的资料，即这些资料没有特定的指向性。二手资料的主要来源大致有：企业、行业协会和政府部门、各种盈利性的市场调研机构、各种正式出版物(专业书籍、报纸、杂志等)。

③ 进行定性调研。市场调研的困难往往在于信息来源匮乏，如在某区域市场不发达、拥有相关市场信息的机构进行信息封锁、专业人士提供的信息不足等。为了明确市场调研主题，这时往往需要进行一次规模较小的试验性研究，即以少量样本为基础，了解与市场调研相关的问题及各类潜在因素。

(2) 市场调研方案的确定

市场调研方案是指导具体调研工作的指南，同时也是控制调研工作的一种重要工具。一个完整的市场调研方案通常包括研究目标、研究范围、研究方法、研究时间安排、研究经费预算、研究人员预算和研究实施计划等主要内容。

① 研究目标。研究目标实际上就是研究课题确定后的简洁表述。这部分可以适当交代研究的来龙去脉，说明此研究方案的局限性以及需要与委托方协商的内容，因此，这部

分也有前言的性质。

② 研究范围。研究范围的大小涉及到在给定的预算条件下研究可能达到的深度和广度，也决定了研究结果可提供的信息的范围。研究范围要具体明确，能够运用定量指标来表述的一定要定量化。

③ 研究方法。为了顺利地完成市场调研任务，必须解决的主要问题是“在何处”、“由何人”、“以何种方法”进行调查，由此取得必要的资料。

④ 研究时间安排。研究时间安排就是按市场调研过程展开，估计各阶段可能耗费的时间。实践中，各阶段所占研究时间比重大致如表 3-1 所示。

市场调研各阶段所占时间比重　　**表 3-1**

研究阶段	所占时间比重(%)	研究阶段	所占时间比重(%)
1. 研究目标的确定	5	6. 数据收集整理	40
2. 研究方案设计	10	7. 数据分析	10
3. 研究方法确定	5	8. 市场调研报告的写作	10
4. 调研问卷的制作	10	9. 市场调研反馈	5
5. 试调研	5	10. 合计	100

⑤ 研究经费预算。市场调研经费大致包括以下几项：资料费、专家访谈顾问费、专家访谈场地费、交通费、调研费、报告制作费、统计费、杂费、税费和管理费等。一般而言，比重较大的费用为交通费、调研费、报告制作费、统计费。有时，为保证问卷的回收量及采用其他调研方式时被调查者的配合度，往往还要支付一定的礼品费。但应注意，礼品的发放不应使被调查者改变自己的态度，不能影响调研结果的可信度。

⑥ 研究人员预算。研究人员预算是指不同类型研究人员的配比问题。例如房地产市场调研涉及的专业性较强，主要需要市场分析、财务分析、建筑工程、规划、房地产估价以及管理等专业人士。在实际操作中，可以根据具体的项目适当调配各类人员的比例关系。

⑦ 研究实施计划。简单说来，市场调研的实施计划就是市场调研过程的再现，只不过要根据项目具体情况确定具体的安排。

2. 市场调研的方法

(1) 询问法

询问法是向被访者提出一些问题，由被访者回答，研究者根据这些回答进行归类统计分析而获得相关的市场数据。通常，根据询问对象及使用工具的差异，可以将询问法细分为以下几种。

① 入户询问法。它是由调研人员直接到被访对象家中进行调查的一种方式。如要了解某区域居民的消费意向，确定潜在市场的大小时，可以采用这种方法。

② 路上拦截法。它是在某些公共场所、道路上拦截消费者进行询问，这种方法在一般消费品调研中较常用，成本也较低廉，询问的成功率较高。不过，路上拦截法的拒绝率相当高，同时会造成抽样误差，使所询问对象不能代表整个群体的特征。

③ 邮寄询问法。它是通过向选定的样本对象寄送问卷的方式，获得收件人对有关问题的看法。目前，由于电话、电子邮件和传真等的广泛使用，邮寄询问法的使用频率在逐

渐下降，并且由于回答率不易控制，在其他手段可行时不宜选用。

④ 经理询问法。它主要适用于对重大客户、公司型或机构型客户的调研中。

⑤ 电话询问法。电话询问法由于电话的日益普及而在市场调研中占据越来越重要的地位。通过电话询问有许多其他询问法不可比拟的优点，实施的费用较低，可以大大节约调研人员的交通费用和时间。同时，可以进行大样本的调研，以获得能反映拟调研群体总体特征的样本。

⑥ 因特网询问法。随着网络的逐渐普及，这种方法受到市场调研人员的欢迎。从调研成本的角度来看，因特网上的询问能大大节省印刷、邮寄和数据录入、问卷制作、发放及回收等的过程和费用，甚至可以通过计算机程序在较短的时间里获得简单的研究报告。从调研过程来看，在网络上进行调研的时间也可以大大缩短，可以由几百人、上千人同时回答一份问卷。从调研深度上来看，调研问卷可以设计得十分详尽，不用担心印刷费用而缩减问题。不过，由于对被调研者无法控制，使因特网询问法的效果大打折扣，获得的极有可能是有偏差的数据，只反映了经常上网的人群的需要。

（2）观察法和试验法

① 观察法。其特点在于被调研对象并不清楚自己正在被调查，被调查者的行为不会因为调研人员的参与而发生扭曲，调研较为客观真实。不过，通过外部的观察很难判断被调查者的内在感受，因而观察法具有间接性的特点。同时，人们公开的行为容易观察到，而一些私下的行为则无法观察。观察法在一般的消费品等产品类型的市场调研中应用较多一些。

② 试验法。又称为因果关系调研法，研究人员通过改变被调查者面对的某些因素，来观察这些因素变化以后对其他待考察的变量会产生什么样的影响。由于试验法本身的成本较为高昂，在房地产市场上采取试验法涉及的因素会较多，试验环境不容易控制，成本会更为高些。此外，通过实验所获得的结果也不容易控制，反而不如询问法的效果好。

（3）次级资料收集及其主要来源

除了直接来自现场的信息外，次级资料(二手资料)也是一个重要的来源。次级资料是指已经按特定目的收集整理完毕的，与当前要研究的问题之间有一定关联的信息资料。次级资料由于其公开性，成本较低、信息面广，便于明确研究主题，发现市场机会。实践中，通常会由于研究者本身的原因使市场调研有所疏失，易犯各种错误，从而影响研究质量。通过分析研究各类二手资料，就可以在很大程度上避免犯同类的错误。不过，在信息可得性、相关性、准确性和充分性方面，二手资料也有很大的局限性，在使用二手资料时要谨慎。

市场调研时次级资料的主要来源大致如下：

① 宏观经济和人口统计资料。宏观经济状况分析是市场调研的基础，宏观经济运行的各种数据提供了市场调研的背景性基点，对分析、判断和预测各市场的发展趋势至关重要。人口统计资料提供了市场调研所面对消费者的总体构成数据，对市场调研尤其是需求调研中消费者抽样有重要的参考价值。

② 政府相关部门的期刊、书籍。政府为了引导市场，沟通信息，指导市场活动，通常会整理发布一些关于市场运行、市场供求状况、价格水平及其变动的历史数据。除了在一些国家或地区经济统计年鉴中有一些综合性信息外，还定期出版一些专业性和专题性的

杂志或书籍，信息较为集中、全面、客观、真实，往往会涉猎各主要的细分市场，是市场调研的重要参考。

③ 相关学会、协会的会刊和专业报告。除了政府部门，还有一些行业内企业和个人成立的各类学会和协会组织。众多与本行业密切相关的杂志和专业报告是由这类组织出版的，有些协会与专业市场调研机构合作编辑的相关研究分析报告也颇有参考价值。另外，一些研究机构会同相关政府部门或事业单位组织出版市场调研报告，由于这类报告依托于政府部门，资料准确，其报告对研究人员的参考价值极大。

④ 重要报刊。各类报刊是市场调研的最重要信息源之一，报纸往往以及时性著称，而杂志以专题性、系统性见长。只是报刊信息相对较为凌乱，侧重点不同，而与市场相关的内容也较为分散，在信息收集时会花费大量的时间。实践中，一般选择订阅部分与市场调研相关度较高的报刊，平时注意整理，以备后用。

⑤ 因特网。在市场调研中，因特网对次级资料收集和整理的积极作用越来越明显，其高效率和低成本性日益受到研究人员的重视。在浩如烟海的因特网信息中，如何找到与研究相关的内容是最重要的，通常我们可以借助于各类搜索引擎。另外，也可以运用专业类网站提供的市场信息。不过，各网站的规模和影响力相差很大，信息量、更新频率、准确度和深度也参差不齐。

3. 市场调研问卷设计

调研问卷是围绕研究主题要收集的相应原始数据而预先设计好的一系列问题。这些问题完整地展现了研究主题的各种特征。问卷可以看作是一种收集原始资料的标准化程序，每一个市场调研人员都按照相同的方式和顺序向被访者提问，在很大程度上避免了调研人员人为因素对被访者的影响。问卷也使被访者对同一主题的看法有了一个统一的评价基准。

以问卷设定问题的基本方式来划分，可以将其划分为封闭式问卷、开放式问卷和量表问答式问卷三大类。

(1) 封闭式问卷

封闭式问卷是要求被调查者从问卷中给定的一系列选择项中，选择与自己情况或看法最为接近的一项或多项答案。封闭式问卷的主要优点是易于记录，不容易发生错误或记录不全的情形，同时，由于封闭式问卷自身实际上已经提供了一个编码体系，能够大大加快数据的录入和分析进程。

封闭式问卷一般包括单项选择题和多项选择题两种。单项选择题是指被调查者只能选择其中的一个选择项作为答案，各选择项之间是相互独立和排斥的。例如：

您的月收入为：

1000 元以下［　］1000—2999 元［　］3000 元—4999 元［　］5000 元以上［　］

一般情况下，对于涉及被访者主观看法的程度差异，采取单项选择题的形式时要极为慎重，有可能会造成重要信息的遗漏。

多项选择题是指被访者可以在给定的选择项中挑选两项甚至更多的作为答案，一般为突出优先顺序，问卷中会限定最多可以选择的数量。多项选择题常用于多种因素或选项反映被访者的看法的情况下。例如：

选择住宅时，您最看重哪些因素(最多可选三项)？

选择项：位置［ ］交通［ ］环境［ ］户型［ ］价格［ ］物业管理［ ］其他(请注明)________________。

多项选择题遇到的主要问题是选项没有涵盖所有可能的情况，即选项不具备完备性，由此就会得出有偏差的结果。

(2) 开放式问卷

开放式问卷是被调查者可以自由地运用自己的语言来说明对某一问题看法的问卷。例如：

问题1：您认为本公司推出的“××”产品在市场中有何优势？

问题2：您心目中的“××”产品是什么样子？

问题3：您认为在产品设计中应注意什么问题？

问题4：如果您最近购买“××”产品，您看中它哪一点？

开放式问卷的优点在于，调研人员不对被调查对象进行限制，从而可以获得丰富的信息。开放性问卷还可以反映出封闭性问卷遗漏的选项，在问卷试调研中有较为突出的作用。开放式问卷的缺点也在于其自由性，被调查者的个性特征、反应能力会大大影响调研的结果。此外，它会使调研结果的分析和处理较为困难。

(3) 量表问答式问卷

量表问答式问卷是指将问题的选择项以不同强度的形式表现出来的问卷。例如，问题可以如下形式表达：

如果确知今年房价水平会大幅上涨，目前您也没有自有住房，您会( )。

① 马上购买一套住房

② 可能购买一套住房

③ 不一定购买住房

④ 等等看再说

⑤ 肯定不会购买

量表问答式问卷的优点在于可以得到被调查者对于某一事物看法强弱程度的差异，并可以对这些回答运用一些统计分析方法得出有意义的结论来。缺点则在于被调查者可能对各类强度的区分有不同的理解，容易引起误解。

在问卷设计实务中，上述三种类型的问卷形式往往是混杂在一起的。对于一个调研主题的各个不同层面，有的比较适合用封闭式问卷的形式，有的则适合用开放式问卷的形式。

在问卷设计中还要注意几个问题：一是要切合调研方案中确定的被调查者群体的总体认知水平。要将被访者群体的这些特征作为选择问题、用语、解释性提示的限制条件，而不能依研究者本人的知识水平来确定；二是问卷设计要顾及调研方案确定的经费预算水平，问卷的深度、长度和形式要适当，以提高效率，节约调研成本；三是问卷设计要围绕调研方案确定的研究主题；四是问卷设计要考虑适合调研方案确定的数据分析方法；五是问卷设计要兼顾具体调研方法操作的基本特点。

4. 市场调研数据的分析方法

进行中等规模的市场需求调研结束后，通常会得到1000组甚至2000组以上的包括几十条信息的记录，为便于理解并得出有意义的结论，主要运用两种基本的统计方法来分析数据：一是描述性统计，二是统计推断。前者是指用于提炼、汇总数据的表格、图形和数值方法；后者则是利用从一个样本获得的数据对总体特征进行估计或假设检验的过程。

(1) 单项频数分布

它是按一个变量将几个不重叠组中的每一类数据的频数汇总起来，一般可用表格和图形来表示，如条形图、饼状图、线形图等。有时，需要了解每一系列或类型的数据在整个数据中的比例或百分比，可以采取相对频数分布和百分数频数分布来表示。

(2) 交叉分组频数分布

单项频数分布依据一个变量来描述各组数据的基本情况，但它无法分析两个或更多变量之间的相关关系，此时，可用交叉分组频数分布来描述两个变量间的关系。

(3) 平均数、中位数和众数

在描述性统计分析中，除用表格和图形直观反映数据状况外，有时为了便于分析，还会用数值的形式将某些变量的特征表达出来，即确定某一统计量的平均数、中位数和众数。

在对某种集中趋势描述的统计中最为常用的就是平均数或称平均值，它能衡量整个数据集合的中心位置。根据每一项数据所赋予的权重不同，平均数可以分为简单算术平均数和加权平均数，前者实际上是为每项数据赋予同样的权重，而后者则依据每项数据的重要程度赋予不同的权重。中位数也称为中值。将所有数据以递增顺序排列时，位于中央的数据的值就是中位数。如果数据项数为奇数，则中位数就是位于中间的数据值；如果数据项数是偶数，则取中间两项的简单算术平均数为中位数。众数是指在数据中发生频率最高的数据值。

(4) 极差、方差和标准差

在数据统计分析中，另一个重要问题就是变量的离散程度，即变量值与某一中心的偏离情况，极差、方差和标准差就是衡量变量离散程度的重要描述性统计量。极差是指数据序列最大值与最小值的差，该值越大，表示数据的离散程度越大。方差是根据各数据值与平均数间的差异得来的。每一个数据与平均值之间的差值称为离差，方差就是离差的平方的平均值。如果数据集合是总体，此时的方差称为总体方差；如果数据集合抽取的样本，此时的方差称为样本方差。当方差较大时，表示数据的离散程度也越大。方差的算术平方根即为标准差。当标准差比较大时，表明数据与平均值相比离散程度较大。

(5) 回归分析

回归分析中最常用的是二元回归分析，在分析中，通常将其中的一个变量视为自变量，另一个变量视为因变量，在确定了这两个变量的关系后，能够通过改变自变量来预测因变量的变化。例如，在房地产销售规划中要涉及到广告支出的安排，如果研究人员能得出在其他条件不变的情况下广告支出与住宅销售量的关系，就可以对广告支出做出比较恰当的安排，以期达到宣传效果的最大化。

5. 市场调研报告

通过数据统计分析可以发现市场数据中隐含的基本关系，也为主要的调研结论和建议提供了依据，而要将这些结论和建议以合适的形式向决策者提供，就需要撰写一份市场调研报告。市场调研报告是整个市场调研活动过程的最终产品。

(1) 市场调研报告要素

一份完整的市场调研报告应当能够向管理层及委托方提供全面而又准确的说明，系统地呈现项目的研究目标、研究背景、研究设计方案、研究方法、结论和建议以及研究的局限性和应用注意事项。

① 研究目标。主要是将研究项目要解决的问题、热点以及管理层或委托方希望达到的目标等，以简明的语言表述出来。此外，还要说明通过次级资料的分析所获得的基本观点，以及定性调研得出的基本结论。为明确并易于阅读，研究目标一般以列举标题的形式表达出来。

② 研究背景。要交待的内容包括：委托方提出这一研究主题的原因；明确研究主题确定的基本过程，包括与委托方的讨论、与行业内的专业人士进行讨论、分析二手(次级)资料和定性调研的情况；说明指导调研的理论基础、分析手段以及涉及的基本假设条件。

③ 研究设计方案。要详细描述研究的基本过程。一般应包括研究方案设计的主要思路、信息来源、对二手资料和原始资料收集的安排、问卷设计、抽样技术、现场调研安排、数据处理、数据统计分析的全过程。在说明时，要注意采取易于理解和阅读的形式，尽量少使用市场调研的专业术语。

④ 研究方法。主要是说明最终选择的研究方法、选择的理由及操作的基本思路，其中最重要的是对选择某种具体研究方法的理由的陈述。

⑤ 研究结论和建议。市场调研报告的结论部分并不仅仅是由调研数据统计分析得到的，在研究报告中还要全面显现通过次级(二手)资料、定性调研和环境分析等得到的各种结论。报告中还要提出一些建议，这些建议一定要建立在市场调研的发现和结论的基础上。

⑥ 局限性和应用注意事项。任何一项市场调研必然是在时间、预算、资料可得性、样本限制、被访者配合度等多种限制条件下进行的，要在研究报告中将这些局限性交代清楚，明确研究是在何种限制条件下进行的，结论和建议在何种假设前提下才能成立。

(2) 市场调研报告的结构

市场调研报告的基本结构如下，可以根据具体的市场调研项目对其进行调整。

Ⅰ. 扉页

① 研究报告标题；

② 研究公司名称、地址、电话及网址等；

③ 研究完成日期。

Ⅱ. 目录页

① 章节标题和副标题，页码；

② 表格目录，标题和页码；

③ 图形目录，标题和页码；

④ 附录，标题和页码。

Ⅲ. 摘要部分

① 研究目标的简要陈述；

② 研究方法的简要陈述；

③ 主要研究发现的简要陈述；

④ 结论和建议的简要陈述；

⑤ 市场主要趋势的简要陈述；

⑥ 其他有关信息。

Ⅳ. 正文部分

① 项目概况；

② 研究目标；

③ 研究方法；

④ 市场调研的类型和基本方法；

⑤ 分析和主要发现；

⑥ 结论和建议；

⑦ 局限性和应用注意事项。

Ⅴ. 附录部分

① 调研问卷；

② 细节资料及来源；

③ 统计技术资料；

④ 其他相关资料。

3.1.2　项目构思策划

项目构思策划的首要任务是根据建设意图进行项目的定义和定位，全面构想一个待建的项目系统。项目定义是指对项目的用途、性质做出明确的界定，如某类工业项目、公共项目、房地产开发项目等，具体描述项目的主要用途或综合用途和目的。项目定位是根据市场和需求，综合考虑投资能力和最有利的投资方案，决定项目的规格和档次。例如，设想建造一幢高层写字楼，根据需求和建设条件，可以建成普通办公大楼，也可以建成具有多功能的现代化办公楼宇，必须通过定位策划做出选择。

在明确项目定义和定位的基础上，提出项目系统构建的框架，进行项目功能分析，确定项目系统的组成结构，使其形成完整配套能力。例如，要建造一个现代化的钢铁联合企业，其系统构成应包括从原料投入到各类钢材产品的产出全过程的若干单项工程子系统——原材料输送系统，炼铁系统，炼钢系统，轧钢系统，产成品包装、储存和销售系统等。应在项目定位的基础上，对项目的系统构成规模进行策划，从而使项目的基本设想变成具体而明确的建设内容和要求。

项目构思策划必须以国家及地方的法律、法规和有关政策方针为依据，结合实际的建设条件和经济社会发展变化的环境进行。如果已确定在特定的地点建设，还必须与地区或城市规划的要求相适应。项目构思策划的主要内容包括：

① 项目的定义和定位。即描述项目的性质、用途和基本内容；项目的建设规模、建设水准；项目在社会经济发展中的地位、作用和影响力，并进行项目定位依据及必要性和可能性分析。

② 项目的系统构成。描述系统的总体功能，系统内部各单项工程、单位工程的构成，各自作用和相互联系，内部系统与外部系统的协调、协作和配套的策划思路及方案的可行性分析。

③ 项目目标系统。项目的质量标准、投资估算、建设工期的论证分析。在分析论证时应充分考虑并权衡项目利益相关者对项目的期望和需求。确定项目的质量目标、造价目

标和进度目标是项目管理的前提。而这三大目标的内在联系和制约，使目标的设定变得复杂和困难。要同时达到“质量高、造价低、工期短”往往不现实。只能在项目系统构成和定位策划的过程中做到项目投资和质量的协调平衡，即在一定投资限额下，通过策划，寻求达到满足使用功能要求的最佳质量规格和档次，然后再通过项目实施策划，寻求节省项目投资和缩短项目建设周期的途径和措施，以实现项目三大目标的最佳匹配。

④ 其他。与项目实施及运行有关的重要环节策划，均可列入项目构思策划的范畴。

3.1.3　项目实施策划

1. 项目融资策划

资金是实施项目的物质基础，工程项目投资大、周期长，资金的筹措和运用对项目的成败关系重大。建设资金的来源渠道广泛，各种融资手段有其不同的特点和风险因素。融资方案的策划是控制资金使用成本，进而控制项目投资、降低项目风险所不可忽视的环节。项目融资策划具有很强的政策性、技巧性和谋略性，它取决于项目的性质和项目实施的运作方式。不同项目的融资具有不同的特点，只有通过策划才能确定和选择最佳的融资方案。

(1) 项目融资必须具备的条件

项目融资是一种特殊的融资方式，它是依靠项目自身的未来现金流量为担保条件而进行的融资。项目融资必须具备以下条件：

① 项目可行性研究报告和设计预算已经政府有关部门审查批准；

② 引进国外技术、设备、专利等已经政府有关部门批准，并办妥相关手续；

③ 项目的生产规模合理，产品技术、设备先进适用、配套完整，有明确的技术保证；

④ 项目产品有良好的市场前景和发展潜力，盈利能力较强；

⑤ 项目投资的成本以及各项费用预测较为合理；

⑥ 项目生产所需原材料有稳定的来源，并已经签订供货合同或意向书；

⑦ 项目建设地点及建设用地已经落实；

⑧ 项目建设以及生产所需的水、电、通讯等配套设施已经落实；

⑨ 项目有较好的经济效益和社会效益；

⑩ 其他与项目有关的建设条件已经落实。

(2) 项目融资工作内容

项目融资是取得项目资金的一种有效途径，进行项目融资需要完成大量工作，主要包括：

① 项目包装。要让投资者在很短的时间内，能够选择投资风险较小的项目；

② 利益保护。在项目实施全过程中使双方利益受到最大程度的保护；

③ 技术沟通。通过专家队伍(如咨询顾问公司)与投资商取得一致意见；

④ 遵守法律。将国家有关法律、规定、制度和政策贯彻到具体项目实施过程中。

2. 项目目标控制策划

项目目标需要视项目的规模和复杂程度，分层次、分阶段地进行分解，形成一个由上到下、由粗到细的目标体系。然后在此基础上，再考虑合同结构体系、项目实施工作程序、制度及运行机制，以及项目管理信息收集、加工处理和应用等。

项目目标控制是对项目实施系统及项目全过程的控制。项目目标控制必须是具有健全反馈机制的闭环控制，必须具有完整的反馈控制系统。因此，合理的项目目标控制必须做到：

① 建立项目目标控制信息库。通过项目系统分析，将项目目标、项目构成、项目过程、项目环境等方面的信息收集、分类、处理，信息中将包括项目目标的有关数据、项目环境因素的主要指标和变化范围等。这些信息将作为系统控制的原始信息和系统控制启动的依据和基础。

② 建立项目目标监测子系统。作为一个监测系统，它应拥有全面深入的信息反馈渠道和完整有效的监测手段，不断收集反馈信息，对原始信息进行充实和调整，保证其监测的实时性和有效性。

③ 建立项目目标动态控制子系统。随着项目的不断进展，如果由于原始信息的错误或者环境因素的严重干扰，实际系统状态与原定的系统状态之间出现较大的偏差且不可能恢复到原定状态时，应根据反馈信息对信息库中已有的信息进行局部修正或全面调整，设定新的系统状态，建立新状态下的系统机制，并能调整系统尽快达到这种新的均衡状态。需要注意，一般情况下应尽量避免变动项目目标值。否则，将引起项目多方面的变化。

3.2　项目建议书与可行性研究报告的编制

项目建议书与可行性研究报告是项目前期决策阶段的两个重要文件。二者关系如图3-1所示。

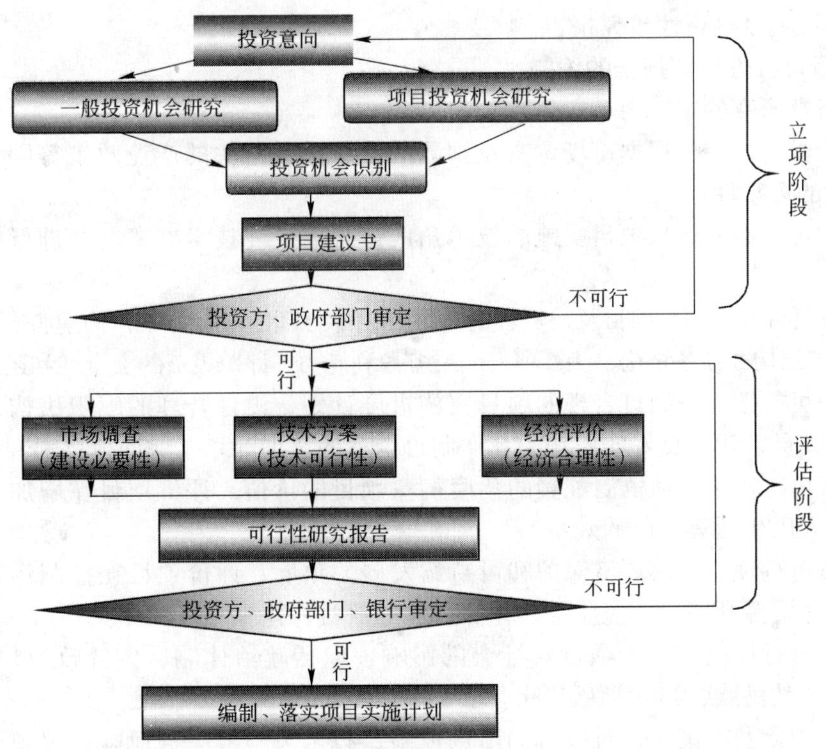

图 3-1　项目建议书与可行性研究报告的关系

3.2.1　项目建议书的编制

对于政府投资项目，项目建议书是项目筹建单位向国家提出的要求建设某一项目的建议文件，是对工程项目的轮廓设想。项目建议书的主要作用是推荐一个拟建项目，论述其建设的必要性、建设条件的可行性和获利的可能性，供国家选择并确定是否进行下一步工作。

项目建议书的内容视项目的不同而有繁有简，但一般应包括以下几方面内容：

① 建设项目提出的必要性和依据；

② 产品方案、拟建规模和建设地点的初步设想；

③ 资源情况、建设条件、协作关系和设备技术引进国别、厂商的初步分析；

④ 投资估算、资金筹措及还贷方案设想；

⑤ 项目进度安排；

⑥ 经济效益和社会效益的初步估计，包括初步的财务评价和国民经济评价；

⑦ 环境影响的初步评价，包括治理“三废”措施、生态环境影响的分析；交通影响评价、日照影响评价、地震影响分析等多项专业评价；

⑧ 结论；

⑨ 附件。

项目建议书按要求编制完成后，应根据项目类别、建设规模分别报送有关部门审批。

对于企业不使用政府资金投资建设的项目，政府不再进行投资决策性质的审批，工程项目实行核准制或登记备案制。企业不需要编制项目建议书而可直接委托项目管理单位或工程咨询单位编制可行性研究报告。

3.2.2　项目可行性研究报告的编制

1. 可行性研究的主要内容

① 投资可行性——根据市场调查及预测的结果以及有关的产业政策等因素，论证项目投资建设的可行性；

② 技术可行性——从项目实施的技术角度，合理设计技术方案，并进行方案比选和评价；

③ 财务可行性——从项目及投资者的角度，设计合理的融资方案，构建符合项目建设运营需要的股权结构或债务结构，测算项目的财务盈利能力，评价投资的安全性和还款能力；

④ 组织可行性——制订合理的项目实施进度计划、设计合理的组织机构、选择经验丰富的管理人员、建立良好的协作关系、制订合适的培训计划，保证项目顺利执行；

⑤ 经济可行性——从资源配置的角度衡量项目的价值，评价项目在增加供应、创造就业、提高人民生活等方面的效益；

⑥ 环境可行性——从环境保护和可持续发展的角度，评价项目在控制污染、保护生态平衡、自然资源利用、环境质量改善等方面的效益；

⑦ 社会可行性——分析项目对社会的影响，包括政治体制、方针政策、经济结构、法律道德、宗教民族、妇女儿童及社会稳定等；

⑧ 风险因素及对策——对项目的市场风险、技术风险、财务风险、组织风险、法律风险、经济及社会风险等风险因素进行评价，制订应对风险的策略。

2. 可行性研究的工作程序

① 了解业主意图；

② 明确研究范围；

③ 组成项目团队；

④ 搜集资料；

⑤ 现场调研；

⑥ 方案比选和评价；

⑦ 编写可行性研究报告。

3. 可行性研究工作组织管理流程

如果业主需要另外委托工程咨询单位进行项目可行性研究时，项目管理单位可以协助业主完成下列工作：

(1) 招标选择工程咨询单位

1) 编制项目前期咨询工作大纲

① 介绍项目情况和其他背景资料；

② 提出项目可行性研究所要达到的目标；

③ 明确项目可行性研究的工作范围，说明工程咨询单位应完成的可行性研究任务和具体要求；

④ 要求工程咨询单位提出咨询工作进度计划和工作进展情况报告；

⑤ 明确业主应向工程咨询单位提供的包括数据、人员配合等在内的支持。

2) 估算工程咨询费用

以项目前期咨询工作大纲中拟订的工作量和预期成果目标为依据，估算工程咨询费用，以货币形式统一量化所有的有形和无形投入，以便业主能真实了解完成可行性研究所支出的费用和所对应的工作内容，并摊入项目预算。同时，也可作为评定工程咨询单位报价合理性的依据。

3) 准备短名单

为加快工作进度并保证工程咨询质量，可事先有针对性地初步建立工程咨询单位清单，再根据各工程咨询单位的实际情况和项目具体要求，从中遴选一定数量的工程咨询单位，形成短名单；然后根据评选办法和标准，发邀请函，征求短名单中工程咨询单位的可行性研究编制方案；再进行评价筛选。评价筛选的内容包括工程咨询单位的资质和经验、为完成项目可行性研究工作拟采用的方法和途径、参加该项咨询服务的人力资源配备等因素。可以通过赋予各评价因素一定的权重进行综合评价。

4) 协助业主签订委托咨询合同

协助业主进行合同谈判，并协助业主与所确定的中标咨询单位签订委托咨询合同。

在协助业主选择工程咨询单位时，控制要点包括：

① 是否具备工程咨询资质；

② 是否拥有良好的历史业绩和声誉；

③ 是否拥有包括工程、设计、技术经济等多专业的优秀人力资源配备；

④ 是否能与项目建设的其他环节(如设计、工程、勘察、开发等)良好地对接；

⑤ 可行性研究工作报价是否合理；

⑥ 能否提供包括工作设想、工作方式、具体工作方法、进度安排、质量阶段目标和

最终目标层次安排、人力资源配备的良好计划方案。

(2) 审核可行性研究报告编制大纲

审核工程咨询单位提交的项目可行性研究报告编制大纲，并与其就项目可行性研究工作的目标、范围、方法、质量、人力资源配备、咨询费用支付等事项形成总控计划和模块化分解具体计划，实行项目计划管理。

(3) 收集、准备相关资料

安排工程咨询单位开展客观、公正、严谨的调查研究工作，收集资料，充分了解业主对项目的使用意图，并加强对工程咨询单位与业主、政府有关主管部门(如发展改革主管部门、城市规划主管部门、环境保护主管部门、市政主管部门等)多方的沟通；协助业主和工程咨询单位对项目可行性研究工作所需的各种依据和参考资料进行准备、筛选、整理。

(4) 审核、沟通初步意见

要求工程咨询单位按照规定的进度，分期提供调研报告、可行性研究报告依据性文件、市政等部门回馈意见、项目建设紧迫性论述、建设方案、技术可行性研究、投资估算、经济可行性研究、社会效益评价等重点内容的原始工作结果，进行审核，并就此与业主、工程咨询单位、设计单位、市政等部门进行沟通，然后根据沟通意见，对原始工作结果进行修订。

(5) 审核可行性研究成果

要求工程咨询单位按照进度，分期提供可行性研究的初步成果和中间成果，进行审核，并与业主等部门进行沟通，对初步成果和中间成果进行调整。工程咨询单位按照进度要求提交的项目最终可行性研究报告经审核后应报送业主。在可行性研究报告得到业主的最终确认后，进行装订、签章。

(6) 协助业主办理相关审批、核准或备案手续

需要上报政府发展改革主管部门审批的项目，在审批过程中，协助业主进行答疑。需要办理核准或备案手续的项目，协助业主办理核准或备案手续。

4. 可行性研究报告的内容

根据我国目前规定，一般工业项目可行性研究报告的内容如下：

一、总论

(一) 项目背景

1. 项目名称

2. 承办单位概况(新建项目指筹建单位情况，技术改造项目指原企业情况，合资项目指合资各方情况)

3. 可行性研究报告编制依据

4. 项目提出的理由与过程

(二) 项目概况

1. 拟建地点

2. 建设规模与目标

3. 主要建设条件

4. 项目投入总资金及效益情况

5. 主要技术经济指标

（三）问题与建议
二、市场预测
（一）产品市场供应预测
1. 国内外市场供应现状
2. 国内外市场供应预测
（二）产品市场需求预测
1. 国内外市场需求现状
2. 国内外市场需求预测
（三）产品目标市场分析
1. 目标市场确定
2. 市场占有份额分析
（四）价格现状与预测
1. 产品国内市场销售价格
2. 产品国际市场销售价格
（五）市场竞争力分析
1. 主要竞争对手情况
2. 产品市场竞争力优势、劣势
3. 营销策略
（六）市场风险
三、资源条件评价（指资源开发项目）
（一）资源可利用量
矿产地质储量、可采储量，水利水能资源蕴藏量，森林蓄积量等。
（二）资源品质情况
矿产品位、物理性能、化学组分，煤炭热值、灰分、硫分等。
（三）资产赋存条件
矿体结构、埋藏深度、岩体性质，含油气地质构造等。
（四）资源开发价值
资源开发利用的技术经济指标。
四、建设规模与产品方案
（一）建设规模
1. 建设规模方案比选
2. 推荐方案及其理由
（二）产品方案
1. 产品方案构成
2. 产品方案比选
3. 推荐方案及其理由
五、场址选择
（一）场址所在位置现状
1. 地点与地理位置

2. 场址土地权属类别及占地面积
3. 土地利用现状
4. 技术改造项目现有场地利用情况
(二) 场址建设条件
1. 地形、地貌、地震情况
2. 工程地质与水文地质
3. 气候条件
4. 城镇规划及社会环境条件
5. 交通运输条件
6. 公用设施社会依托条件(水、电、气、生活福利)
7. 防洪、防潮、排涝设施条件
8. 环境保护条件
9. 法律支持条件
10. 征地、拆迁、移民安置条件
11. 施工条件
(三) 场址条件比选
1. 建设条件比选
2. 建设投资比选
3. 运营费用比选
4. 推荐场址方案
5. 场址地理位置图
六、技术方案、设备方案和工程方案
(一) 技术方案
1. 生产方法(包括原料路线)
2. 工艺流程
3. 工艺技术来源(需引进国外技术的，应说明理由)
4. 推荐方案的主要工艺(生产装置)流程图、物料平衡图，物料消耗定额表
(二) 主要设备方案
1. 主要设备选型
2. 主要设备来源(进口设备应提出供应方式)
3. 推荐方案的主要设备清单
(三) 工程方案
1. 主要建、构筑物的建筑特征、结构及面积方案
2. 矿建工程方案
3. 特殊基础工程方案
4. 建筑安装工程量及“三材”用量估算
5. 技术改造项目原有建、构筑物利用情况
6. 主要建、构筑物工程一览表
七、主要原材料、燃料供应

(一) 主要原材料供应

1. 主要原材料品种、质量与年需要量

2. 主要辅助材料品种、质量与年需要量

3. 原材料、辅助材料来源与运输方式

(二) 燃料供应

1. 燃料品种、质量与年需要量

2. 燃料供应来源与运输方式

(三) 主要原材料、燃料价格

1. 价格现状

2. 主要原材料、燃料价格预测

(四) 编制主要原材料、燃料年需要量表

八、总图、运输与公用辅助工程

(一) 总图布置

1. 平面布置。列出项目主要单项工程的名称、生产能力、占地面积、外形尺寸、流程顺序和布置方案

2. 竖向布置

(1) 场区地形条件

(2) 竖向布置方案

(3) 场地标高及土石方工程量

3. 技术改造项目原有建、构筑物利用情况

4. 总平面布置图(技术改造项目应标明新建和原有以及拆除的建、构筑物的位置)

5. 总平面布置主要指标表

(二) 场内外运输

1. 场外运输量及运输方式

2. 场内运输量及运输方式

3. 场内运输设施及设备

(三) 公用辅助工程

1. 给排水工程

(1) 给水工程。用水负荷、水质要求、给水方案

(2) 排水工程。排水总量、排水水质、排放方式和泵站管网设施

2. 供电工程

(1) 供电负荷(年用电量、最大用电负荷)

(2) 供电回路及电压等级的确定

(3) 电源选择

(4) 场内供电输变电方式及设备设施

3. 通信设施

(1) 通信方式

(2) 通信线路及设施

4. 供热设施

5. 空分、空压及制冷设施
6. 维修设施
7. 仓储设施
九、节能措施
（一）节能措施
（二）能耗指标分析
十、节水措施
（一）节水措施
（二）水耗指标分析
十一、环境影响评价
（一）场址环境条件
（二）项目建设和生产对环境的影响
1. 项目建设对环境的影响
2. 项目生产过程产生的污染物对环境的影响
（三）环境保护措施方案
（四）环境保护投资
（五）环境影响评价
十二、劳动安全卫生与消防
（一）危害因素和危害程度
1. 有毒有害物品的危害
2. 危险性作业的危害
（二）安全措施方案
1. 采用安全生产和无危害的工艺和设备
2. 对危害部位和危险作业的保护措施
3. 危险场所的防护措施
4. 职业病防护和卫生保健措施
（三）消防设施
1. 火灾隐患分析
2. 防火等级
3. 消防设施
十三、组织机构与人力资源配置
（一）组织机构
1. 项目法人组建方案
2. 管理机构组织方案和体系图
3. 机构适应性分析
（二）人力资源配置
1. 生产作业班次
2. 劳动定员数量及技能素质要求
3. 职工工资及福利

4. 劳动生产率水平分析
5. 员工来源及招聘方案
6. 员工培训计划
十四、项目实施进度
(一) 建设工期
(二) 项目实施进度安排
(三) 项目实施进度表(横线图)
十五、投资估算
(一) 投资估算依据、范围
(二) 建设投资估算
1. 建筑工程费
2. 设备及工器具购置费
3. 安装工程费
4. 工程建设其他费用
5. 基本预备费
6. 涨价预备费
7. 建设期利息
(三) 流动资金估算
(四) 投资估算表
1. 项目投入总资金估算汇总表
2. 单项工程投资估算表
3. 分年度投资计划表
4. 流动资金估算表
十六、融资方案
(一) 资本金筹措
1. 新设项目法人项目资本金筹措
2. 既有项目法人项目资本金筹措
(二) 债务资金筹措
(三) 融资方案分析
十七、财务评价
(一) 新设项目法人项目财务评价
1. 财务评价基础数据与参数选取
(1) 财务价格
(2) 计算期与生产负荷
(3) 财务基准收益率设定
(4) 其他计算参数
2. 销售收入、销售税金及附加估算(编制销售收入、销售税金及附加估算表)
3. 成本费用估算(编制总成本费用估算表和分项成本估算表)
4. 财务评价报表

(1) 财务现金流量表
(2) 损益表
(3) 资金来源与运用表
(4) 借款偿还计划表
(5) 资产负债表
5. 财务评价指标
(1) 盈利能力分析
1) 项目财务内部收益率
2) 资本金收益率
3) 投资各方收益率
4) 财务净现值
5) 投资回收期
6) 投资利润率
(2) 偿债能力分析(借款偿还期、利息备付率、偿债备付率、资产负债率)
(二) 既有项目法人项目财务评价
1. 财务评价范围确定
2. 财务评价基础数据与参数选取
(1)“有项目”数据
(2)“无项目”数据
(3) 增量数据
(4) 其他计算参数
3. 销售收入、销售税金及附加估算(编制销售收入、销售税金及附加估算表)
4. 成本费用估算(编制总成本费用估算表和分项成本估算表)
5. 财务评价报表
(1) 增量财务现金流量表
(2)“有项目”损益表
(3)“有项目”资金来源与运用表
(4) 借款偿还计划表
6. 财务评价指标
(1) 盈利能力分析
1) 项目财务内部收益率
2) 资本金收益率
3) 投资各方收益率
4) 财务净现值
5) 投资回收期
6) 投资利润率
(2) 偿债能力分析(借款偿还期、利息备付率、偿债备付率、资产负债率)
(三) 不确定性分析
1. 敏感性分析(编制敏感性分析表，绘制敏感性分析图)

2. 盈亏平衡分析(绘制盈亏平衡分析图)

(四) 财务评价结论

十八、国民经济评价

(一) 影子价格及通用参数选择

(二) 效益费用范围调整

1. 转移支付处理

2. 间接效益和间接费用计算

(三) 效益费用数值调整

1. 投资调整

2. 流动资金调整

3. 销售收入调整

4. 经营费用调整

(四) 国民经济效益费用流量表

1. 项目国民经济效益费用流量表

2. 国内投资国民经济效益费用流量表

(五) 国民经济评价指标

1. 经济内部收益率

2. 经济净现值

(六) 国民经济评价结论

十九、社会评价

(一) 项目对社会的影响分析

(二) 项目对所在地互适应性分析

1. 利益群体对项目的态度及参与程度

2. 各级组织对项目的态度及支持程度

3. 地区文化状况对项目的适应程度

(三) 社会风险分析

(四) 社会评价结论

二十、风险分析

(一) 项目主要风险因素识别

(二) 风险程度分析

(三) 防范和降低风险对策

二十一、研究结论与建议

(一) 推荐方案的总体描述

(二) 推荐方案的优缺点描述

1. 优点

2. 存在问题

3. 主要争论与分歧意见

(三) 主要对比方案

1. 方案描述

2. 未被采纳的理由
(四) 结论与建议
附图、附表、附件
(一) 附图
1. 场址位置图
2. 工艺流程图
3. 总平面布置图
(二) 附表
1. 投资估算表
(1) 项目投入总资金估算汇总表
(2) 主要单项工程投资估算表
(3) 流动资金估算表
2. 财务评价报表
(1) 销售收入、销售税金及附加估算表
(2) 总成本费用估算表
(3) 财务现金流量表
(4) 损益表
(5) 资金来源与运用表
(6) 借款偿还计划表
(7) 资产负债表
3. 国民经济评价报表
(1) 项目国民经济效益费用流量表
(2) 国内投资国民经济效益费用流量表
(三) 附件
1. 项目建议书(初步可行性研究报告)的批复文件
2. 环保部门对项目环境影响的批复文件
3. 资源开发项目有关资源勘察及开发的审批文件
4. 主要原材料、燃料及水、电、气供应的意向性协议
5. 项目资本金的承诺证明及银行等金融机构对项目贷款的承诺函
6. 中外合资、合作项目各方草签的协议
7. 引进技术考察报告
8. 土地主管部门对场址批复文件
9. 新技术开发的技术鉴定报告
10. 组织股份公司草签的协议

3.3 项目评价

3.3.1 项目经济评价

项目的经济评价是项目可行性研究报告的重要内容之一，是进行投资项目决策的基本

依据。其核心内容是考察分析投资项目的经济效益。项目的经济评价包括财务评价和国民经济评价两部分。

1. 财务评价

财务评价是根据国家现行财税制度和市场价格体系，分析项目直接发生的财务费用和收益，编制财务报表，计算评价指标，考察项目的盈利能力、清偿能力以及外汇平衡等财务状况，据以判断项目的财务可行性。

(1) 财务评价程序

① 选定财务评价的基础数据和参数；

② 计算销售收入和成本费用；

③ 编制财务评价报表；

④ 计算财务指标，并进行盈利能力和偿债能力分析；

⑤ 进行不确定性分析；

⑥ 编制财务评价报告。

(2) 财务评价基础数据与参数的选取

财务评价的基础数据与参数是否合理，直接影响财务评价的结论，在进行财务分析计算之前，应做好这项基础工作。财务评价基础数据和参数主要有：

① 财务价格，含固定价格和变动价格；

② 税费；

③ 利率；

④ 汇率；

⑤ 项目计算期及投资使用计划；

⑥ 生产负荷；

⑦ 财务基准收益率。

(3) 销售收入与成本费用估算

销售收入是指销售产品或者提供服务取得的收入。生产多种产品和提供多项服务的，应分别估算各种产品和服务的销售收入。对不便于按详细的品种分类计算销售收入的，可采取折算为标准产品的方法计算销售收入。

成本费用是指项目生产运营支出的各种费用。成本估算应与销售收入口径一致，各项费用应划分清楚，防止重复计算或者低估费用支出。

销售收入估算和成本估算应分别参照财务报表的格式编制估算报表，并作相应的分析。

(4) 新设项目法人项目财务评价

新设项目法人项目财务评价的主要内容，是在编制财务报表的基础上进行盈利能力分析、偿债能力分析和抗风险能力分析。

① 编制财务评价报表。财务评价报表主要有财务现金流量表、损益表、资金来源与运用表、借款偿还计划表、资产负债表等。

② 盈利能力分析。盈利能力分析是在编制现金流量表的基础上，计算财务内部收益率、财务净现值、投资回报期等指标。其中，财务内部收益率为项目的主要盈利指标，其他指标可根据项目的特点及评价的目的、要求来选用。

财务内部收益率是指项目在整个计算期内各年净现金流量现值累计等于零的折现率，它是评价项目盈利能力的动态指标。

③ 偿债能力分析。根据有关财务报表，计算借款偿还期、利息备付率、偿债备付率、资产负债率等指标，评价项目借款偿债能力。如果采用借款偿还期指标，可不再计算备付率，如果计算备付率，则不再计算借款偿还期指标。资产负债率是反映债权人所提供的资本占全部资本的比例，也称为举债经营比率。

(5) 既有项目法人项目财务评价

既有项目法人项目财务评价与新设项目法人财务评价的主要区别在于盈利能力评价指标，前者是按“有项目”和“无项目”对比，采取增量分析方法计算。偿债能力评价指标，一般是按“有项目”后项目的偿债能力计算，必要时也可按“有项目”后既有法人整体的偿债能力计算。

(6) 不确定性分析

项目评价所采用的数据大部分来自估算和预测，有一定程度的不确定性。为了分析不确定因素对经济评价指标的影响，需要进行不确定性分析，估计项目可能存在的风险，考察项目的财务可靠性。根据拟建项目的情况，有选择的进行敏感性分析、盈亏平衡分析。

敏感性分析是通过分析、预测项目主要不确定因素的变化对项目评价指标的影响，找出敏感因素，分析评价指标对该因素的敏感程度，并分析该因素达到临界值时项目的承受能力。敏感性分析有单因素分析和多因素分析两种。

盈亏平衡分析实际上是一种特殊形式的临界点分析。进行这种分析时，将产量或者销售量作为不确定因素，求取盈亏平衡时临界点所对应的产量或者销售量。盈亏平衡点越低，表示项目适应市场变化的能力越强，抗风险能力也越强。

2. 国民经济评价

国民经济评价是按合理资源配置的原则，采用影子价格等国民经济评价参数，从国民经济的角度考察投资项目所耗费的社会资源和对社会的贡献，评价投资项目的经济合理性。

国民经济评价的研究内容主要是识别国民经济效益与费用，计算和选取影子价格，编制国民经济评价报表，计算国民经济评价指标并进行方案比选。影子价格是进行项目国民经济评价、计算国民经济效益和费用时专用的价格，能够反映投入物和产出物真实经济价值，反映市场供求状况，反映资源稀缺程度，使得资源得到合理配置的价格。

(1) 国民经济效益与费用识别

国民经济效益是指项目对国家经济所作的贡献，分为直接效益和间接效益。项目的国民经济费用是指国民经济为项目付出的代价，分为直接费用和间接费用。

(2) 国民经济评价报表编制

国民经济效益费用流量表有两种，一是项目国民经济效益费用流量表；二是国内投资国民经济效益费用流量表。项目国民经济效益费用流量表以全部投资(包括国内和国外投资)作为分析对象，考察项目全部投资的盈利能力；国内投资国民经济效益费用流量表以国内投资作为分析对象，考察项目国内投资部分的盈利能力。

编制国民经济效益费用流量表有两种方式，一是在财务评价的基础上编制，二是直接编制。

（3）国民经济评价指标和参数

根据国民经济效益费用流量表计算经济内部收益率和经济净现值等指标。

国民经济评价参数是国民经济评价的基础。正确使用和理解评价参数，对正确计算费用、效益和评价指标，以及比选优化方案具有重要的作用。

国民经济评价参数体系有两类，一类是通用参数，如社会折现率、影子汇率和影子工资等，这些通用参数由有关专门机构组织测算和公布；另一类是货物的影子价格等一般参数，由行业或者项目评价人员测定。

3. 国民经济评价与财务评价的关系

项目财务评价立足于投资者或项目本身的微观经济效果分析，国民经济评价则是从整个国家和社会的角度出发，追求资源的配置在国家利益上的合理性，注重宏观经济效果分析。

项目财务评价是国民经济评价的基础，没有财务评价就不能进行国民经济评价，而国民经济评价反过来可以肯定或否定财务评价。

当国民经济评价认为项目可行，而项目财务评价认为不可行时，可采用调节税收、贷款利率以及其他优惠政策等经济手段，使财务评价变得可行；当国民经济评价认为项目不可行，而财务评价认为可行时，一般应予以否定项目。

3.3.2　项目社会评价

项目社会评价旨在系统调查和预测拟建项目的建设、运营产生的社会影响与社会效益，分析项目所在地区的社会环境对项目的适应性和可接受程度。通过分析项目涉及的各种社会因素，评价项目的社会可行性，提出项目与当地社会协调关系、规避社会风险、促进项目顺利实施、保持社会稳定的方案。

1. 社会评价的主要内容

社会评价应遵循以人为本的原则，其主要内容包括项目的社会影响分析、项目与所在地区的互适性分析和社会风险分析三个方面。

（1）社会影响分析

项目的社会影响分析旨在分析预测项目可能产生的正面影响(通常称为社会效益)和负面影响。

① 项目对所在地区居民收入的影响。主要分析预测由于项目实施可能造成当地居民收入增加或者减少的范围、程度及其原因；收入分配是否公平，是否扩大贫富收入差距，并提出促进收入公平分配的措施建议。对于扶贫项目，应着重分析项目实施后减轻当地居民的贫困和帮助贫困人口脱贫的程度。

② 项目对所在地区居民生活水平和生活质量的影响。主要分析预测项目实施后居民居住水平、消费水平、消费结构、人均寿命的变化及其原因。

③ 项目对所在地区居民就业的影响。主要分析预测项目的建设、运营对当地居民就业结构和就业机会的正面影响与负面影响。其中正面影响是指可能增加就业机会和就业人数，负面影响是指可能减少原有就业机会及就业人数，以及由此引发的社会矛盾。

④ 项目对所在地区不同利益群体的影响。主要分析预测项目的建设、运营会使哪些人受益或受损，以及对受损群体的补偿措施和途径。

⑤ 项目对所在地区弱势群体的影响。分析预测项目的建设和运营对当地妇女、儿童、

残疾人员利益的正面影响和负面影响。

⑥ 项目对所在地区文化、教育、卫生的影响。分析预测项目建设和运营期间是否可能引起当地文化教育水平、卫生健康程度的变化以及对当地人文环境的影响，提出减少不利影响的措施建议。公益性项目应特别注重这方面的分析。

⑦ 项目对当地基础设施、社会服务容量和城市化进程等的影响。分析预测项目建设和运营期间，是否可能增加或者占用当地的基础设施，包括道路、桥梁、供电、供水、供汽、服务网点，以及产生的影响。

⑧ 项目对所在地区少数民族风俗习惯和宗教的影响。分析预测项目的建设和运营是否符合国家的民族和宗教政策，是否充分考虑了当地民族的风俗习惯、生活方式或者当地居民的宗教信仰，是否会引发民族矛盾、宗教纠纷，影响当地社会安定。

(2) 互适性分析

互适性分析主要是分析预测项目能否为当地的社会环境、人文条件所接纳，以及当地政府、居民支持项目存在与发展的程度，考察项目与当地社会环境的相互适应关系。

① 分析预测与项目直接相关的不同利益群体对项目建设和运营的态度及参与程度，选择可以促使项目成功的各利益群体的参与方式，对可能阻碍项目存在与发展的因素提出防范措施。

② 分析预测项目所在地区的各类组织对项目建设和运营的态度，可能在哪些方面、在多大程度上对项目予以支持和配合。对需要由当地提供交通、电力、通信、供水等基础设施条件，粮食、蔬菜、肉类等生活供应条件，医疗、教育等社会福利条件的，当地是否能够提供，是否能够保障。对于国家重大建设项目，应特别注重这方面的分析。

③ 分析预测项目所在地区现有技术、文化状况能否适应项目建设和发展。对于为发展地方经济、改善当地居民生产生活条件兴建的水利项目、公路交通项目、扶贫项目，应分析当地居民的教育水平能否适应项目要求的技术条件，能否保证实现项目既定目标。

(3) 社会风险分析

项目的社会风险分析是对可能影响项目的各种社会因素进行识别和排序，选择影响面大、持续时间长，并容易导致较大矛盾的社会因素进行预测，分析可能出现这种风险的社会环境和条件。对于那些可能诱发民族矛盾、宗教矛盾的项目，应特别注重这方面的分析，并提出防范措施。

2. 社会评价的一般步骤

社会评价一般分为三步，即社会资料调查、社会因素识别和方案比选论证。

(1) 社会资料调查

调查的内容包括项目所在地区的人口统计资料，基础设施与服务设施状况；当地的风俗习惯、人际关系；各利益群体对项目的反应、要求与接受程度；各利益群体参与项目活动的可能性，如项目所在地区干部、群众对参与项目活动的态度和积极性，可能参与的形式、时间，妇女在参与项目活动方面有无特殊情况等。社会调查可采用多种方法，如查阅历史文献、统计资料，问卷调查，现场访问、观察，召开座谈会等。

(2) 社会因素识别

分析社会调查获得的资料，对项目涉及的各种社会因素进行分类。一般可分为三类，即：影响人类生活和行为的因素；影响社会环境变迁的因素；影响社会稳定与发展的因素。从中识别与选择影响项目实施和项目成功的主要社会因素，作为社会评价的重点和论证比选方案的内容之一。

（3）方案比选论证

对项目可行性研究拟定的建设地点、技术方案和工程方案中涉及的主要社会因素进行定性、定量分析，推荐社会正面影响大、社会负面影响小的方案。

3.3.3　项目环境影响评价

项目环境影响评价是在研究确定场址方案和技术方案中，调查研究环境条件，识别和分析拟建项目影响环境的因素，提出预防或减轻不良环境影响的对策和措施，比选和优化环境保护方案。

1. 环境影响评价的分类

国家根据工程项目对环境的影响程度，对工程项目的环境影响评价实行分类管理。项目环境影响评价文件分为环境影响报告书、环境影响报告表和环境影响登记表三类。

（1）环境影响报告书

对于可能造成重大环境影响的工程项目，应当编制环境影响报告书，对产生的环境影响进行全面评价。项目环境影响报告书的内容应当包括：项目概况；项目周围环境现状；项目对环境可能造成影响的分析、预测和评估；项目环境保护措施及其技术、经济论证；项目环境保护投资估算；项目对环境影响的经济损益分析；对项目实施环境监测的建议；环境影响评价的结论。涉及水土保持的项目，还必须有经水行政主管部门审查同意的水土保持方案。

（2）环境影响报告表

对于可能造成轻度环境影响的项目，应当编制环境影响报告表，对产生的环境影响进行分析或专项评价。

（3）环境影响登记表

对环境影响很小、不需要进行环境影响评价的项目，应当填报环境影响登记表。

环境影响报告表和环境影响登记表的内容和格式，由国务院环境保护行政主管部门制定。

2. 环境影响评价文件的编制、报批及实施

（1）环境影响评价文件的编制

环境影响评价文件中的环境影响报告书或者环境影响报告表，应当由具有相应环境影响评价资质的机构编制。任何单位和个人不得为业主指定对其项目进行环境影响评价的机构。

除国家规定需要保密的情形外，对环境可能造成重大影响、应当编制环境影响报告书的项目，业主应当在报批项目环境影响报告书前，举行论证会、听证会，或者采取其他形式，征求有关单位、专家和公众的意见。业主报批的环境影响报告书应当附具对有关单位、专家和公众的意见采纳或者不采纳的说明。

（2）环境影响评价文件的报批

项目的环境影响评价文件，由业主按照国务院的规定报有审批权的环境保护行政主管部门审批；项目有行业主管部门的，其环境影响报告书或环境影响报告表应当经行业主管部门预审后，报有审批权的环境保护行政主管部门审批。

项目环境影响评价文件未经法律规定的审批部门审查或审查后未予批准的，该项目审批部门不得批准其建设，业主不得开工建设。

(3) 环境影响评价文件的实施

项目建设过程中，业主应当同时实施环境影响报告书、环境影响报告表以及环境影响评价文件审批部门审批意见中提出的环境保护对策措施。

在项目建设、运行过程中产生不符合经审批的环境影响评价文件的情形，业主应当组织环境影响的后评价，采取改进措施，并报原环境影响评价文件审批部门和项目审批部门备案；原环境影响评价文件审批部门也可责成业主进行环境影响的后评价，采取改进措施。

3. 环境影响评价的主要内容

(1) 环境条件调查

环境条件调查主要包括以下几个方面：

① 自然环境。调查项目所在地的大气、水体、地貌、土壤等自然环境状况；

② 生态环境。调查项目所在地的森林、草地、湿地、动物栖息、水土保持等生态环境状况；

③ 社会环境。调查项目所在地居民生活、文化教育卫生、风俗习惯等社会环境状况；

④ 特殊环境。调查项目周围地区名胜古迹、风景区、自然保护区等环境状况。

(2) 环境影响因素分析

主要是分析项目建设过程中破坏环境、生产运营过程中污染环境，导致环境质量恶化的主要因素。

1) 污染环境因素分析

分析生产过程中产生的各种污染源，计算排放污染物数量及其对环境的污染程度。

① 废气。分析气体排放点，计算污染物产生量和排放量、有害成分和浓度，研究排放特征及其对环境的危害程度。

② 废水。分析工业废水(废液)和生活污水的排放点，计算污染物的产生量和排放量、有害成分和浓度，研究排放特征、排放去向及其对环境的危害程度。

③ 固体废弃物。分析计算固体废弃物的产生量与排放量、有害成分及其对环境的污染程度。

④ 噪声。分析噪声源位置，计算声压等级，研究噪声特征及其对环境造成的危害程度。

⑤ 粉尘。分析粉尘排放点，计算产生量与排放量，研究组分与特征、排放方式及其对环境造成的危害程度。

⑥ 其他污染物。分析生产过程中产生的电磁波、放射性物质等污染物发生的位置、特征，计算强度值及其对周围环境的危害程度。

2) 破坏环境因素分析

分析项目施工和生产运营对环境可能造成的破坏因素，预测其破坏程度。主要分析以下几个方面：

① 对地形、地貌等自然环境的破坏；

② 对森林草地植被的破坏，如引起的土壤退化、水土流失等；

③ 对社会环境、文物古迹、风景名胜区、水源保护区的破坏。

(3) 环境保护措施

在分析环境影响因素及其影响程度的基础上，应根据国家有关环境保护法律、法规规定提出治理方案。

1) 治理措施方案

根据项目的污染源和排放污染物的性质不同，应采取不同的治理措施：

① 废气污染治理。可采用冷凝、吸附、燃烧和催化转化等方法；

② 废水污染治理。可采用物理法(如重力分离、离心分离、过滤、蒸发结晶、高磁分离等)、化学法(如中和、化学凝聚、氧化还原等)、物理化学法(如离子交换、电渗析、反渗析、气泡悬上分离、汽提吹脱、吸附萃取等)、生物法(如自然氧池、生物滤化、活性污泥、厌氧发酵)等方法；

③ 固体废弃物污染处理。有毒废弃物可采用防渗漏池堆存；放射性废弃物可以封闭固化；无毒废弃物可以露天堆存；生活垃圾可采用卫生填埋、堆肥、生物降解或者焚烧方式处理；利用无毒固体废弃物加工制作建筑材料或者作为建材添加物，进行综合利用；

④ 粉尘污染治理。可采用过滤除尘、湿式除尘、电除尘等方法；

⑤ 噪声污染治理。可采用吸声、隔音、减震、隔震等措施；

⑥ 建设和生产运营引起环境破坏的治理。对岩体滑坡、植被破坏、地面塌陷、土壤劣化等，应提出相应治理方案。

2) 治理方案比选

应对环境治理的各个局部方案和总体方案进行技术经济比较，并做出综合评价。评价的主要内容包括：

① 技术水平比较。分析比较不同环境保护治理方案所采用的技术和设备先进性、适用性、可靠性和可获得性；

② 治理效果比较。分析比较不同环境保护治理方案在治理前及治理后环境指标的变化情况，以及能否满足环境保护法律法规的要求；

③ 管理及监测方式比较。分析比较各治理方案所采用的管理和监测方式的优缺点；

④ 环境效益比较。将环境治理保护所需投资和环保设施运行费用与所获得的收益相比较。优选效益费用比值较大的方案。

环境保护治理方案经比选后，提出推荐方案并编制环境保护治理设施和设备表。

3.4　项目投资决策与报批程序

3.4.1　项目投资决策

1. 项目投资决策程序

项目投资决策的一般程序如图3-2所示。

2. 项目评估

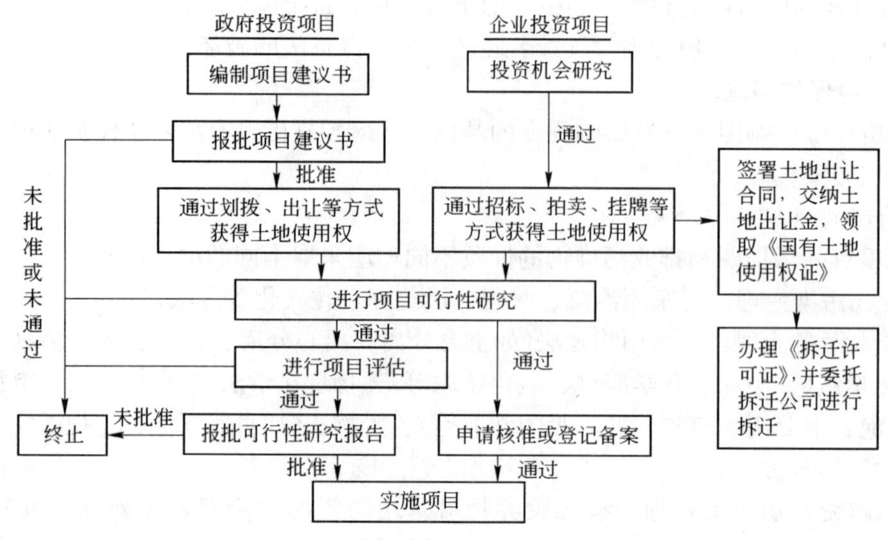

图 3-2　项目投资决策程序

按照国家规定，对于需要审批的工程项目，必须经有审批权的单位委托有资格的工程咨询单位进行评估论证。未经评估的工程项目，任何单位不准审批，更不准组织建设。

项目评估是由投资决策部门组织或授权于建设银行、投资银行、工程咨询公司或有关专家，代表国家对上报的工程项目可行性研究报告进行全面的审核和再评价，其主要任务是对拟建项目的可行性研究报告提出评价意见。

项目评估包括以下内容：

（1）企业概况分析

对于既有企业申报的项目，企业概况分析分为定性分析和定量分析两部分：

① 定性分析内容。主要包括企业的历史沿革、地理位置、组织形式；产权结构及职工队伍分析；主导产品、企业形象及地位分析；领导班子能力及企业生产经营状况分析。一般而言，企业运行机制、管理机制、经营机制和员工素质的好坏在一定程度上决定了项目的成败。通过对以上几方面的分析，可以估计出项目进展的顺利程度，以确保贷款本息的按时收回。

② 定量分析内容。主要包括对企业最近三年经济技术实力、资产负债表、损益表、现金流量表的横向和纵向对比分析；测算流动比、速动比、资产负债率、长期负债率和利息保障倍数指标，分析企业的短期和长期偿债能力；测算存货周转率、应收账款周转率、生产能力利用率等指标，分析企业资产运用效率；测算销售利润率、投资利润率等指标，分析企业盈利能力；测算存贷比率、银行贷款占比等指标。通过以上对企业历史及现状的分析，可进行综合评价，预测其未来总体发展前景。

（2）项目概况分析

分析内容包括：项目建设必要性；项目建设、生产条件；项目技术、设备和工艺分析。

（3）项目财务评价

① 财务预测。包括：投资来源和投资成本预测；产品成本预测；销售收入及销售税金预测；利润预测。

② 财务评价。包括：投资利润率；贷款偿还期；财务净现值；财务内部收益率；投资回收期。

(4) 偿债能力评价

偿债能力评价有两种含义，一是对项目本身清偿能力的评价(狭义的偿债能力评价)；二是对企业整体偿债能力的评价(广义的偿债能力评价)。在项目评估中所指的偿债能力评价通常是后者。

清偿能力主要是考察计算期内各年的财务状况和偿债能力，用借款偿还期、资产负债率、流动比率、速动比率等到指标来表示。

(5) 项目不确定性评价

项目不确定性评价包括盈亏平衡分析、敏感性分析和概率分析三种。

① 盈亏平衡分析。是根据项目正常生产年份的产量、成本、产品售价和税金等数据，计算分析产量、成本和盈利三者之间的平衡关系，确定销售总收入等于生产总成本时盈亏平衡点的一种方法。在盈亏平衡点上，企业收支相抵。盈亏平衡点越低，表明项目适应市场变化的能力越大，抗风险能力越强。在不确定性分析中，投资者需要确知这一平衡点处于何种水平，据以判断项目的可行性。

② 敏感性分析。由于某一因素的变动常常同时引起其他因素的变动；同时，不是所有的因素在项目存续期内都会发生显著的变化，有些因素即使发生了变化，结果对项目投资效益影响也甚小，而有些因素只须略微调整；就会使项目投资效益大为改观。一般将引起投资效益指标数值明显变化的不确定因素称为敏感性因素，而将那些不能引起投资效益指标明显变化的不确定因素称为非敏感性因素。

项目评估中的敏感性分析，就是要在诸多不确定性因素中，计算并分析其中哪些因素是敏感性因素，哪些因素为不敏感因素，并且确定经济效益对这些因素的敏感程度，从而分析项目抵御风险的能力。

敏感性分析的优点：一是可以测量各种不确定因素变动对投资方案效益的影响范围，有利于决策者了解投资方案的风险根源和风险程度。若对投资方案中的不确定因素把握不大时，可以通过该分析获知这一因素变动到多大范围方案仍可行；二是可以从各种不确定因素中寻找出最敏感的因素，有利于决策者集中力量，深入研究，采取对策措施，使投资风险减少到最低程度；三是在多方案比较中，可以通过分析对比各个方案的风险大小，淘汰风险大的方案，保留风险小的方案。

感性分析的缺点：一是只能分析单个或两个不确定因素变化对投资方案效益的影响，对多个不确定因素的综合分析因较复杂而有一定的困难，但在实际工作中，通常会有几个不确定因素同时发生变化；二是尚不能指出不确定因素发生变化的可能性有多大，及其对投资效益造成的风险程度有多大等问题。故若要对项目投资风险进行完全定量分析，还须作概率分析。

③ 概率分析。是指运用概率方法研究计算各种不确定因素和风险因素的变动情况，确定其概率分布、期望值以及标准偏差，进而估计出对项目经济效益影响程度的一种定量分析方法。

3.4.2　项目报批程序

1. 项目立项的报批

(1) 项目建议书的报批

项目建议书由政府部门、现有企事业单位或新组成的项目法人提出。其中：跨地区、跨行业的工程项目以及对国计民生有重大影响的项目、国内合资项目，应由有关部门和地区联合提出；中外合资、合作经营项目，在中外投资者达成意向性协议书后，再根据国内有关投资政策、产业政策编制项目建议书；大中型和限额以上拟建项目上报项目建议书时，应附初步可行性研究报告。初步可行性研究报告由具有相应资质的设计单位或工程咨询单位编制。

项目建议书批准后的主要工作包括：确定项目建设单位、人员、法人及其法定代表人；选定建设地址，申请规划设计条件，制定规划设计方案；落实筹措资金方案；落实供水、供电、供气、供热、雨污水排放、电信等市政公用设施配套方案；落实主要原材料、燃料的供应；落实环境保护、劳动保护、卫生防疫、节能、消防措施；外商投资企业申请企业名称预登记；进行详细的市场调查分析；编制可行性研究报告。

(2) 项目可行性研究报告的报批

1) 报批项目可行性研究报告时需提交的材料

① 按规定格式编写的可行性研究报告；

② 征地和外部协作条件的意向性协议；

③ 资金筹措落实文件；

④ 环境保护部门的意见；

⑤ 有关专家对项目的评审意见；

⑥ 项目主管部门对可行性研究报告的审查意见。

2) 项目可行性研究报告的审批权限

使用中央预算内投资的项目，其可行性研究报告视规模不同由国务院投资主管部门审批或审核后报国务院审批。使用中央专项建设基金的重大项目，其可行性研究报告由国务院投资主管部门审批或审核后报国务院审批；非重大项目的可行性研究报告由国务院行业主管部门审批。

2. 项目立项后的报批

项目立项后的报批程序如图 3-3 所示。

(1) 通过“招标、拍卖、挂牌”程序获得土地使用权

业主通过“招标、拍卖、挂牌”程序获得土地使用权的程序及主要工作内容见表3-2。

(2) 办理项目立项手续

业主办理项目立项的手续见表 3-3。

(3) 报批规划方案和取得建设用地规划许可证

业主报批规划方案和办理建设用地规划许可证的手续见表 3-4。

(4) 取得建设工程规划许可证

业主办理建设工程规划许可证的手续见表 3-5。

(5) 取得施工许可证

业主办理施工许可证的手续见表 3-6。

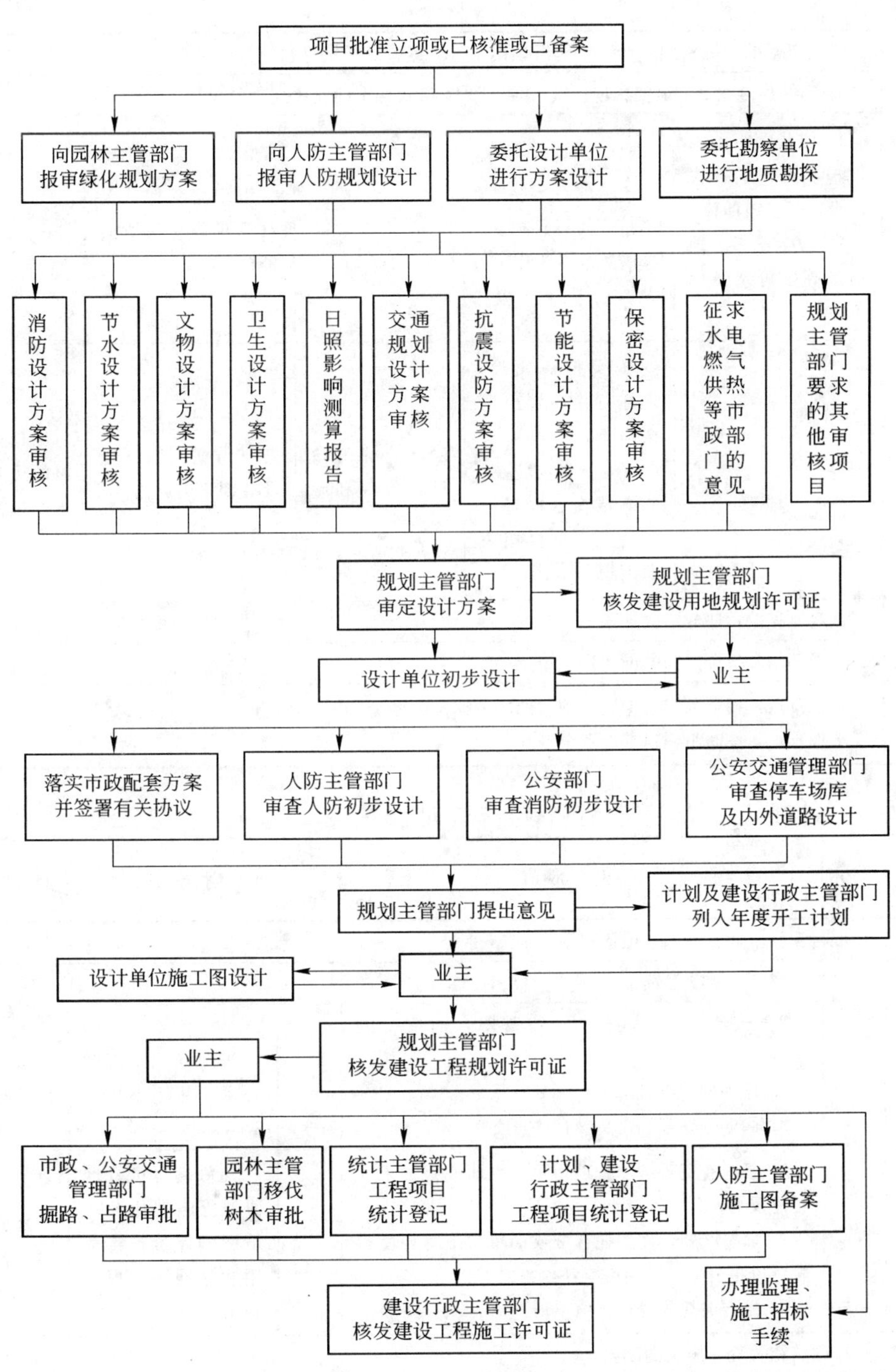

图 3-3 项目立项后报批程序

通过“招标、拍卖、挂牌”程序获得土地使用权的程序及主要工作内容　　表 3-2

项目＼部门	投资部门	开发部门	工程部门	财务部门	行政管理部门
工作内容	通过正常的“招、拍、挂”土地出让程序，取得项目开发权和项目土地使用权				
工作目标	1. 确保获得项目土地使用权；2. 争取以低价格获得土地使用权				
工作所需必要条件	1. 完成项目的策划与决策评价，决定投资开发该项目； 2. 预定竞买土地的最高限价及竞标策略	到达项目所在地，进行“招标、拍卖、挂牌”准备工作		组织竞买保证金及竞买成功后所需资金	
工作步骤		购买招标文件，现场踏勘，提出竞买申请，交纳竞买保证金，参与竞买，签署成交合同等有关协议，支付相关费用	参与现场踏勘，了解市政设施条件和施工条件	支付竞买保证金及后期竞买资金	出具有竞买资格的法人或自然人的相关文件
工作日期	按政府相关程序规定的期限				
负责单位	开发部门及投资部门共同负责				
工作难点和重点	工作重点：投资部门迅速完成项目的决策评价，准确预估土地价值； 工作难点：按时组织足够的资金				

项目立项办理手续　　表 3-3

项目＼部门	投资部门	开　发　部　门	工程部门	财 务 部 门	行政管理部门
工作内容	取得项目土地后补办立项备案手续				
工作目标	尽快完成项目立项手续				
工作所需必要条件		1. 土地“招标、拍卖、挂牌”合同成交的文件； 2. 规划部门出具的项目规划意见书； 3. 商业管理部门出具项目许可文件		按合同约定交纳各项费用	公司营业执照和资质证书
工作步骤		1. 委托有资质的单位编写可行性研究报告或项目建议书； 2. 如有必要，需委托有资质的单位编写环境影响评价报告书，交通影响评价报告书； 3. 按有关规定进行立项申请		支付编写可行性研究报告费用及环境影响评价报告费用和交通评价报告费用	签署立项申请的各项文件
工作日期	按政府相关程序规定的期限				
负责单位	开发部门负责，投资部门协助				
工作难点和重点	加快立项批复的时间，减少可能由政策变动引起的风险				

报批规划方案和建设用地规划许可证办理手续 **表3-4**

<table>
<tr><th>部门
项目</th><th>投资部门</th><th>开 发 部 门</th><th>工程部门</th><th>财务部门</th><th>行政管理部门</th></tr>
<tr><td>工作内容</td><td colspan="5">进行项目规划方案设计，通过规划方案设计审批</td></tr>
<tr><td>工作目标</td><td colspan="5">设计高质量的规划方案，并通过规划部门的审批，取得审定设计方案通知书及建设用地规划许可证</td></tr>
<tr><td>工作所需必要条件</td><td></td><td>1. 应具备规划意见书；
2. 由测绘部门出具基础测绘地形图</td><td>项目场地拆迁清理完毕</td><td></td><td>公司营业执照和资质证书</td></tr>
<tr><td>工作步骤</td><td></td><td>1. 委托有资质的单位绘制方案设计图一套，总平面图三张，并标明各项经济技术指标(单体建筑1∶500，各层平面图、各项立面图、各主要部位剖面图1∶100或1∶200)；
2. 如有必要，需环境保护部门批准环境影响评价报告；需交通管理部门批准交通影响评价报告；
3. 需委托园林管理部门进行树木前期调查绘图工作，制定珍贵树木保护方案及审核项目绿化规划方案；
4. 需按要求委托有资质部门编制“日照遮挡”情况测算报告；
5. 需办理人防工程规划设计审核手续；
6. 需按规划部门的要求，办理规划设计审核手续；
7. 初步了解市政配套条件及相关解决方案</td><td>1. 勘察招标
2. 委托勘察设计单位
3. 协助相关部门完善方案设计</td><td>按要求支付规划设计阶段的各种费用</td><td>签署规划申请的各项文件</td></tr>
<tr><td>工作日期</td><td colspan="5">按政府相关程序规定的期限</td></tr>
<tr><td>负责单位</td><td colspan="5">开发部门负责，工程部门协助</td></tr>
<tr><td>工作难点和重点</td><td colspan="5">工作重点：完成高质量规划设计方案
工作难点：加快规划方案审核的速度，并确保实现预定的各项规划经济指标</td></tr>
</table>

建设工程规划许可证办理手续 **表3-5**

<table>
<tr><th>部门
项目</th><th>投资部门</th><th>开 发 部 门</th><th>工程部门</th><th>财务部门</th><th>行政管理部门</th></tr>
<tr><td>工作内容</td><td colspan="5">进行项目初步设计和施工图设计，通过规划部门的初步设计审批和施工图审批</td></tr>
<tr><td>工作目标</td><td colspan="5">编制高质量的初步设计和施工图设计文件，并通过规划部门的审批，取得建设工程规划许可证</td></tr>
<tr><td>工作所需必要条件</td><td></td><td>1. 应具备建设用地规划许可证和审定设计方案通知书；
2. 计划部门批准的项目计划及其他批准文件</td><td></td><td></td><td>公司营业执照和资质证书</td></tr>
<tr><td>工作步骤</td><td></td><td>1. 委托有资质的单位编制初步设计文件；
2. 人防主管部门审查通过人防初步设计；消防管理部门审查通过消防初步设计；公安交通管理部门审查通过停车场库及内外部道路初步设计；
3. 落实市政配套方案，报审供电、供水、供热、供燃气、污水、雨水和电信等配套方案，签署有关配套协议；
4. 委托有资质的单位编制施工图文件，人防主管部门审查通过人防工程施工图；
5. 规划主管部门审查通过施工图，领取建设工程规划许可证</td><td>1. 设计招标
2. 协助设计单位编制初步设计文件
3. 协助设计单位编制施工图</td><td>按要求支付设计费用和部分市政配套费用</td><td>签署各种申请协议</td></tr>
<tr><td>工作日期</td><td colspan="5">编制初步设计和施工图文件及报审的时间，预计90～125天</td></tr>
<tr><td>负责单位</td><td colspan="5">开发部部门负责，工程部门协助</td></tr>
<tr><td>工作难点和重点</td><td colspan="5">工作重点：完成高质量初步设计和施工图设计
工作难点：争取采用优化的市政配套方案，控制项目市政配套所需的成本</td></tr>
</table>

施工许可证办理手续 表 3-6

项目＼部门	投资部门	开发部门	工程部门	财务部门	行政管理部门
工作内容	办理项目施工前相关手续，达到开工条件				
工作目标	申领到施工许可证				
工作所需必要条件		1. 应具备建设工程规划许可证和施工图纸； 2. 建设、计划行政主管部门批准的本年度开工计划			公司营业执照和资质证书
工作步骤		1. 建设、计划行政主管部门核准开工计划手续； 2. 办理建设工程施工许可证（含临时占路、掘路、树木移植、当地街道办事处等相关手续）	1. 工程施工、监理招标； 2. 签署施工、监理合同； 3. 办理施工质量监督注册备案，开工前统计、审计备案手续； 4. 准备施工场地（“三通一平”、临电、临水、临路）	按要求支付开工前需交纳部分市政配套费用及施工的工程款	签署各种文件协议
工作日期	按政府相关程序规定的期限（15～30 天）				
负责单位	开发部门、工程部门共同负责				
工作难点和重点	工作重点：取得施工许可证，顺利开工 工作难点：施工场地条件有限；组织施工所需资金				

第4章　项目投资估算

4.1　项目投资构成

4.1.1　建筑工程投资构成

建筑工程投资由建筑安装工程费，设备及工、器具购置费，工程建设其他费、预备费、建设期贷款利息及固定资产方向调节费等6个部分组成，见表4-1。

建筑工程投资构成表　　**表4-1**

<table>
<tr><th>序　号</th><th>费用分类名称</th><th>分部费用名称</th><th>分项费用名称</th><th>分支费用名称</th></tr>
<tr><td rowspan="4">(一)</td><td rowspan="4">建筑安装工程费</td><td rowspan="2">1. 直接费</td><td>(1) 直接工程费</td><td>1) 人工费
2) 材料费
3) 施工机械使用费</td></tr>
<tr><td>(2) 措施费</td><td>1) 环境保护
2) 文明施工
3) 安全施工
4) 临时设施
5) 夜间施工
6) 二次搬运
7) 大型机械设备进出场及安排
8) 混凝土、钢筋混凝土模板及支架
9) 脚手架
10) 已完工程及设备保护
11) 施工排水、降水</td></tr>
<tr><td rowspan="2">2. 间接费</td><td>(1) 规费</td><td>1) 工程排污费
2) 工程定额测定费
3) 社会保障费
a. 养老保险费
b. 事业保险费
c. 医疗保险费
4) 住房公积金
5) 危险作业意外伤害保险</td></tr>
<tr><td>(2) 企业管理费</td><td>1) 管理人员工资
2) 办公费
3) 差旅交通费
4) 固定资产使用费
5) 工具用具使用费
6) 劳动保险费
7) 工会经费
8) 职工教育经费
9) 财产保险费
10) 财务费
11) 税金
12) 其他</td></tr>
</table>

续表

序 号	费用分类名称	分部费用名称	分项费用名称	分支费用名称
(一)	建筑安装工程费	3. 利润		
		4. 税金		
(二)	设备及工、器具购置费	1. 设备购置费 2. 工具、器具及生产家具购置费		
(三)	工程建设其他费	1. 土地使用费	(1) 土地征用及迁移补偿费	1) 土地补偿费 2) 青苗补偿费 3) 安置补助费 4) 征地管理费等 5) 征地动迁费 6) 水库淹没处理补偿费
			(2) 土地使用权出让金	
		2. 与项目建设有关的其他费用	(1) 建设单位管理费	1) 建设单位开办费 2) 建设单位经费 3) 建设单位管理费
			(2) 勘察设计费	1) 可行性研究、投资估算费等 2) 勘察、设计费及概预算编制费等 3) 建设单位自行完成的勘察、设计费
			(3) 研究试验费	1) 人工费 2) 材料费 3) 实验设备及仪器使用费
			(4) 建设单位临时设施费 (5) 工程项目管理或监理费 (6) 工程保险费 (7) 供电贴费 (8) 引进技术和进口设备其他费 (9) 工程承包费	
		3. 与未来企业生产经营有关的其他费用	(1) 联合试运转费	
			(2) 生产准备费	1) 生产人员培训费 2) 提前进厂费
			(3) 办公和生活家具购置费	
(四)	预备费	1. 基本预备费	(1) 增加工程费 (2) 设计变更费 (3) 损失措施费 (4) 竣工验收费	
		2. 涨价预备费	(1) 差价费 (2) 调整费 (3) 增加费	
(五)	建设期贷款利息			
(六)	投资方向调节税			

4.1.2　建筑安装工程费用的计算

根据建设部第 107 号部令《建筑工程施工发包与承包计价管理办法》的规定，建筑安装工程发包与承包价计算方法分为工料单价法和综合单价法两种。

1. 工料单价法

工料单价法是以分部分项工程量乘以单价后的合计为直接工程费，直接工程费以人工、材料、机械的消耗量及其相应价格确定。直接工程费汇总后另加间接费、利润、税金生成工程发承包价，其计算程序分为三种。

(1) 以直接费为计算基础

计算方法见表 4-2。

以直接费为计算基础　　表 4-2

序号	费用项目	计算方法	备注
(1)	直接工程费	按预算表	
(2)	措施费	按规定标准计算	
(3)	小计	(1)+(2)	
(4)	间接费	(3)×相应费率	
(5)	利润	[(3)+(4)]×相应利润率	
(6)	合计	(3)+(4)+(5)	
(7)	含税造价	(6)×(1+相应税率)	

(2) 以人工费和机械费为计算基础

计算方法见表 4-3。

以人工费和机械费为计算基础　　表 4-3

序号	费用项目	计算方法	备注
(1)	直接工程费	按预算表	
(2)	其中人工费和机械费	按预算表	
(3)	措施费	按规定标准计算	
(4)	其中人工费和机械费	按规定标准计算	
(5)	小计	(1)+(3)	
(6)	人工费和机械费小计	(2)+(4)	
(7)	间接费	(6)×相应费率	
(8)	利润	(6)×相应利润率	
(9)	合计	(5)+(7)+(8)	
(10)	含税造价	(9)×(1+相应税率)	

(3) 以人工费为计算基础

计算方法见表 4-4。

以人工费为计算基础 表 4-4

序 号	费 用 项 目	计 算 方 法	备 注
(1)	直接工程费	按 预 算 表	
(2)	直接工程费中人工费	按 预 算 表	
(3)	措 施 费	按规定标准计算	
(4)	措施费中人工费	按规定标准计算	
(5)	小 计	(1)+(3)	
(6)	人工费小计	(2)+(4)	
(7)	间 接 费	(6)×相应费率	
(8)	利 润	(6)×相应利润率	
(9)	合 计	(5)+(7)+(8)	
(10)	含 税 造 价	(9)×(1+相应税率)	

2. 综合单价法

综合单价法是分部分项工程单价为全费用单价，全费用单价经综合计算后生成，其内容包括直接工程费、间接费、利润和税金(措施费也可按此方法生成全费用价格)。

各分项工程量乘以综合单价的合价汇总后，生成工程发承包价。

由于各分部分项工程中的人工、材料、机械含量的比例不同，各分项工程可根据其材料费占人工费、材料费、机械费合计的比例(以字母 C 代表该项比值)在以下三种计算程序中选择一种计算其综合单价(见表 4-5～表 4-7)。

(1) 当 $C>C_0$(C_0 为本地区原费用定额测算所选典型工程材料费占人工费、材料费和机械费合计的比例)时，可采用以人工费、材料费、机械费合计为基数计算该分项的间接费和利润。

以直接费为计算基础 表 4-5

序 号	费 用 项 目	计 算 方 法	备 注
(1)	分项直接工程费	人工费+材料费+机械费	
(2)	间 接 费	(1)×相应费率	
(3)	利 润	[(1)+(2)]×相应利润率	
(4)	合 计	(1)+(2)+(3)	
(5)	含 税 造 价	(4)×(1+相应税率)	

(2) 当 $C<C_0$ 时，可采用以人工费和机械费合计为基数计算该分项的间接费和利润。

以人工费和机械费为计算基础 表 4-6

序 号	费 用 项 目	计 算 方 法	备 注
(1)	分项直接工程费	人工费+材料费+机械费	
(2)	其中人工费和机械费	人工费+机械费	
(3)	间 接 费	(2)×相应费率	
(4)	利 润	(2)×相应利润率	
(5)	合 计	(1)+(3)+(4)	
(6)	含 税 造 价	(5)×(1+相应税率)	

(3) 如该分项的直接费仅为人工费，无材料费和机械费时，可采用以人工费为基数计算该分项的间接费和利润。

以人工费为计算基础　　表 4-7

序　号	费　用　项　目	计　算　方　法	备　　注
(1)	分项直接工程费	人工费＋材料费＋机械费	
(2)	直接工程费中人工费	人　工　费	
(3)	间　接　费	(2)×相应费率	
(4)	利　　润	(2)×相应利润率	
(5)	合　　计	(1)＋(3)＋(4)	
(6)	含 税 造 价	(5)×(1＋相应税率)	

4.2　项目投资估算

工业建筑工程项目投资估算包括项目固定资产估算和流动资金估算两部分，前者是按表 4-1 所列项目投资构成费用逐项计算后汇总；后者根据国家现行规定要求，对新建、扩建和技术改造项目，必须将项目建成投产后所需的流动资金列入投资计划，否则，国家不予批准立项，银行不予贷款。

4.2.1　项目投资估算的方法

1. 项目静态投资估算

(1) 资金周转率法

是用资金周转率估算拟建项目投资的方法，拟建项目的资金周转率可以根据已建相似项目的有关数据进行估计。计算公式如下：

$$I=\frac{Q\cdot a}{t_r}$$

式中　I——拟建项目投资额；

Q——产品的年产量；

a——产品的单价；

t_r——资金周转率。

其中资金周转率为：

t_r＝年销售总额/总投资＝(产品的年产量×产品单价)/总投资

本方法比较简单。

(2) 生产能力指数法

是根据已建成的、性质类似的项目的投资额和生产能力及拟建项目或生产装置的能力估算拟建项目的投资额。

计算公式：

$$I_2=I_1\cdot\left(\frac{C_2}{C_1}\right)^{e}\cdot f$$

式中　I_1、I_2——为已建和拟建国内工程或装置的投资额；

C_1、C_2——为已建和拟建工程或装置的生产能力；

e——投资、生产能力系数，$0<e<1$，根据不同类型企业的统计资料确定；

f——不同时期、不同地点的定额、单价费用等变更的调整系数。

根据统计资料，e 的平均值大约在 0.6 左右，因此又称为“0.6 指数法”。

采用这种方法，计算简单、速度快，但要求类似工程的资料可靠，条件基本相同。否则，误差就会加大。

(3) 比例估算法

按设备费用推算：以拟建项目或装置的设备费为基数，根据已建成的同类项目或装置的建筑安装费和其他工程费等占设备的价值百分比，求出相应的建筑安装费及其他工程费用，再加上拟建项目的其他有关费用，总和即为项目或装置的投资，公式为：

$$I=E\times(1+f_1p_1+f_2p_2+f_3p_3)+c$$

式中　I——拟建工程的投资额；

E——拟建工程设备购置费的总和；

p_1、p_2、p_3——分别为建筑工程、安装工程、其他费用占设备费用的百分比；

f_1、f_2、f_3——由于时间因素引起的定额、价格费用标准等变化的综合的调整系数；

c——拟建项目的其他费用。

设备总值计算，是根据各专业的统计方案提出的主要设备乘以现行设备出厂价格。

(4) 投资指标估算法

此法是根据相似工程项目的投资指标或套用同类项目投资估算指标，计算本项目的投资额。再估算本项目其他费用及预备费等，得出本项目的总投资额和单位投资额(如元/m^2或元/m^3 等)。

在套用投资估算指标时要注意：

① 若套用指标与本工程项目之间的标准有差异时，需加以必要的换算和调整；

② 所用的指标单位应密切结合每个单位工程的特点，能正确反映其设计参数，不可盲目单纯套用一种单位指标；

③ 特别注意所套用指标的时间与价格调整，以及环境等因素的差异。

工程项目投资估算的方法较多，不宜单选某种方法估算，可根据实际掌握的资料，参照多种方法，综合分析、研究，并咨询对本项目的投资估算有实践经验的专家意见。

2. 项目动态投资估算

工程项目动态投资估算是指考虑了通货膨胀、利息、涨价预备费和现行各种应征税类等费用后的项目总投资额估算。

(1) 涨价预备费

涨价预备费是对建设工期较长的项目，由于在建设期内可能发生材料、设备、人工等价格上涨引起投资增加，需要事先预留的费用，亦称价格变动不可预见费。涨价预备费以建筑工程费、设备及工器具购置费、安装工程费之和为计算基数。

(2) 汇率变化

涉外工程项目动态投资估算应考虑和预测汇率变化。

通过预测汇率在项目建设期内的变动程度，以估算年份的投资额为基数，计算汇率变化对工程项目投资影响大小。

(3) 建设期贷款利息

如有多种借款资金来源，每笔借款年利率各不相同的项目，既可分别计算每笔借款的利息，也可先计算出各笔借款加权平均的年利率，并以此利率计算全部借款的利息。

(4) 固定资产方向调节税

固定资产方向调节税是国家所征缴的一种税种，目前已停征。

3. 产品成本、费用构成与计算

(1) 产品成本构成

项目产品成本作为一个综合性的经济指标，可以比较清楚地分析项目的经济效果，得出经济评价的结论，提供投资决策依据。成本与设计内容有着比较密切的联系，设计的工艺是否先进，设备选型是否合理，各项技术经济指标是否经济，公用设施和辅助生产部门的配置是否恰当，劳动定员和机构配置是否合理等等，都集中反映在成本指标中。同时成本指标又直接影响其他经济指标。

要素成本指按生产费用的经济性划分各种费用要素，即按生产产品时所耗费的原始形态划分，不论这些费用产生用途和发生的地点如何，只要性质相同都归为一类。国家规定的生产要素分为以下9项：外购材料、外购燃料、外购动力、工资、职工福利基金、折旧费、大修理基金、利息支出、其他支出(邮电费、差旅费、租赁费)等。

产品成本可作如下划分：

① 固定成本与可变成本。按各种费用与产品产量的关系，可将产品成本划分为固定成本与可变成本两部分。

a. 固定成本。是指在一定生产规模限度内，不随产品量而变动的费用，如按平均年限法计提的固定资产折旧费、行政管理费、管理人员工资费用及实行固定基本工资制的生产工人的工资等。应该指出，固定成本并非永远固定不变，固定成本的概念只在产品产量发生短期波动或经营条件发生变化，而企业还来不及根据这种变化调整固定生产要素(如厂房设备等)存量条件下使用。

b. 可变成本。是指产品成本中随产量变动而变动的费用，如构成实体的原材料、燃料、动力、实行计件工资制的工人的工资等。

② 经营成本。是为经济分析方便，从产品成本中分离出来的一部分费用。是在一定时间内(通常为1年)由于生产和销售产品或提供劳务而实际发生的实际支出，它不包括虽计入产品成本费用中，但实际没有发生现金支出的费用项目，如折旧、利息、摊销费。

经营成本的计算公式为：

经营成本＝总成本费用－计入成本的贷款利息－维护费－摊销费－折旧基金

为了计算与分析的方便，将经营成本作为一个单独的现金流出项目。

③ 沉没成本。是指过去已经支出而现在无法得到补偿的成本。例如，已使用多年的设备，其沉没成本是指设备的账面净值与其现时市场价值之差。沉没成本在决策分析中，特别是在设备更新分析中是很重要的概念，但它与选择新设备的决策无关。

沉没成本是以往发生的与当前无关的费用。经济活动在时间上有连续性，当从决策角度看，以往发生只是造成当前状态的一个因素，当前状态是决策的出发点，当前决策所要考虑的是未来可能发生的费用及所能带来的利润。

④ 平均成本与边际成本。

a. 平均成本。是指产品总成本费用与产品总产量之比，即平均单位产品成本费用。实际工作中，常取平均成本作为单位产品成本。

b. 边际成本。是指每增加一个单位产品产量所增加的成本。例如，生产第一个产品时成本为100元，而生产两个产品是单位产品成本为130元，则增加第二个单位产品时，成本增加了30元，这30元就是第二个产品的边际成本。可以证明，当平均成本等于边际成本时，边际成本最低。

（2）产品成本的计算

可行性研究阶段的成本估算，大多要借助于有关资料分析同类产品各种费用的构成，以供参考利用。

通常采用要素成本法进行成本计算，见表4-8。

要素成本法计算表　　**表4-8**

序　号	成　本　要　素	计　算　方　法
1	外购原材料	消耗数量×原料单价
2	外购燃料、动力费	消耗数量×单价
3	工资及福利费	定员人数×工资标准；福利费为工资的14%
4	修　理　费	按折旧费的一定比例估算
5	折　旧　费	按相应规定计算
6	摊　销　费	按相应规定计算
7	利息支出、汇兑损失等	按相应规定计算
8	其 他 费 用	按相应规定计算
9	总成本费用（固定、可变）	1+2+3+……+8
10	经 营 成 本	9−5−6−7

（3）折旧费和摊销费的估算

1）折旧费估算

① 平均年限法（直线折旧法）

年折旧率=（1−预计净残值率）/折旧年限

年折旧额=固定资产原值×年折旧率

净残值率按3%—5%确定。

② 双倍余额递减法

年折旧率=（2/折旧年限）×100%

年折旧费=固定资产净值×年折旧率

实行双倍余额递减法的固定资产，应当在其固定资产折旧年限到期前两年，将固定资产净值扣除预计净值后的净额平均摊销。

③ 年数总和法

年折旧率={（折旧年限−已使用年限）/[折旧年限×（1+折旧年限）÷2]}×100%

年折旧费=（固定资产原值−预计净残值）×年折旧率

年数总和法折旧费和折旧率每年是不同的。

④ 工作量法计算

a. 按照行驶里程计算折旧

单位里程折旧费=[原值×(1−预计净残值率)]/总行驶里程

年折旧费=单位里程折旧费×年行驶里程

b. 按照工作小时计算折旧

每工作小时的折旧费=[原值×(1−预计净残值率)]/总工作小时

年折旧费=每工作小时折旧额×年工作小时

上述公式中的总行驶里程、总工作小时由规定的同类资产折旧年限换算确定。

2) 摊销费估算

摊销费是指无形资产和其他资产等一次性投入费用的分摊。它们的性质和固定资产折旧费相同。无形资产从开始之日起，在有效使用期限内平均计算摊销费。有效使用期限按以下原则确定：法律或合同或者企业申请书分别规定有法定期限和受益年限的，取两者较短者为有效使用年限；法律没有规定有效期限的，按照合同或者企业申请书规定的受益年限确定为有效使用年限；法律或合同或者企业申请书均未规定有效期或者受益年限的，按照不少于 10 年去定有效使用期限。

其他资产包括开办费和以经营租赁方式租入的固定资产改良支出等。开办费从企业开始生产经营算起，按照不短于 5 年的期限平均摊销；以租赁租入的固定资产改良支出，在租赁有效期内平均摊销。

(4) 税金构成与计算

1) 流转税类

流转税是对商品生产、商品流通和提供劳务销售和营业额征税的总称。流转税包括营业税、增值税、消费税等。对商品的交易和进口普遍征收增值税，并选择少数消费品征收消费税，对不实行增值税的劳务交易和进口普遍征收增值税，并选择少数消费品征收消费税，对不实行增值税的劳务交易征收营业税。

① 增值税。是以商品生产和流通中各环节的新增价值和商品附加值作为征税对象的一种流转税。我国实行的增值税基本属于生产型增值税，不允许扣除固定资产中所含的税金。

a. 征收对象：指纳税人在国内销售的货物、提供加工修理修配的劳务及进口的有关货物。

b. 征税范围：包括生产环节销售的货物、商业批发和零售环节所销售的货物、进口环节的货物。另外，基本建设单位从事建筑安装业务的企业附加工厂、车间生产的预制构件及其他构件等。

c. 计税公式

应缴税额=当期销项税额−当期进项税额

当期销项税额=当期销售额×税率=当期销售额(含税)/(1+税率)×税率

销项税额是指纳税人销售货物或提供应税货物，按照销售和规定的税率计算并向购买方收取的增值税率。增值税的基本税率 17%，对基本食品、图书、报纸、杂志等适用 13%的低税率，零税率的使用范围只适用于出口货物。

进项税额是指纳税人购进货物或接受应税劳务向销售方支付的增值税额。在零售以前的各环节销售商品时，销售方必须按照规定，在增值税专用发票上分别注明增值税额和不明的增值税税额，确定本期进项税额，进行抵扣。

增值税专用发票与普通发票的区别在于，前者作为企业及有关单位专用，将销售货物或按提供劳务价格与应承担的增值税款分开，克服重叠征收现象。

增值税在零售环节实行价内税，零售以前的其他环节实行价外税。所谓价内税，是指商品售价中包含应纳的此项税额；所谓价外税，是指商品销售价格中不包含此项税金。计算销项税额时，计算式中的销售额不包含增值税额。

② 营业税。是指对商业和服务性行业营业收入征收的一种税，是对工商盈利行业以营业额征税的各个税种的总称。

a. 纳税人：凡是在中华人民共和国境内提供应税劳务、转让无形资产或者销售不动产的单位和个人，都是营业税的纳税人，如在我国境内从事商业、物资经销、交通运输、建筑安装、金融保险、邮电通信、公用服务的单位和个人。

b. 项目：共有9项，即交通运输业、建筑业、金融保险业、邮电通信业、文件体育业、娱乐业、服务业、转让无形资产、销售不动产。

c. 计算公式：

应纳税额＝计税营业额×适用税率

营业税属于价格内，因而式中的营业额为纳税人提供应税劳务、转让无形资产或销售不动产时向对方收取的全部价款和价外费用，即含税营业收入。

2）所得税类

所得税类是以单位(法人)或个人(自然人)在一定时期内的纯收入为征收对象的各个税种的总称。目前我国所得税分为企业所得税、外商投资企业和外国企业所得税、个人所得税。

① 企业所得税。企业所得税以企业的生产、经营所得和其他所得为征收对象。

a. 纳税人：实行独立经营核算的企业或组织，有生产经营所得和其他所得者，皆为企业所得税的纳税人。这里所说的企业包括国有企业、私营企业、集体组织、联营企业、股份制企业以及有生产经营所得和其他所得的组织。

b. 纳税范围：指一切从事生产经营所得和其他所得，包括来自于境内、境外的所得。

c. 计算公式

应纳税额＝应纳税所得额×适用税率

应纳税所得额是纳税人每一年的收入总额减去准予扣除项目后的余额。

收入总额是指生产经营收入、财产转让收入、利息收入、租赁收入、特许权使用费收入、股息收入和其他收入。准予扣除的项目包括纳税人取得收入有关的成本、费用和损失，其内容包括生产经营成本、各项期间费用、按规定缴纳的税金、各项营业外支出、已发生的经营亏损和投资损失以及其他损失。不扣除的项目包括资本性支出，无形资产受让、开发支出、违法经营的罚款和没收的财物的损失，各项税收的滞纳金、罚金和罚款，自然灾害或意外事故损失有赔偿的部分，与取得收入无关的其他各项费用支出。

企业所得税原则上实行33％比例税率，但企业所得税暂行条例对民族自治地区地方企业、高新技术产业开发区的高新技术企业、第三产业、利用废物为主要原料的企业、边穷地区的新办企业、校办企业等也规定了税收优惠政策。

② 外商投资企业和国外企业所得税。是以我国境内的外商投资企业和外国企业的经

营所得和其他所得为纳税对象的税种。其纳税人为中国境内的外商投资企业和外国企业。外商投资企业是指中外合资经营企业、中外合作经营企业和外资企业；外国企业指中国境内设立机构、场所从事生产、经营和虽未设立机构、场所，而有来源于中国境内所得的外国公司、企业和其他经济组织。

外商投资企业和外国企业所得税率为 30%，另加 3%的地方所得税。

3）资源税类

资源税类是对我国从事资源开发或生产应征资源税的单位和个人所征收的一种税。以各种资源和土地为课税对象。多针对级差收入，实行差别征收的办法，以调节由于占有自然资源、土地数量、质量的差别而形成的收入。

① 资源税。

a. 纳税人：凡在我国境内从事资源开采或生产的单位和个人，都是资源税的纳税人。

b. 征收范围：主要有原油、天然气、煤炭、其他非金属原矿、黑色金属原矿、有色金属原矿和盐等。

c. 计算公式：

应纳税款＝课税数量×单位税款

其中，应纳税项目单位税款见表 4-9。

各项税项目的单位税款　　**表 4-9**

税　目	税款额度	税　目	税款额度
原　油	8～30 元/t	黑金属原矿	20～30 元/t
天然气	2～15 元/km^3	有色金属原矿	0.4～30 元/t
煤　炭	0.30～5 元/t	固体盐	10～60 元/t
其他非金属原矿	0.5～20 元/t	液体盐	2～10 元/t

② 土地使用税。土地使用税是对使用城镇土地的单位和个人按土地单位面积定额征收的一种税。开征地区包括所有城市、县城、建制镇、工矿区，以纳税人实际占用土地的面积为计税依据。

4）行为税

行为税类是国家规定以某一特定行为作为课税对象所征收的税类。属于这个税类有固定资产投资方向调节税、车船使用税、印花税、宴席税、车船使用牌照税等。

5）财产税类

财产税类是以纳税人或属于其支配的财产数量、价值为课税对象的税类。属于这个税类的有房产税、城市房地产税、契税等。房产税是这个税类的主要税种。它是以城镇中的房产为课税对象，按照房价或租价向房产所有人经营人所征收的一种税。

4.2.2　项目投资估算的审查

为了保证项目投资估算的准确性和估算质量，以确保其应有的作用，项目管理人员在参与投资估算活动时，必须加强对项目投资估算的审查工作。审查项目投资估算时，应注意审查以下几个方面。

1. 审查投资估算编制依据的可信性

(1) 审查选用的投资估算方法的科学性、适用性因为投资估算方法很多，而每种投资估算方法都各有各的使用条件和范围，并具有不同的精确度。如果使用的投资估算方法与项目的客观条件和情况不相适应，或者超出了该方法的适用范围，就不能保证投资估算的质量。

(2) 审查投资估算采用数据资料的时效性、准确性

估算项目投资所需的数据资料很多，如已运行同类型项目的投资、设备和材料价格、运杂费率、有关的定额、指标、标准，以及有关规定等都与时间有密切关系，都可能随时间而发生不同程度的变化。因此，必须注意其时效性和准确程度。

2. 审查投资估算的编制内容与规定、规划要求的一致性

(1) 审查项目投资估算包括的工程内容与规定要求是否一致，是否漏掉了某些辅助工程、室外工程等的建设费用。

(2) 审查项目投资估算的项目产品生产装置的先进水平和自动化程度等是否符合规划要求的先进程度。

(3) 审查是否对拟建项目与已运行项目在工程成本、工艺水平、规模大小、自然条件、环境因素等方面的差异做了适当的调整。

3. 审查投资估算的费用项目、费用数额的符合性

(1) 审查费用项目与规定要求、实际情况是否相符，是否有漏项或多项现象，估算的费用项目是否符合国家规定，是否针对具体情况做了适当的增减。

(2) 审查“三废”处理所需投资是否进行了估算，其估算数额是否符合实际。

(3) 审查是否考虑了物价上涨和汇率变动对投资额的影响，考虑的波动变化幅度是否合适。

(4) 审查是否考虑了采用新技术、新材料以及现行标准和规范比已运行项目的要求提高者所需增加的投资额，考虑的额度是否合适。

第5章　项目融资分析

5.1　项目资金筹措决策

5.1.1　资金筹措渠道与方式

项目的资金来源可分为投入资金和借入资金，前者形成项目的资本金，后者形成项目的负债。债务资本和权益资本的合理结构是项目具备良好财务状况的重要基础；虽然有时保持一定比例的负债，有助于发挥项目财务杠杆效应，但过度的负债，将造成资本弱化的现象，而一旦这种权益资本低于债务资本的资本弱化达到一定程度时，将损害项目的财务平衡状况。

1. 项目资本金

根据出资方的不同，项目资本金分为国家出资、法人出资和个人出资。根据国家法律、法规规定，工程项目可通过争取国家财政预算内投资、发行股票、自筹投资和利用外资直接投资等多种方式来筹集资本金。在项目可行性研究阶段，应根据新设法人融资或既有项目法人融资组织形式的特点，研究资本金的筹措方案。

(1) 国家预算内投资

国家预算内投资，简称“国家投资”，是指以国家预算资金为来源并列入国家计划的固定资产投资。国家预算内投资的资金一般来源于国家税收，也有一部分来自于国债收入。

(2) 自筹投资

自筹投资是指建设单位报告期收到的用于进行固定资产投资的上级主管部门、地方和单位、城乡个人的自筹资金。目前，自筹投资占全社会固定资产投资总额的一半以上，已成为筹集建设项目资金的主要渠道。建设项目自筹资金来源必须正当，应上缴财政的各项资金和国家有指定用途的专款，以及银行贷款、信托投资、流动资金不可用于自筹投资。

(3) 发行股票

股票是股份有限公司发放给股东作为已投资入股的证书和索取股息的凭证，是可作为买卖对象或质押品的有价证券。由于投资者对企业利润有要求权，但是所投资金不能收回，投资者所冒风险较大，因而要求的预期收益也比银行存款高，从这个角度而言，股票融资的资金成本比银行借款高。

1) 发行股票的优点

① 所筹资金具有永久性，无到期日，没有还本压力，提高业主自有资本率，降低负债率，而且将经营风险分散给投资者或投机者共同承担；

② 一次筹资金额大；

③ 用款限制相对宽松；

④ 提高企业的知名度，为企业带来良好声誉，增加企业今后的融资能力；

⑤ 有利于帮助业主建立规范的现代企业制度。

2）发行股票的不足

① 上市的条件过于苛刻。由于中国目前股票市场还处于发展初期，市场容量有限，想上市的各种类型的候选企业又很多，因此，上市门槛较高，一些企业很难具备规定的上市条件；

② 上市时间跨度大，竞争激烈，有时无法满足业主紧迫的融资需求；

③ 企业要负担较高的信息报道成本，各种信息公开的要求可能会暴露商业秘密；

④ 企业上市融资必须以出让部分产权作为代价，分散企业控制权，从而出让较高的利润收益。

房地产开发企业改组成股份制企业或新成立房地产开发企业时直接组建成股份制企业，在投资开发房地产项目时通过发行股票来筹措资金将是最佳的融资渠道。

（4）吸收国外资本直接投资

吸收国外资本直接投资主要包括与外商合资经营、合作经营、合作开发及外商独资经营等形式。国外资本直接投资方式的特点是：不发生债权债务关系，但要让出一部分管理权，并且要支付一部分利润。

2. 负债筹资

项目的负债是指项目承担的能够以货币计量且需要以资产或者劳务偿还的债务。它是项目筹资的重要方式，一般包括银行贷款、发行债券、设备租赁和借入国外资金等筹资渠道。

（1）银行贷款

包括信用贷款和房地产抵押贷款。信用贷款依赖于开发商的业绩、业务及信用历史，开发商毋须用开发的房地产作抵押，但需要用其他抵押物抵押或个人担保。信用贷款，是市场信用经济的融资方式，它以银行为经营主体，按信贷规则运作，要求资产安全和资金回流，风险取决于资产质量。信贷融资由于责任链条和追索期长，信息不对称，由少数决策者对项目的判断支配大额资金，把风险积累推到将来。房地产抵押贷款则要求开发商以拥有的房地产作抵押，包括土地开发抵押贷款和房屋开发抵押贷款，由于这种方式能大大降低信贷风险，在银行信贷业务中占主导地位。

银行贷款与其他融资方式相比，主要不足在于：一是条件苛刻，限制性条款太多，手续过于复杂；二是贷款期限相对较短，长期投资很少能贷到款；三是贷款额度相对较小，通过银行很难解决项目所需要的全部资金。

希望获得银行借款的企业必需要让银行了解其有足够的资产进行抵押或质押，有明确的用款计划，项目利润来源稳定，有还本付息的能力。

（2）发行债券

债券是借款单位为筹集资金而发行的一种信用凭证，它证明持券人有权按期取得固定利息并到期收回本金。发行债券的优点介于上市发行股票和银行借款之间，也是一种实用的融资手段，但关键是选择好债券发行时机。选择债券发行时机要充分考虑对未来利率的走势预期。债券种类有很多，国内常见的有企业债券和公司债券以及可转换债券。企业债券要求较低，公司债券要求则相对严格，只有国有独资公司、上市公司、两个国有投资主体设立的有限责任公司才有资格发行，并且对企业资产负债率以及资本金等都有严格限制。可转换债券只有重点国有企业和上市公司才能够发行，它是一种含期权的衍生金融工具。

1）发行债券的优点

① 支出固定；

② 企业控制权不变；

③ 少纳所得税；

④ 可以提高自有资金利润率。

2）发行债券的缺点

① 固定利息支出会使企业承受一定的风险；

② 发行债券会提高企业负债比率，增加企业风险，降低企业的财务信誉；

③ 债券合约的条款常常对企业的经营管理有较多的限制，企业发行债券在一定程度上约束了企业从外部筹资的扩展能力。

一般来说，当企业预测未来市场销售情况良好、盈利稳定、预计未来物价上涨较快、企业负债比率不高时，可以考虑以发行债券的方式进行筹资。因为市场利率比较低，融资成本较低。但是债券相对银行借款而言，还款约束强，要控制好还款风险。

(3) 借用国外资金

借用国外资金大致可分为以下几种途径：

① 外国政府贷款。这种贷款比较适用于建设周期较长、金额较大的工程项目；

② 国际金融组织贷款；

③ 国外商业银行贷款；

④ 在国外金融市场上发行债券。这种筹资方式适用于资金运用要求自由、投资回报率较高的项目；

⑤ 吸收外国银行、企业和私人存款；

⑥ 利用出口信贷。

国外资金直接投资方式分为：

① 由中方提供土地，将全部或部分土地使用权作为权益投入项目，而由外方提供开发资金，双方形成合资关系，以各自投入的比例分享利润；

② 外方与中方以合作投资方式进行贷款，由中方企业每年给外方固定回报率的方式进行，期限由双方协定；

③ 中方以项目抵押的方式进行中外合作，中方需有项目可行性报告、审计评估，投资款项的数额由中方当地金融机构出具审计资金保存单。成立中外合作企业，外方资金到位，外方每年收取中方固定回报率。中外合作期限双方协定，到期后本金归还外方。外方不参与管理经营，有权对资金使用进行监督，专款专用。

(4) 房地产投资信托(REIT)

房地产投资信托是由房地产投资信托基金公司负责对外发行受益凭证(普通股票、商业票据和债券)，向投资大众募集资金，之后将资金委托一家房地产开发公司负责投资标的开发、管理及未来的出售，所获利润在扣除一般房地产管理费用和买卖佣金后，由受益凭证持有人分享。它采用股份公司的所有制形式，将被动投资者股东的资金吸引到房地产业中来，其发行的受益凭证可通过证券公司公开上市及流通，比房地产有限合伙方式更具流动性，且投资者享有不必缴纳公司税项、享受有限责任、集中管理、自由进出转让等优惠条件，在这一利益的吸引下，房地产开发能筹集到更多的资金。

5.1.2 资金成本及其计算

1. 资金成本的含义

资金成本是指企业为筹集和使用资金而付出的代价。广义地讲，企业筹集和使用任何资金，不论是短期的还是长期的，都要付出代价。狭义的资金成本仅指筹集和使用长期资金(包括自有资金和借入长期资金)的成本。由于长期资金也被称为资本，所以，长期资金的成本也可称为资本成本。在这里所说的资金成本主要是指资本成本。资金成本一般包括资金筹集成本和资金使用成本两部分。

(1) 资金筹集成本

资金筹集成本是指在资金筹集过程中所支付的各项费用，如发行股票或债券支付的印刷费、发行手续费、律师费、资信评估费、公证费、担保费、广告费等。资金筹集成本一般属于一次性费用，筹资次数越多，资金筹集成本也就越大。

(2) 资金使用成本

资金使用成本又称为资金占用费，是指占用资金而支付的费用，它主要包括支付给股东的各种股息和红利、向债权人支付的贷款利息以及支付给其他债权人的各种利息费用等。资金使用成本一般与所筹集的资金多少以及使用时间的长短有关，具有经常性、定期性的特征，是资金成本的主要内容。

2. 资金成本的计算

(1) 资金成本计算的一般形式

资金成本可用绝对数表示，也可用相对数表示。为便于分析比较，资金成本一般用相对数表示，称之为资金成本率，其一般计算公式为：

$$K=\frac{D}{P-F}$$

或

$$K=\frac{D}{P(1-f)}$$

式中 K——资金成本率(一般也可称为资金成本)；

P——筹资资金总额；

D——使用费；

F——筹资费；

f——筹资费费率(即筹资费占筹资资金总额的比率)。

资金成本是选择资金来源、拟定筹资方案的主要依据，也是评价项目可行性的主要经济指标。

(2) 各种资金来源的资金成本

① 优先股成本。公司发行优先股股票筹资，需支付的筹资费有注册费、代销费等，其股息也要定期支付，但它是公司用税后利润来支付的，不会减少公司应上缴的所得税。

优先股资金成本率可按下式计算：

$$K_p=\frac{D_p}{P_0(1-f)}$$

或

$$K_p=\frac{P_0 \cdot i}{P_0(1-f)}=\frac{i}{1-f}$$

式中　K_p——优先股成本率；

P_0——优先股票面值；

D_p——优先股每年股息；

i——股息率。

② 普通股的成本。确定普通股资金成本的方法有股利增长模型法和资本资产定价模型法。

a. 股利增长模型法。普通股的股利往往不是固定的，因此，其资金成本率的计算通常用股利增长模型法计算。一般假定收益以固定的年增长率递增，则普通股成本的计算公式为：

$$K_s=\frac{D_c}{P_c(1-f)}+g=\frac{i_c}{1-f}+g$$

式中　K_s——普通股成本率；

P_c——普通股票面值；

D_c——普通股预计年股利额；

i_c——普通股预计年股利率；

g——普通股利年增长率。

b. 资本资产定价模型法。这是一种根据投资者对股票的期望收益来确定资金成本的方法。在这种前提下，普通股成本的计算公式为：

$$K_s=R_S=R_F+\beta(R_m-R_F)$$

式中　R_F——无风险报酬率；

β——股票的贝他系数；

R_m——平均风险股票必要报酬率。

③ 债券成本。企业发行债券后，所支付的债券利息列入企业的费用开支，因而使企业少缴一部分所得税，两者抵消后，实际上企业支付的债券的利息仅为：债券利息×(1－所得税税率)。因此，债券成本率可以按下列公式计算：

$$K_B=\frac{I(1-T)}{B(1-f)}$$

或

$$K_B=i_b \cdot \frac{1-T}{1-f}$$

式中　K_B——债券成本率；

B——债券筹资额；

I——债券年利息；

i_b——债券年利息利率；

T——所得税税率。

④ 银行借款。向银行借款，企业所支付的利息和费用一般可作企业的费用开支，相应减少部分利润，会使企业少缴一部分所得税，因而使企业的实际支出相应减少。

对每年年末支付利息、贷款期末一次全部还本的借款，其借款成本率为：

$$K_g=\frac{I(1-T)}{G-F}=i_g\cdot\frac{1-T}{1-f}$$

式中　K_g——借款成本率；

G——贷款总额；

I——贷款年利息；

i_g——贷款年利率；

F——贷款费用。

⑤ 租赁成本。企业租入某项资产，获得其使用权，要定期支付租金，并且租金列入企业成本，可以减少应付所得税。因此，其租金成本率为：

$$K_L=\frac{E}{P_L}\times(1-T)$$

式中　K_L——租赁成本率；

P_L——租赁资产价值；

E——年租金额。

⑥ 保留盈余成本。保留盈余又称为留存收益，其所有权属于股东，是企业资金的一种重要来源。企业保留盈余，等于股东对企业进行追加投资。股东对这部分投资与以前缴给企业的股本一样，也要求有一定的报酬，所以，保留盈余也有资金成本。它的资金成本是股东失去向外投资的机会成本，故与普通股成本的计算基本相同，只是不考虑筹资费用。其计算公式为：

$$K_R=\frac{D_1}{P_0}+g=i+g$$

式中　K_R——保留盈余成本率。

(3) 加权平均资金成本

企业不可能只使用某种单一的筹资方式，往往需要通过多种方式筹集所需资金。为进行筹资决策，就要计算确定企业长期资金的总成本——加权平均资金成本。加权平均资金成本一般是以各种资本占全部资本的比重为权重，对个别资金成本进行加权平均确定的。其计算公式为：

$$K=\sum_{i=1}^{n}\omega_i\cdot K_i$$

式中　K——租赁成本率；

ω_i——租赁资产价值；

K_i——年租金额。

5.2　项目融资方案分析

5.2.1　融资程序

从项目的投资决策起，到选择项目融资方式为项目建设筹集资金，最后到完成该项目融资为止，大致上可以分为投资决策分析、融资决策分析、融资结构分析、融资谈判和项目融资的执行五个阶段，如图 5-1。

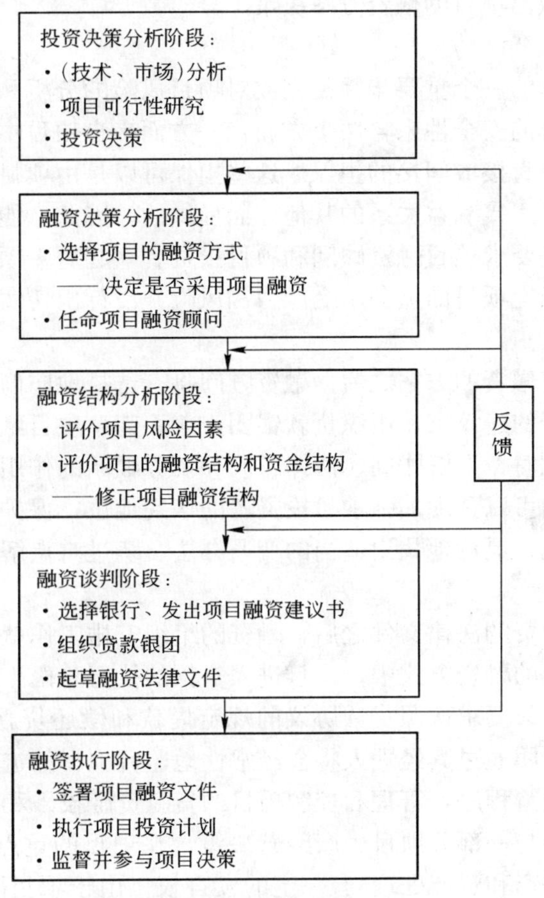

图 5-1　项目融资的阶段

1. 投资决策分析

从严格的意义上讲，这一阶段也可以不属于项目融资范畴。对于任何一个投资项目来说，都需要经过相当严密的投资决策分析。然而一旦做出投资决策，接下来的一项重要工作——确定项目的投资结构，则与将要选择的融资结构和资金来源有着密切的关系。通常在很多情况下，项目投资决策是与项目能否融资以及如何融资紧密联系在一起的。投资者在决定项目投资结构时需要考虑的因素很多，其中主要包括：项目的产权形式、产品分配方式、决策程序、债务责任、现金流量控制、税务结构和会计处理等方面的内容。投资结构的选择将影响到项目融资的结构和资金来源的选择，反过来，项目融资结构的设计在多数情况下也将会对投资结构的安排做出调整。

2. 融资决策分析

在这个阶段，项目投资者将决定采用何种融资方式为项目开发筹集资金。是否采用项目融资，取决于投资者对债务责任分担上的要求、贷款资金数量上的要求、时间上的要求、融资费用上的要求，以及诸如债务会计处理等方面的综合评价。如果决定选择采用项目融资作为筹资手段，投资者就需要选择和任命融资顾问，开始研究和设计项目的融资结构。有时，项目的投资者自己也无法明确判断采取何种融资方式为好，在这种情况下，投资者可以聘请融资顾问对项目的融资能力以及可能的融资方案做出分析和比较，在获得一定的信息反馈后，再做出项目的融资方案决策。

3. 融资结构分析

设计项目融资结构的一个重要步骤是完成对项目风险的分析和评估。对于银行和其他债权人而言，项目融资的安全性来自两个方面：一方面来自项目本身的经济强度；另一方面来自项目之外的各种直接或间接的担保。这些担保可以是由项目的投资者提供的，也可以是由与项目有直接或间接利益关系的其他方面提供的。因此，能否采用以及如何设计项目融资结构的关键就是要求项目融资顾问和项目投资者一起对于项目有关的风险因素进行全面地分析和判断，确定项目的债务承受能力和风险，设计出切实可行的融资方案。

4. 融资谈判

在初步确定了项目融资的方案之后，融资顾问将有选择地向商业银行或其他一些金融机构发出参加项目融资的建议书，组织贷款银团，着手起草项目融资的有关协议。这一阶段往往会反复多次，此时，融资顾问、法律顾问和税务顾问的作用是十分重要的。强有力的融资顾问和法律顾问可以帮助加强项目投资者的谈判地位，保护投资者的利益，并在谈判陷入僵局时，及时地、灵活地找出适当的变通办法，绕过难点解决问题。

5. 项目融资的执行

在正式签署项目融资的法律文件之后，融资的组织安排工作就告结束，项目融资将进入其执行阶段。在传统的融资方式中，一旦进入贷款的执行阶段，借贷双方的关系就变得相对简单明了，借款人只要求按照贷款协议的规定提款和偿还贷款的利息和本金。然而，在项目融资中，贷款银团通过其经理人将会经常性地监督项目的进展，根据融资文件的规定，参与部分项目的决策程序，管理和控制项目的贷款资金投入和部分现金流量。除此之外，银团经理人也会参与一部分项目生产经营决策，在项目的重点决策问题上(例如，新增资本支出、减产、停产和资产处理)有一定的发言权。由于项目融资的债务偿还与该项目的金融环境和市场环境密切相关，因此，帮助项目投资者加强对项目风险的控制和管理，是项目管理单位的一项重要工作。

5.2.2 融资方案分析

业主通常要综合运用各种筹资手段或分阶段通过不同的融资渠道，以最有利的方式、最低的成本筹集到资金，完成工程项目建设。

项目管理单位在协助业主制定融资方案时，应在投资估算的基础上，研究拟建项目的资金渠道、融资形式、融资结构、融资成本、融资风险、比选推荐项目的融资方案。

1. 项目融资的基本要求

(1) 合理确定资金需要量，力求提高融资效果

无论通过什么渠道、采取什么方式进行融资，都应首先确定资金的需要量。资金不足会影响项目的生产经营和发展；资金过剩不仅是一种浪费，也会影响资金的使用效果。在实际工作中，必须采取科学的方法预测与确定未来资金的需要量，以便选择合适的渠道与方式，筹集所需资金。

(2) 认真选择资金来源，力求降低资金成本

项目融资可以采用的渠道和方式多种多样，不同渠道和方式融资的难易程度、资金成

本和风险各不一样。但任何渠道和方式的筹资都要付出一定的代价，包括资金占用费(利息等)和资金筹集费(发行费等)。项目融资通常选择较经济方便的渠道和方式，以降低综合的资金成本。

(3) 适时取得资金，保证资金投放需要

融资也有时间上的安排，这取决于投资的时间。合理安排融资与投资，使其在时间上互相衔接，避免取得资金过早而造成投放前的闲置或取得资金滞后而耽误投资的有利时机。

(4) 适当维持自有资金比例，正确安排举债经营

所谓举债经营，是指项目通过借债开展生产经营活动。举债经营可以给项目带来一定的好处，因为借款利息可在所得税前列入成本费用，对项目净利润影响较小，能够提高自有资金的使用效果。但负债的多少必须与自有资金和偿债能力的要求相适应。如负债过多，会发生较大的财务风险，甚至会由于丧失偿债能力而面临破产。

2. 项目融资的常用方式

在项目实施过程中，往往需要项目管理单位协助业主整合项目资源，通过多种融资渠道，灵活搭建融资结构。

(1) 方式一

可以将已经能产生盈利的存量资产部分或未来能产生盈利的增量资产部分，打包后以TOT(转让—经营—转让)的方式，在保留业主对资产正常使用和拥有所有权的前提下，对外出售资产包的经营权进行融资；待资产包经营到期后，业主再从购买资产包并运营的投资人手中以一定的价格购回资产包。

(2) 方式二

项目业主可以稀释自身在项目公司的股权，来换取外部投资人的资金注入(也不排除在项目公司现有股权的基础上，增发新股，扩大股本结构以吸引外部投资人介入)。投资人可以在享受资本利得的同时承担风险，即始终持有项目公司的股权；也可以要求项目原业主在项目建成后的一定期限内溢价回购投资人的股权，并要求项目原业主事先提供担保以确保投资人注入资金的安全使用和届时回购。投资人的后一种选择可以称之为“明投暗贷”。

(3) 方式三

如果项目业主自身融资能力欠缺，可以将项目公司的股权或已经形成的资产抵押给具备较强投融资能力和建设能力的建筑施工企业，由建筑施工企业以项目流动资金贷款的方式来完成项目后续资金的融通，并由建筑施工企业开展对项目的施工建设；待项目建设完毕，以建成的项目资产向银行抵押，用抵押贷款来偿还建筑施工企业的贷款；然后项目业主用项目每年产生的现金流来偿还银行贷款。

(4) 方式四

用项目的良好市场前景和较好的担保体系，来吸引信托公司以股权介入的方式注入资金到项目公司，壮大项目公司资产规模；然后由项目公司向银行举债，完成项目建设；最后用建成的项目资产向银行抵押贷款，用以偿还信托公司和银行的借款，或者通过财产信托(REITS)将项目与资本市场对接，并用项目资产的出售款偿还信托公司和银行的借款。

(5) 方式五

在项目动工建设之前，就开始寻找项目未来的使用方或最终买方，并以优惠的资产认

购价格吸引其投资项目建设。待项目建成后，或者让使用方得到项目所提供的一定期限的价廉物美的服务，或者让最终买方得到物超所值的不动产物业。

此外，还有通过国外资金渠道，吸引国外投资人或外资银行的介入等方式。

3. 融资方案分析

融资方案分析是指在初步确定项目的资金筹措方式和资金来源后，通过比较分析推荐资金来源可靠、资金结构合理、融资成本低，融资风险小的方案的过程。

(1) 资金来源可靠性分析

主要是分析项目建设所需总投资和分年所需投资能否得到足够的、持续的资金供应，即资本金和债务资金供应是否落实可靠。应力求使筹措的资金、币种及投入时序与项目建设进度和投资使用计划相匹配，确保项目顺利进行。

(2) 融资结构分析

主要分析项目融资方案中的资本金与债务资金的比例、股本结构比例和债务结构比例是否合理，并分析其实现条件。

① 资本金与债务资金的比例。在一般情况下，项目资本金比例过低、债务资金比例过高，将给项目建设和生产运营带来潜在的财务风险。进行融资结构分析，应根据项目特点，合理确定项目资本金与债务资金的比例。

② 股本结构比例。股本结构反映项目股东各方出资额和相应的权益，在融资结构分析中，应根据项目特点和主要股东方参股意愿，合理确定参股各方的出资比例。

③ 债务结构比例。债务结构反映项目债权各方为项目提供的债务资金的比例，在融资结构分析中，应根据债权人提供债务资金的方式，附加条件，以及利率、汇率、还款方式的不同，合理确定内债与外债比例、政策性银行与商业银行的贷款比例以及信贷资金与债券资金的比例。

(3) 融资成本分析

融资成本的高低是判断项目融资方案是否合理的重要因素之一。

① 债务资金融资成本分析。债务资金融资成本由资金筹集费和资金占用费组成。在比选融资方案时，应分析各种债务资金融资方式的利率水平、利率计算方式(固定利率或浮动利率)、计息(单利、复利)和付息方式，以及偿还期和宽限期，计算债务资金的综合利率。

② 资本金融资成本分析。资本金融资成本由资本金筹集费和资本金占用费组成。资本金占用费一般应按机会成本的原则计算。当机会成本难以计算时，可参照银行存款利率计算。

(4) 融资风险分析

融资方案的实施经常受到各种风险的影响。为了使融资方案稳妥可靠，需要对下列可能发生的风险因素进行识别、预测。

1) 资金供应风险

资金供应风险是指融资方案实施过程中，可能出现资金不落实，导致建设工期拖长、工程造价提高、原定投资效益目标难以实现的风险。主要有：

① 原定筹资额全部或部分落空。如已承诺出资的投资者中途变故，不能兑现承诺；

② 原定发行股票、债券计划不能实现；

③ 既有项目法人融资项目由于企业经营状况恶化，无力按原定计划出资；

④ 其他资金不能按建设进度足额及时到位。

2）利率风险

利率水平随着金融市场情况而变动，如果融资方案中采用浮动利率计息，则应分析贷款利率变动的可能性及其对项目造成的风险和损失。

3）汇率风险

汇率风险是指国际金融市场外汇交易结算产生的风险，包括人民币对各种外币币值的变动风险和各外币之间比价变动的风险。利用外资数额较大的投资项目应对外汇汇率的走势进行分析，估测汇率发生较大变动时对项目造成的风险和损失。

第三篇 项目设计与施工管理

第6章　项目勘察设计管理

6.1　项目勘察管理

勘察阶段项目管理的主要工作内容有：协助业主编制勘察要求、选择勘察单位，协助业主签订勘察合同，审查勘察方案并监督实施和进行相应的控制，参与验收勘察成果。

6.1.1　勘察任务的委托方式及其程序

建设工程勘察任务的委托方式包括招标发包或者直接发包。工程建设项目勘察设计招标分为公开招标和邀请招标。招标人可以依据工程建设项目的不同特点，实行勘察设计一次性总体招标；也可以在保证项目完整性、连续性的前提下，按照技术要求实行分段或分项招标。招标人不得将依法必须进行招标的项目化整为零，或者以其他任何方式规避招标。

1. 可以不进行招标的勘察任务

按照国家规定需要政府审批的项目，有下列情形之一的，经批准，项目的勘察可以不进行招标：

① 涉及国家安全、国家秘密的；

② 抢险救灾的；

③ 主要工艺、技术采用特定专利或者专有技术的；

④ 建筑艺术造型有特殊要求的；

⑤ 技术复杂或专业性强，能够满足条件的勘察设计单位少于三家，不能形成有效竞争的；

⑥ 已建成项目需要改、扩建或者技术改造，由其他单位进行设计影响项目功能配套性的；

⑦ 国务院规定的其他建筑工程的勘察任务。

2. 可以进行邀请招标的勘察任务

依法必须进行勘察设计招标的工程建设项目，在下列情况下可以进行邀请招标：

① 项目的技术性、专业性较强，或者环境资源条件特殊，符合条件的潜在投标人数量有限的；

② 如采用公开招标，所需费用占工程建设项目总投资的比例过大的；

③ 建设条件受自然因素限制，如采用公开招标，将影响项目实施时机的。

3. 勘察招标具备的条件

依法必须进行勘察招标的工程建设项目，在招标时应当具备下列条件：

① 按照国家有关规定需要履行项目审批手续的，已履行审批手续，取得批准；

② 勘察设计所需资金已经落实；

③ 所必需的勘察基础资料已经收集完成；

④ 法律法规规定的其他条件。

4. 勘察任务的招标程序

① 招标人组织成立招标机构；

② 招标人编制招标文件；

③ 招标人发布招标公告或者投标邀请书；

④ 对潜在投标人进行资质审查，并将审查结果通知各潜在投标人；

⑤ 招标人发售招标文件；

⑥ 招标人组织现场踏勘、召开投标预备会；

⑦ 投标人提交投标文件；

⑧ 开标、评标和决标；

⑨ 签发中标通知书；

⑩ 签订合同。

5. 勘察招标文件的内容

招标人应当根据招标项目的特点和需要编制招标文件。勘察招标文件应当包括下列内容：

① 投标须知；

② 投标文件格式及主要合同条款；

③ 项目说明书，包括资金来源情况；

④ 勘察设计范围，对勘察进度、阶段和深度要求；

⑤ 勘察设计基础资料；

⑥ 勘察费用支付方式，对未中标人是否给予补偿及补偿标准；

⑦ 投标报价要求；

⑧ 对投标人资格审查的标准；

⑨ 评标标准和方法；

⑩ 投标有效期。

6.1.2　勘察合同的签订

1. 勘察合同签订的要求

勘察招标人和中标人应当自中标通知书发出之日起 30 日内，按照招标文件和中标人的投标文件订立书面勘察合同。

招标人不得以压低勘察设计费、增加工作量、缩短勘察设计周期等作为发出中标通知书的条件，也不得与中标人再行订立背离合同实质性内容的其他协议。招标人与中标人签订合同后 5 个工作日内，应当向中标人和未中标人一次性退还投标保证金。招标文件中规定给予未中标人经济补偿的，也应在此期限内一并给付。招标文件要求中标人提交履约保证金的，中标人应当提交；经中标人同意，可将其投标保证金抵作履约保证金。招标人应当在将中标结果通知所有未中标人后 7 个工作日内，逐一返还未中标人的投标文件。

2. 建设工程勘察合同示范文本简介

勘察合同一般要求按照相关部门发布的合同范本进行签订。国家建设部与国家工商行政管理局于 2000 年 3 月颁布了《建设工程勘察合同示范文本》，该文本有两个版本，一个主要适用于岩土工程勘察、水文地质勘察(含凿井)、工程测量、工程物探等，而另一个主要适用于岩土工程设计、治理、监测等。

(1) 示范文本(一)

适用于岩土工程勘察、水文地质勘察(含凿井)、工程测量、工程物探等的勘察合同文本共10条，主要内容包括：

1) 工程概况。说明工程名称；工程建设地点：工程规模、特征；工程勘察任务委托文号、日期；工程勘察任务(内容)与技术要求；承接方式；预计勘察工作量等。

2) 委托人应向勘察人提供的文件资料。委托人应及时提供有关文件资料，并对其准确性、可靠性负责。

3) 勘察人应向委托人提交的勘察成果资料，勘察人应对其提交的勘察成果资料的质量负责。

4) 开工及提交勘察成果资料的时间和收费标准及付费方式。

5) 委托人和勘察人双方责任。

6) 违约责任。

7) 对合同未尽事宜的处理方法。

8) 其他需要约定的事项。

9) 合同争议的解决办法。

10) 合同生效与终止。

(2) 示范文本(二)

适用于岩土工程设计、治理、监测等的勘察合同文本共14条，主要内容包括：

1) 工程概况。说明工程名称，工程地点；工程立项批准文件号、日期；岩土工程任务委托文气、日期；工程规模、特征；岩土工程任务(内容)与技术要求：承接方式：预计的岩土工程量。

2) 委托人应向勘察人提供的文件资料。

3) 勘察人应向委托人交付的报告、成果、文件。

4) 工期。

5) 收费标准及支付方式。

6) 变更及工程费的调整。

7) 委托人和勘察人双方责任。

8) 违约责任。

9) 材料设备供应。

10) 报告、成果、文件的检查验收。

11) 对合同未尽事宜的处理方法。

12) 其他需要约定的事项。

13) 合同争议的解决办法。

14) 合同生效与终止。

6.1.3　勘察过程管理

1. 发包人责任

1) 发包人委托任务时，必须以书面形式向勘察人明确勘察任务及技术要求，并按规定提供文件资料。发包人推迟提供上述资料、文件，勘察人可按合同规定顺延交付报告、成果、文件的时间，规定期限超过一定天数之后，勘察人有权重新确定交付报告、成果、文件的时间。

2）在勘察工作范围内，没有资料、图纸的地区(段)，发包人应负责查清地下埋藏物，若因未提供上述资料、图纸，或提供的资料图纸不可靠、地下埋藏物不清，致使勘察人在勘察工作过程中发生人身伤害或造成经济损失时，由发包人承担民事责任。

3）开工前，发包人应办理完毕开工许可，及时为勘察人提供并解决勘察现场的工作条件和出现的问题，并承担相应费用。

4）发包人应以书面形式向勘察人提供水准点和坐标控制点；

5）若勘察现场需要看守，特别是在有毒、有害等危险现场作业时，发包人应派人负责安全保卫工作，按国家有关规定，对从事危险作业的现场人员进行保健防护，并承担费用。

6）工程勘察前，若发包人负责提供材料的，应根据勘察人提出的工程用料计划，按时提供各种材料及其产品合格证明，并承担费用和运到现场，派人与勘察人的人员一起验收。

7）勘察过程中的任何变更，经办理正式变更手续后，发包人应按实际发生的工作量支付勘察费。

8）为勘察人的工作人员提供必要的生产、生活条件，并承担费用；如不能提供时，应一次性付给勘察人临时设施费。

9）发包人应对工作现场周围建筑物、构筑物、古树名木和地下管道、线路的保护负责，对勘察人提出书面具体保护要求(措施)，并承担费用。

10）由于发包人原因造成勘察人停、窝工，除工期顺延外。发包人应支付停、窝工费；发包人若要求在合同规定时间内提前完工(或提交勘察成果资料)时，发包人应按每提前一天向勘察人支付加班费。

11）发包人应保护勘察人的投标书、勘察方案、报告书、文件、资料图纸、数据、特殊工艺(方法)、专利技术和合理化建议，未经勘察人同意，发包人不得复制、不得泄露、不得擅自修改、传送或向第三人转让或用于本合同外的项目；如发生上述情况，发包人应负法律责任，勘察人有权索赔。

2. 勘察人责任

1）勘察人应按国家技术规范、标准、规程和发包人的任务委托书及技术要求进行工程勘察。按本合同规定的时间提交质量合格的勘察成果资料，并对其负责。

2）由于勘察人提供的勘察成果资料质量不合格，勘察人应负责无偿给予补充完善使其达到质量合格；若勘察人无力补充完善，需另委托其他单位时，勘察人应承担全部勘察费用；或因勘察质量造成重大经济损失或工程事故时，勘察人除应负法律责任和免收直接受损失部分的勘察费外，并根据损失程度向发包人支付赔偿金，赔偿金由发包人、勘察人商定为实际损失的一定百分比。

3）在工程勘察前，提出勘察纲要或勘察组织设计，派人与发包人的人员一起验收发包人提供的材料。

4）勘察过程中，根据工程的岩土工程条件(或工作现场地形地貌、地质和水文地质条件)及技术规范要求，向发包人提出增减工作量或修改勘察工作的意见。并办理正式变更手续。

5）在现场工作的勘察人的人员，遵守国家及当地有关部门对工作现场的有关管理规定，做好工作现场保卫和环卫工作，承担其有关资料保密义务。并按发包人提出的保护要求(措施)，保护好工作现场周围的建、构筑物，古树、名木和地下管线(管道)、文物等。

3. 发包人应向勘察人提供的文件资料

在勘察人进行勘察任务时，发包人应按合同规定向勘察人提供下列文件资料，并对其准确性、可靠性负责。

1）提供本工程批准文件(复印件)，以及用地(附红线范围)、施工、勘察许可等批件(复印件)。

2）提供工程勘察任务委托书、技术要求和工作范围的地形图、建筑总平面布置图。

3）提供勘察工作范围已有的技术资料及工程所需的坐标与标高资料。

4）提供勘察工作范围地下已有埋藏物的资料(如电力、电讯电缆、各种管道、人防设施、洞室等)及具体位置分布图。

5）发包人不能提供上述资料，由勘察人收集的，发包人需向勘察人支付相应费用。

4. 开工及工期

勘察工作有效期限以发包人下达的开工通知书或合同规定的时间为准，如遇特殊情况(设计变更、工作量变化、不可抗力影响以及非勘察人原因造成的停、窝工等)时，工期顺延。

5. 勘察报告、成果及文件

(1) 勘察报告的主要内容

① 拟建场地的工程地质条件；

② 拟建场地的水文地质条件；

③ 场地、地基的建筑抗震设计条件；

④ 地基基础方案分析评价及相关建议；

⑤ 地下室开挖和支护方案评价与相关建议；

⑥ 降水对周围环境的影响；

⑦ 桩基工程设计与施工建议；

⑧ 其他合理化建议；

⑨ 上述方案及建议的计算图表(计算书)及方案草图；

⑩ 附件内容。

(2) 勘察报告的具体要求

项目管理机构对勘察单位提交的勘察报告进行审核的具体要求包括：

① 对建筑物范围内的地质构造、地层结构及其均匀性，以及各岩土层的物理力学性质和工程特性做出评价；

② 有无影响建筑场地稳定性的不良地质作用，场地不良地质作用的成因、分布、规模、发展趋势，有无暗浜、暗塘、墓穴等，并对其危害程度、建筑场地稳定性做出评价，提出预防措施的建议；

③ 地下水埋藏情况、类型和水位幅度和规律，以及地下水和土对建筑材料的腐蚀性，

设计抗渗水位及抗浮水位，提出施工降水方法的建议和有关技术参数；

④ 提供抗震设防烈度、分组及有关技术参数，场地土类型和场地类别，并对饱和砂土和粉土进行液化判别，对场地和地基的地震效应、场地地震安全性做出初步评价；

⑤ 场地土的标准冻结深度；

⑥ 对可供采用的地基基础设计方案进行论证分析，建议适当的基础形式和基础持力层，并提出经济合理的地基和基础设计方案和建议；

⑦ 拟采用桩基方案时成桩的可能性分析，施工对周围环境影响分析和评价；

⑧ 提供与设计要求相对应的地基承载力特征值及变形计算参数，预估基础沉降量，估算的期望差和总基础和桩沉降值，并对设计与施工应注意的问题提出建议；

⑨ 深基坑开挖的边坡稳定计算、支护设计及施工降水所需的岩土技术参数，论证其对周围已有建筑物和地下设施的影响。

如在不同的地区可能存在的岩溶(喀斯特)、采空区、断层破碎带、膨胀土、红土、冻土及湿陷性黄土、融冻土(泥流)、人工填土、饱和液化土层等特殊不良地质现象时，应根据工程性质，按照设计的要求，在满足规范要求的同时，勘察单位提交的报告应有对其的相应的评价和结论。

勘察报告须要经过地区行政部门指定的勘察部门或单位审查合格后方可以交于设计单位使用。同时项目管理机构还可根据拟建项目的使用功能、特点及地区的不同地质条件等由设计向勘察单位提出具体或特殊的勘察要求。

(3) 勘察报告、成果、文件的检查验收

项目管理机构负责组织对勘察人交付的报告、成果、文件进行检查验收。验收的程序为：

① 发包人收到勘察人交付的报告、成果、文件后规定天数内检查验收完毕，并出具检查验收证明，逾期未检查验收的，视为接受勘察人的报告、成果、文件；

② 隐蔽工程工序质量检查，由勘察人自检后，书面通知发包人检查；发包人接通知后，当天组织质检，经检验合格，发包人、勘察人签字后方能进行下一道工序；检验不合格，勘察人在限定时间内修补后重新检验，直至合格；若发包人接通知后24小时内仍未能到现场检验，勘察人可以顺延工程工期，发包人应赔偿停、窝工的损失；

③ 工程完工，勘察人向发包人提交岩土治理工程的原始记录、竣工图及报告、成果、文件，发包人应在规定天数内组织验收，如有不符合规定要求及存在质量问题，勘察人应采取有效补救措施；

④ 工程未经验收，发包人提前使用和擅自动用，由此发生的质量、安全问题，由发包人承担责任，并以发包人开始使用日期为完工日期；

⑤ 完工工程经验收符合合同要求和质量标准，自验收之日起规定天数内，勘察人向发包人移交完毕，如发包人不能按时接管，致使已验收工程发生损失，应由发乍人承担，如勘察人不能按时交付，应按逾期完工处理，发包人不得因此而拒付工程款。

6. 工程的勘察费的收费标准及付费方式

工程的勘察按国家规定的现行收费标准计取费用；或以“预算包干”、“中标价加签证”、“实际完成工作量结算”等方式计取收费。国家规定的收费标准中没有规定的收费项目，由发包人、勘察人另行议定。

在合同生效后3天内，发包人应向勘察人支付预算勘察费的20%作为定金、合同履行后，定金抵作勘察费；勘察规模大、工期长的大型勘察工程，发包人还应按约定完成的工程进度，向勘察人支付约定比例的预算勘察费作为工程进度款；勘察工作外业结束一定日期内，发包人向勘察人支付一定百分比的预算勘察费；提交勘察成果资料后10天内，发包人应一次付清全部工程费用。发包人不按时向勘察人拨付工程费，从应拨付之日起承担应拨付工程费的滞纳金。

7. 勘察过程的质量管理

① 对技术性钻孔，是否按勘察纲要规定的深度进行取土试样，（且使用规定的取土器，并按操作规程去土试样）、是否进行原位测试(标准贯入、轻型或重型动力触探、十字板剪切、旁压、载荷试验及波速、地脉动等原位测试)、是否进行水位测量、取水试样及孔深校尺(每钻均要求进行量尺)。

② 对一般性钻孔，孔深校尺(每钻均要求进行量尺)及是否进行水位观测。管理重点：描述员是否及时进行现场野外记录。对野外记录的要求：真实、及时、准确、细致、清晰、工整、规范。

③ 人员检查：描述员、司钻员、安全员是否持证上岗。

④ 检查完成钻孔后是否将钻孔回填。当特殊工程对钻孔角度有要求时，还需要检查是否进行了孔斜测量。

⑤ 对工程地质测绘工程，应检查是否对基岩露头进行了岩石产状测量及数据的采集。

⑥ 对水文地质的勘察，应检查是否进行了实地调查、走访，是否进行了对观测孔的数据采集等。

⑦ 检查勘察单位所使用的仪器是否符合标准和要求。特别是测量设备，全站仪或经纬仪、水准仪，特殊工程还需要测斜仪、罗盘等是否有合格证(是否按要求的使用年限进行了标定)。物探设备是否合格及使用正常等。常用的标贯器有无破损、动探头是否标准、63.5锤的导杆是否正常(通常因不正常，使得锤的落距不满足规范规定的要求，使得原位测试试验数据失真，影响对地层力学性质的正确评价)。对其他原位测试如：载荷试验、旁压试验、十字板剪切等所用的仪器是否合格及使用正常等。

6.2　项目设计管理

协助业主编制设计要求、选择设计单位；组织评选设计方案与设计招标、协助业主签订设计合同、对各设计单位进行协调管理；监督合同履行；审查设计进度计划并监督实施；核查设计大纲和设计深度、使用技术规范合理性；提出设计评估报告(包括各阶段设计的核查意见和优化建议)；协助审核设计概算。

6.2.1　设计任务的委托方式及其程序

1. 设计任务的委托方式

设计任务可通过招标或直接委托的方式委托。

(1) 招标委托

建设项目应办理设计招标的主要范围如下：

① 基础设施、公共事业等关系社会公共利益、公共安全的项目；

② 使用国有资金投资或者国家融资的项目；

③ 使用国际组织或者外国政府贷款、援助资金的项目；

主要规模标准如下(符合下列标准之一的)

① 设计单项合同估算价在 50 万元人民币以上的；

② 项目总投资额在 3000 万元人民币以上的；

③ 全部或者部分使用政府投资或者国家融资的项目中，政府投资或者国家融资金额在 100 万元人民币以上的。

鼓励政府投资或者国家融资金额在 100 万元人民币以下的项目进行招标。

(2) 直接委托

对于规模较小、功能简单的项目，或者是可以不进行招标的项目，可以采取直接委托的方式进行设计任务的委托。选取一至数家具有相应资质和技术能力的设计单位，进行考察和比较，最终选定一家，委托其完成设计任务，双方进行合同谈判并签订设计合同。

2. 设计任务的委托程序

设计任务的委托程序如图 6-1 所示。

依法必须进行设计招标的工程建设项目，在招标时应具备下列条件：

① 招标人已经依法成立；

② 按照国家有关规定履行审批手续已获得批准。招标人应取得项目审批部门的立项批准文件，其中包括对工程项目招标范围、招标方式和招标组织形式的核准意见书，以及规划部门批准的规划意见书；

③ 按照国家有关规定应当履行核准手续的，已获核准；

④ 建设工程资金来源已经落实；

⑤ 有满足招标需用的文件和技术资料；

⑥ 法律法规规定的其他条件。

3. 设计招标的主要工作内容

(1) 招标登记

招标人具备招标条件后，持项目审批部门批准的立项文件(其中包括对工程项目招标范围、招标方式和招标组织形式的核准意见书)和规划部门批准的规划意见书，及其他有关文件招标投标管理部门进行招标登记；

招标方式分为公开招标和邀请招标，依法必须进行招标的项目，全部使用国有资金投资或者国有资金投资占控股或者占主导地位的，应当公开招标。

(2) 组建招标组织或委托招标代理机构

1) 招标人自行办理招标事宜，应当具有编制招标文件和组织评标的能力，具体包括：

① 具有项目法人资格(或者法人资格)；

② 具有与招标项目规模和复杂程度相适应的工程技术、概预算、财务和工程管理等方面专业技术力量；

③ 有从事同类工程建设项目招标的经验；

④ 设有专门的招标机构或者拥有 3 名以上专职招标业务人员；

⑤ 熟悉和掌握招标投标法及有关法规规章。

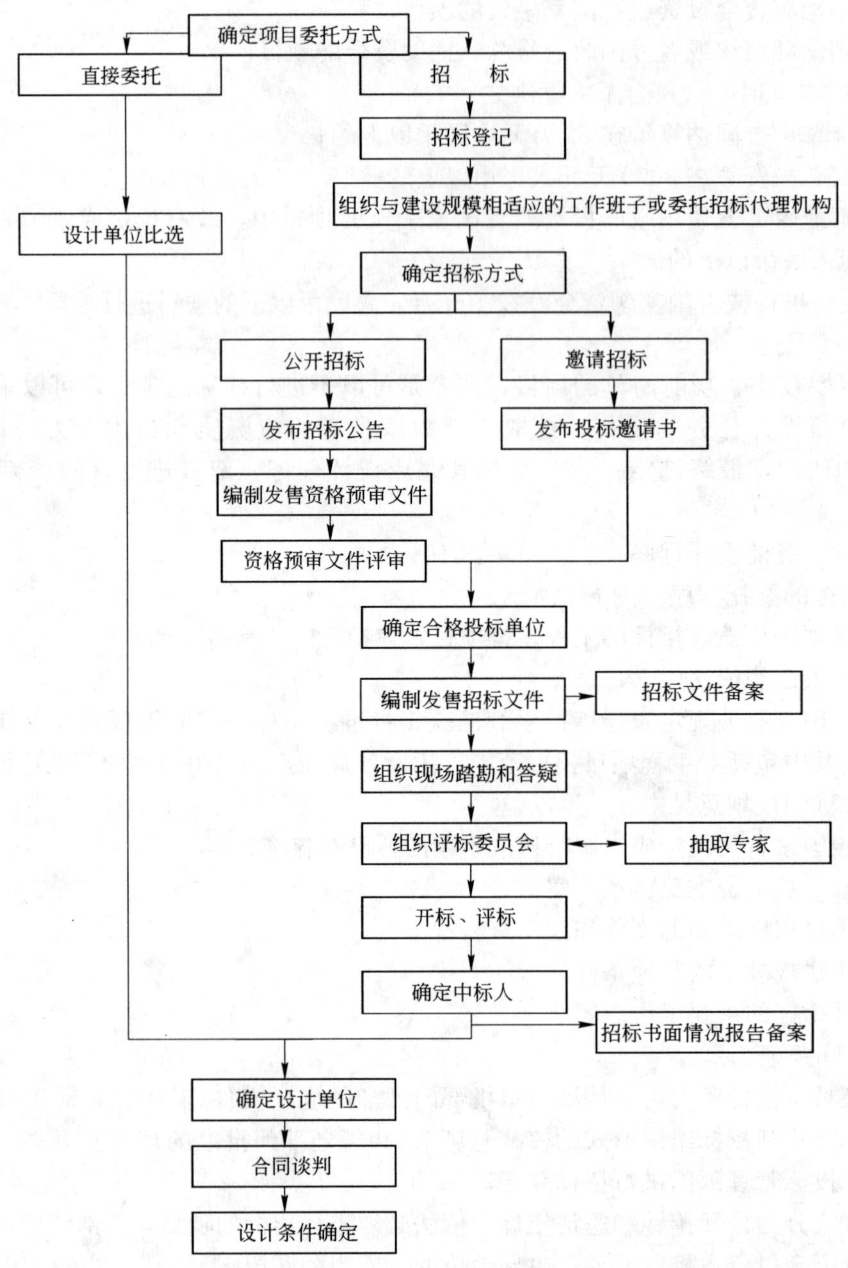

图 6-1　设计任务委托程序

2）不符合自行招标有关条件的，应委托招标代理机构办理招标事宜。

3）确定招标组织形式应提交的有关材料：

① 招标组织机构和专职招标业务人员的证明材料；

② 专业技术人员名单、职称证书或者执业资格证书及其工作经历的证明材料。同时应提交办理此项目设计招标相关事宜的法人代表委托书，并填写《勘察、设计自行招标备案登记表》；

③ 委托招标的需提供招标方与委托代理机构签订的委托合同，并提供委托代理机构

的资质证明材料。

(3) 发布招标公告或投标邀请书

1) 招标人或招标代理机构，应在发布招标公告或者发出投标邀请书规定日期前，持有关材料到招标管理部门进行审核。招标管理部门发现招标人不具备自行招标条件、代理机构无相应资格、招标前期条件不具备、招标公告或者投标邀请书有重大瑕疵的，可以责令招标人暂停招标活动。

2) 公开招标的项目，应填写勘察设计招标公告，招标公告上向社会公布招标信息，此信息将同时在国家批准的招标信息发布指定媒体“中国采购与招标网”与“中国建设报电子版”显示。国际招标应由《中国日报》登载。

3) 招标人应当按招标公告或者投标邀请书规定的时间、地点出售招标文件或者资格预审文件。自出售之日起至停止出售之日止，最短不得少于五个工作日。

(4) 编制发售资格预审文件

1) 招标人对投标人进行资格预审的，应当根据建设工程的性质、特点和要求，编制资格预审的条件和方法，并在招标公告中载明。

2) 公开招标的招标人拟限制投标人数量的，需要在招标公告中载明预审后的投标人数量。没有载明的，招标人不得限制符合资格预审条件的投标人投标。

3) 资格预审须知的主要内容。包括项目概况、招标人、招标代理机构、投标范围、招标目的与招标原则、投标要求和投标申请人、应遵守的规定资格预审合格条件、资格预审条件、资格预审申请书内容、投标资格评审及附表。

4) 资格预审文件的主要内容

① 投标申请人的实力(包括技术实力及人力资源、经济实力、财务状况、社会信誉、管理能力等)；

② 相类似工程的设计经验；

③ 项目负责人及主要专业负责人的资格及设计经验；

④ 对投标联合体的要求。

(5) 确定合格投标人

1) 公开招标经资格预审后应选择不少于 3 个合格的投标人参加投标。

2) 邀请招标可直接邀请不少于 3 个具有相应资质的投标人参加投标。

(6) 编制发售招标文件

1) 招标人或者招标代理机构应当根据招标项目的特点和需要编制招标文件。

2) 招标文件编制完毕后，招标人应报送招标管理机构审核，审核日后，未提出异议的，招标人可以发出招标文件，如被告知存在问题，招标人应对招标文件进行修改，经确认后再发出。招标人发出招标文件前，须提供 1 份合格或修改后合格的招标文件送招标办备案。

3) 招标人应当确定潜在投标人编制投标文件所需要的合理时间。依法必须进行勘察设计招标的项目，自招标文件开始发出之日起至投标人提交投标文件截止之日止，最短不得少于二十日。

4) 招标人要求投标人提交投标文件的时限为：特级和一级建筑工程不少于 45 日；二级以下建筑工程不少于 30 日；进行概念设计招标的，不少于 20 日。

5）招标人对已发出的招标文件进行必要的澄清或者修改的，应当在提交投标文件截止日期 15 日前以书面形式通知所有招标文件的收受人。

（7）组织现场踏勘和答疑

对于潜在投标人在阅读招标文件和现场踏勘中提出的疑问，招标人可以书面形式或召开投标预备会的方式解答，但需同时将解答以书面形式通知所有招标文件收受人。该解答的内容为招标文件的组成部分。

（8）接受投标文件

招标人在招标文件中规定的投标截止日期前接受投标人的投标文件，并检查密封情况。

（9）组织评标委员会

1）评标由招标人依法组建的评标委员会负责，评标委员会由招标人的代表和有关技术、经济等方面的专家组成，成员人数为 5 人以上单数，其中技术、经济等方面的专家不得少于成员总数的 2/3。评标专家应当从市规划委、市建委确定的专家名册或者建设工程招标代理机构的专家库中随机抽取确定。特殊项目的评标专家选取方式按照国家和本市有关规定执行。

2）有以下情形之一的，不得担任评标委员会成员：

① 投标人或者投标人主要负责人的近亲属；

② 项目主管部门或者行政监督部门的人员；

③ 与投标人有经济利益关系，可能影响对投标公正评审的；

④ 曾因在招标、评标以及其他与招标投标有关活动中从事违法行为而受过行政处罚或刑事处罚的。

3）专家的抽取应在开标前两天进行。

4）评标委员会成员的名单在中标结果确定前应当保密。

（10）开标、评标

1）开标应当在招标文件确定的提交投标文件截止时间的同一时间公开进行；开标地点应当为招标文件中预先确定的地点。招标人应当接受规划管理机构、建设管理机构或有关行政监督部门对开标过程的监督。

2）评标工作由评标委员会负责。

3）评标委员会应当按照招标文件确定的评标标准和方法，结合政府的有关批准文件，对投标人的业绩、信誉和勘察设计人员的能力以及勘察设计方案的优劣进行综合评定。

4）评标标准和方法

设计评标一般采取综合评估法进行，可采取百分制，对于每一项得分，评标委员会成员的有效分数的算术平均值为投标单位各项的得分。各投标单位的技术标与商务标得分之和为最终得分。

设计评标分为技术标和商务标的评比。技术标评标的主要内容包括：总体布局；工艺流程；建筑造型；功能分区；节能环保；专业设计；经济合理。商务标评标的主要内容包括：设计报价；设计工期；设计业绩；管理体系；设计资质；设计人员；服务承诺。

5）招标文件中没有规定的标准和方法，不得作为评标的依据。

(11) 确定中标人

1) 评标委员会完成评标后，应当向招标人提出书面评标报告，推荐合格的中标候选人。评标委员会推荐的中标候选人应当限定在一至三人，并标明排列顺序。能够最大限度地满足招标文件中规定的各项综合评价标准的投标人，应当推荐为中标候选人。

2) 使用国有资金投资或国家融资的工程建设项目，招标人一般应当确定排名第一的中标候选人为中标人。

3) 招标人应在接到评标委员会的书面评标报告后十五日内，根据评标委员会的推荐结果确定中标人，或者授权评标委员会直接确定中标人。

4) 招标人应当在中标方案确定之日起 7 日内，向中标人发出中标通知，并将中标结果通知所有未中标人。

5) 招标人和中标人应当自中标通知书发出之日起 30 日内，按照招标文件和中标人的投标文件订立书面合同。

(12) 招标投标情况书面报告

1) 依法必须进行勘察、设计招标的项目，招标人应当在确定中标人之日起十五日内，向市规划委勘察设计招标投标管理办公室提交招标投标情况的书面报告。

2) 书面报告一般应包括以下内容：

① 填写完整并加盖单位公章的《设计招标投标登记表》；

② 资格预审文件、预审结果、招标文件；

③ 委托代理机构进行招标的应提交委托代理合同；

④ 投标人情况；

⑤ 评标委员会成员名单；

⑥ 开标情况；

⑦ 评标报告；

⑧ 废标情况；

⑨ 评标委员会推荐的经排序的中标候选人名单；

⑩ 中标结果；

⑪未确定排名第一的中标候选人为中标人的原因；

⑫其他需说明的问题。

上述文件已按规定办理了备案的文件材料，不再重复提交。

6.2.2　设计合同的签订

1. 合同的主要内容

设计合同签订的要求同勘察合同。设计单位选定后，业主一般须与设计单位进行合同谈判，确定合同的具体内容。合同文本可采用建设部和国家工商总局监制的示范文本《建设工程设计合同(一)(民用建设工程设计合同)》(GF—2000—29)，业主与设计单位商定的特殊条款可以作为合同的有效附件。《建设工程设计合同(一)(民用建设工程设计合同)》(GF—2000—29)共有 8 条，内容包括：

① 合同的依据；

② 合同设计项目的内容：名称、规模、阶段、投资及设计费等；

③ 发包人应向设计人提交的有关资料及文件；

④ 设计人应向发包人交付的设计资料及文件；

⑤ 合同设计收费及设计费支付进度；

⑥ 双方责任；

⑦ 违约责任；

⑧ 其他。

2. 合同谈判的主要内容

① 设计内容、规模、设计阶段；

② 设计进度；

③ 设计深度。可按建设部颁布的《建筑工程设计文件编制深度规定》（建质［2003］84 号）执行；

④ 设计费及支付方式。设计费可依据《工程勘察设计收费管理规定》（计价格［2002］10 号）执行；

⑤ 双方责任；

⑥ 违约责任；

⑦ 其他。

合同谈判完成后，双方签订正式设计合同，设计合同应由法定代表人或其委托代理人签字并加盖单位合同专用章。合同签订后，应报项目所在地建设行政主管部门备案。

6.2.3　规划、方案设计管理

规划、方案设计管理的主要内容如图 6-2 所示。

1. 设计要求的提出

项目管理单位以“设计任务书”的形式向设计单位提出设计要求。

（1）设计任务书的主要内容

1）项目背景：业主单位名称、性质、项目投资、项目名称、建设用地、项目位置及周边环境，项目定位。

2）项目概况：使用功能、性质、建设规模。

3）设计条件：规划意见书、地形图、有关立项批复或已批准的总平面图、其他所需的基础资料。

4）设计要求：设计范围、设计深度、设计原则、设计目标、使用功能、建筑风格、各部分面积、设计限价、技术指标。居住建筑还应提出户型设计要求、户室比、主要房间的开间、控制要求、层高要求等。规划设计除提出各单体的设计要求外，还应对各单体之间的关系提出要求，对市政、热力、燃煤气、配电等站点布局提出要求。

5）控制节点：

① 设计任务书所提出的建设规模和投资规模应符合有关主管部门的批复文件要求（项目建议书、可研报告等）。

② 设计任务书所提出的建设标准应与投资标准相适应，并体现技术的先进性、合理性。

③ 设计任务书内容应充分全面的表达了业主对项目建设的要求。

6）设计周期。

7）图纸及文件要求：

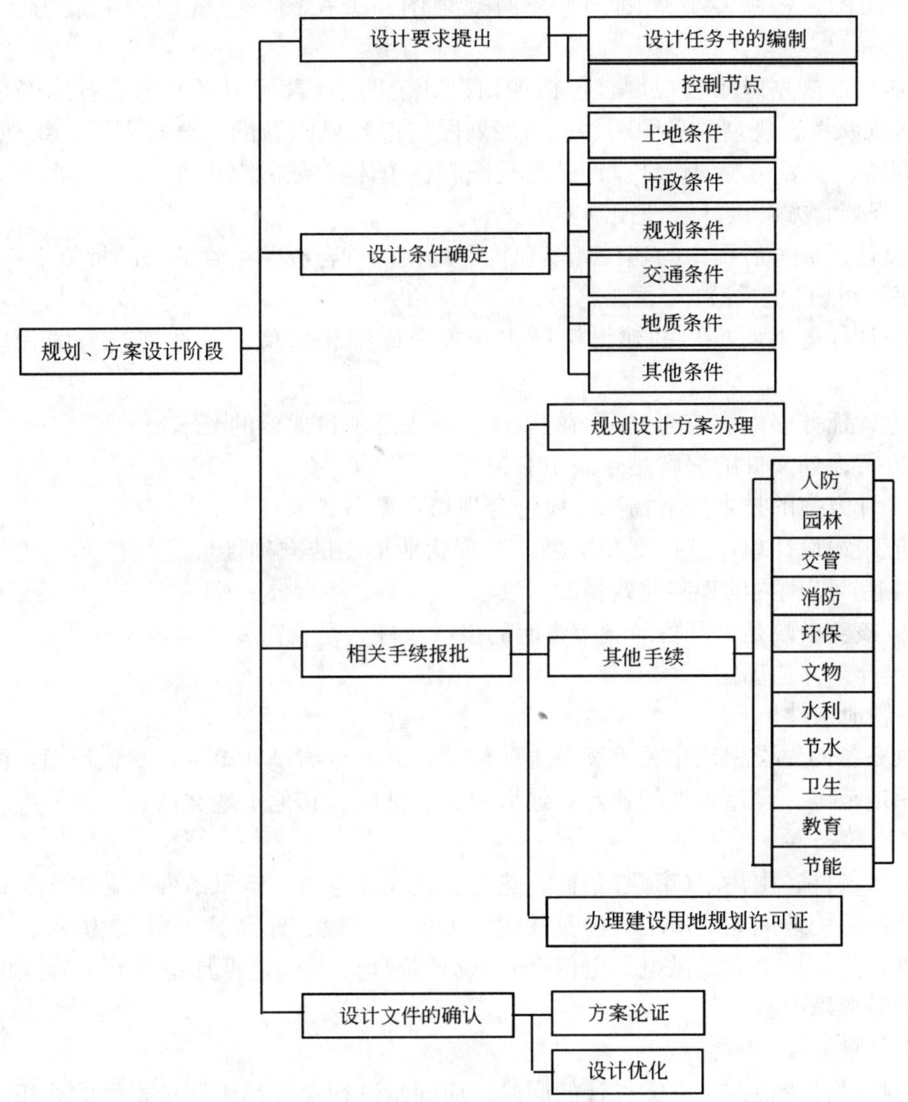

图 6-2　规划、方案设计管理的主要工作内容

① 建筑设计；

② 设计说明；

③ 用地平衡表；

④ 技术经济指标：总用地面积、总建筑面积、建筑密度、建筑层数、建筑高度、容积率、绿化率、机动车停车数、人口毛密度(居住)等；

⑤ 面积分配率；

⑥ 户型统计表；

⑦ 总平面图、各层平面图、主要立面图、剖面图、效果图、交通分析图、绿化分析图等。

8）规划设计(仅含一般修建性详细规划)。包括规划设计说明书、规划地区现状图、规划总平面图、各项专业规划图、竖向规划图、透视图。图纸比例一般为1∶500～1∶2000。

9）居住区规划或园区规划。包括规划设计说明书（含用地平衡表及技术经济指标）、规划地区现状图、规划总平面图、道路规划图、市政设施管网综合规划图、绿地规划图、竖向规划图、能表达规划设计意图的透视图和各单体建筑方案图（平、立、剖）等。

（2）规划、方案设计管理控制要点

① 设计任务书所提出的建设规模和投资规模应符合有关主管部门的批复文件要求（项目建议书、可研报告等）。

② 设计任务书所提出的建设标准应与投资标准相适应，并体现技术的先进性、合理性。

③ 设计任务书内容应充分全面的表达了业主对项目建设的要求。

④ 方案设计文件的深度是否满足有关规定和报审要求。

⑤ 设计方案的技术经济指标，应符合规划意见书要求。

⑥ 应组织设计单位进行现场踏勘，对现状地形图的准确性应进行核实，尤其是在新建建筑物遮挡范围内的现装建筑情况。

⑦ 应核实市政是否具备与城市管网的接口条件、是否需要增容。

2．设计条件的确定

（1）场地条件

提供齐备的建设用地相关手续。主要包括：需提供给设计单位现状地形图，图中应标出建设用地范围。设计管理的要点：地形图、订桩图、其他土地文件。

（2）市政条件

自来水条件、雨污水（市政）条件、热力、燃气、电力、电讯条件等。主要包括：需提供给设计单位用地周围的市政条件及其接口方向、位置、标高等资料（含供水、污水、雨水、燃气、热力、电力、供电、电信等）。设计管理要点：是否具备与城市管网的接口条件，是否需要增容。

（3）交通条件

在委托设计单位进行方案设计的同时，应同步进行交通影响评价报告的委托，应控制其结论与规划设计方案中的土地开发强度相一致，作为设计方案审查的主要依据。设计管理要点：与城市道路的接口的落实。

（4）地质条件

应将初勘地质报告提供给设计单位（可利用可行性研究时所做的初勘报告）。设计管理要点：可进行初勘。

（5）其他条件

应落实其他影响建筑设计的条件，例如：文物、环保、水利、人防、节能、卫生、教育等是否有需要协调报批的部门（可参照规划意见书中所要求的部门逐一落实）。

1）防火要求

用地规划设计应充分考虑地震、滑坡、泥石流、洪水等自然条件及生活使用、军事预防等社会因素的影响情况，应当符合城市防火、防爆、抗震、防洪、防泥石流和治安、交通管理、人民防空等要求，对拟定用地的水文地质及环境条件等进行充分考察、论证。特殊情况下(超高层建筑、地震带、山区坡地、河岸区等)，应进行规划建筑及区域城市的防灾规划。

2）环保要求

用地规划设计应与城市环保规划协调，包括与水源保护区的关系，是否有特殊空气质量要求，废水、废气、废渣的排放方式和排放量及噪音与主导风向等。

大中型公建(建筑规模大于 30000m^2)、居住区(建设用地大于 3 公顷或建筑规模大于 50000m^2)、工业建筑、生活市政配套(集贸市场、变配电设施、供暖设施、环卫设施、供燃气设施、交通场站、加油站等)及特殊工程(医疗机构、科研试验等)在进行可行性研究过程应委托具有相关资质的研究单位进行书面环保评价，并在申报规划手续时提供给城市规划行政部门。

3）安全保密要求

用地规划设计应符合安全保密要求。规划管理部门要求征求有关安全保密部门意见的建设工程，设计单位应根据有关安全保密部门的意见进行规划设计。

4）风景名胜区保护要求

风景名胜区内的用地规划设计应符合国务院 13 号文及九部委联合发文的要求。

风景名胜区应进行总体规划。风景区内建设项目应符合风景名胜区总体规划的要求，总体规划未经批准不得进行有关工程建设。风景区周围的建设控制地区的建设项目应与风景区协调，不得建设破坏景观、污染环境、妨碍游览、破坏生态植被等的设施。

在游人集中的景区内不得建设宾馆、招待所及休养、疗养机构。

国家级风景名胜区的重大建设项目的规划须征求市园林主管部门意见后，报城市规划主管部门审查，报建设部批准；市级风景名胜区的重大建设项目的规划须征得城市园林主管部门同意后，报市城市规划行政部门审批。

在珍贵景物周围和重点景点上，除必须的保护和附属设施外，不得增建其他工程设施。

5）文物保护和历史文化保护的要求

在文物保护单位的保护范围、建设控制地带以及历史文化保护区内进行规划设计应符合有关文物保护和历史文化保护的要求。设计管理要点：是否有需要协调和报批的问题。

(6) 规划条件

需提供设计单位规划意见书或其他反映规划条件的文件及附图。设计管理要点：设计任务书所提出的技术指标符合规划意见书要求。

3. 设计报批手续的办理

办理各项报批手续时对设计文件的要求和设计管理控制要点如表 6-1 所示。

设计报批的要求及管理要点　　**表 6-1**

办理报批内容	对所需设计文件的要求	设计管理控制要点
规划意见书	1. 需新征(占)用地的工程项目 (1) 拟建项目方案设想总平面图：标明比例尺、标注拟建建筑与周围建筑、道路、相邻单位的关系及距离，拟建建筑规模、高度、层数等	验证设计文件深度是否符合报审要求、签章是否完备、规格是否满足要求。

续表

办理报批内容	对所需设计文件的要求	设计管理控制要点
规划意见书	(2) 1/500或1/2000比例尺地形图一份(位于远郊区县或机要工程项目需三份)，在地形图上用普通黑铅笔绘出拟建设用地范围。 2. 拥有土地使用权用地上的工程项目 (1) 拟建工程设想方案图，标明比例尺、标注拟建建筑与周围建筑、道路、相邻单位的关系及距离，拟建建筑规模、高度、层数等。 (2) 1/500或1/2000比例尺地形图在地形图上用普通黑铅笔绘出拟建设用地范围	验证设计文件深度是否符合报审要求、签章是否完备、规格是否满足要求。
规划、设计方案	工程项目规划、设计方案 1. 居住类建筑工程设计方案 (1) 标明由规划行政部门出具订桩成果，并以现状地形图为底图绘制的总平面图(比例：单体建筑1/500，居住区1/1000)2份；居住区(居住小区、组团)项目在总平面图中标明每栋居住建筑的编号； (2) 各层平面图、各向立面图、剖面图(比例：1/100或1/200)各2份； (3) 拟建项目周围相邻居住建筑时，应按照《规划意见书》或《修改设计方案通知书》的要求附日照影响分析图及说明各1份； (4)《规划意见书或》《修改设计方案通知书》要求做交通影响评价报告的项目，应附交通影响评价报告1份； (5) 设计方案各项技术指标要求相对列表说明，如超出规划意见书规定的建筑控高和使用性质时，应附控规调整审批通知书1份； (6)《规划意见书》要求应附的其他有关文件、图纸和模型； (7) 居住区(居住小区、组团)项目应附单栋居住建筑规模(注明地上、地下建筑面积)和配套明细表1份； (8) 以上文件图纸均按A3规格装订成册。 2. 非居住类建筑工程设计方案 (1) 标明由规划行政部门出具订桩条件的用地订桩成果，并以现状地形图为底图绘制的总平面图(比例：单体建筑1/500，居住区1/1000)2份； (2) 各层平面图、各向立面图、剖面图(比例：1/100或1/200)各2份； (3) 拟建项目周围相邻居住建筑时，应按照《规划意见书》或《修改设计方案通知书》的要求附日照影响分析图及说明1份； (4) 设计方案各项技术指标要求相对列表说明，如超出规划意见书规定的建筑控高和使用性质时，应附控规调整审批通知书1份； (5)《规划意见书》要求应附的有关文件、图纸和模型； (6) 以上文件图纸均按A3规格装订成册	验证设计文件深度是否符合报审要求、签章是否完备、规格是否满足要求。
人防规划项目	人防规划送审表 人防工程规划总平面图	验证设计文件深度是否符合报审要求、签章是否完备、规格是否满足要求。

续表

办理报批内容	对所需设计文件的要求	设计管理控制要点
建设项目绿地规划方案	图纸(蓝图)材料： (1) 用地范围内古树名木及胸径大于 30CM 大树的准确树位图(古树名木需标出实际树冠投影范围，并用不小于 1/200 的比例表示其与建构筑物关系)及附表(要标明编号、树种、胸径、数量)，并套绘出拟建建、构筑物的准确位置； (2) 绿地布置图：需反映图纸比例(1/200 或 1/500，建设用地范围较大的可用 1/1000)、用地红线、绿地范围线、需保护树木的准确树位、建筑物悬挑部分投影线、图例(含技术经济统计表及说明、周边环境、建筑层数、地下室和其他地下设施范围)，并加盖建设单位和设计单位公章； (3) 建筑平面图； (4) 首层、二层及地下各层平面图	验证设计文件深度是否符合报审要求、签章是否完备、规格是否满足要求。

注：规划意见书申报应在设计前期阶段完成。

4. 设计文件的确认

设计文件的确认应注意以下内容：

① 对业主要求的满足程度：功能、规模、标准等方面能否满足业主要求(设计任务书)；

② 对法规的满足程度：规划条件的满足(规划意见书)、有关法规的满足(日照、消防、交通、园林、人防、环保、文物、教育等)；

③ 对申报要求的满足程度(规划、交通、园林、人防等)；

④ 对设计深度的满足程度；

⑤ 方案设计的合理性。项目管理方应组织有关专家对设计文件的安全性、技术合理性、经济合理性进行评审，应向设计单位提出设计方案比选和优化的要求；

⑥ 方案设计的可实施性。技术条件项目所具备的各种技术条件能否保证设计得以实现；

设备水平、施工设备水平能否保证设计得以实现；设计进度是否满足建设工期要求；资金控制能否控制在限定的投资额度内。

6.2.4　初步设计管理

初步设计管理的主要内容及程序如图 6-3 所示。

设计方案经政府相关部门确认(如：人防、消防、交通、绿化、环境、规划、计划)后，可以进行初步设计阶段工作。项目管理机构要求设计单位成立项目设计组，并对人员的资质、设计进度、设计质量及经济技术指标提出明确要求。项目管理机构代表业主向设计单位提出扩初阶段的设计任务书。

1. 设计任务书的主要内容

1) 项目概况：项目名称、项目位置及周边环境、项目定位、建设规模。

2) 设计依据：行政主管部门批准的“审定设计方案通知书”；业主最终确认的方案成果；现行的建筑、结构、设备、电气等专业设计规范、相应法规；政府及行业主管部门的要求及规定；项目市政方案及现场周边市政管线情况；建设场地的工程地质资料；人防办有关项目人防设计要求的批复文件。

3) 总体设计要求：设计内容、初步设计概算、设计限价(单方造价)。

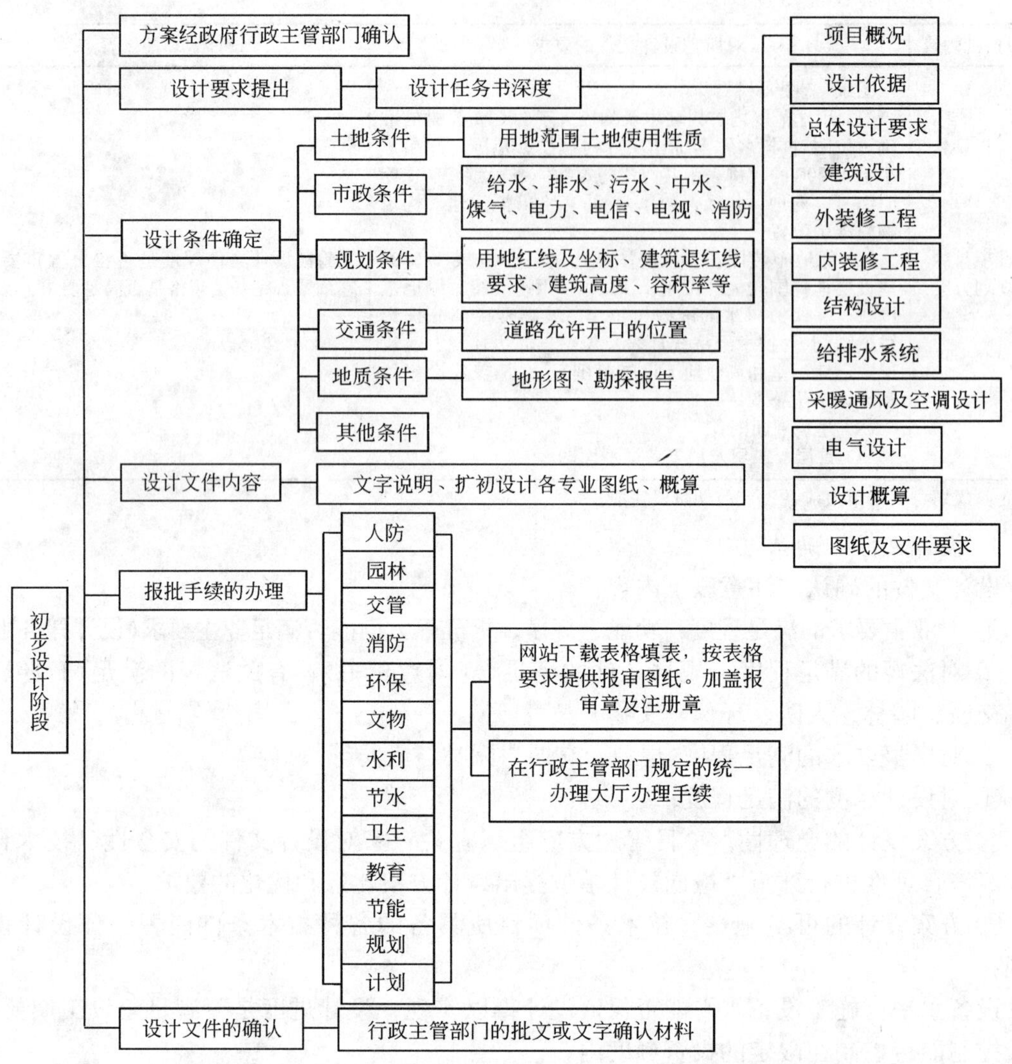

图 6-3　初步设计管理的主要内容及程序

4）建筑设计：

① 功能划分

② 建筑布置及外形尺寸

③ 结构形式

④ 层高及层数

⑤ 空间及功能设计。各种户型使用空间的净面积配比、区分单体建筑内部公共区、私密区、休闲区、娱乐区及休息区；根据国家相关规范的标准，针对不同建筑物的功能要求对外墙、分户墙体、门窗、设备间、电梯机房及进道，做好隔音、降噪、减震处理；地下防水的措施；保温工程；电梯造型；防火设计；设置排水系统时应注意达到环保要求；无障碍设计；人防工程等。

5）外装修工程：外墙面材料、外窗材料、装饰物材料。

6）内装修工程：精装修的范围、标准、粗装修(毛坯)的范围、标准。

7）结构设计：项目按几度抗震设防(一般按国家规范)、对梁、柱断面有无特殊要求、特殊用途房间提出使用荷载。

8）给排水系统

① 室外给排水。

② 室内给排水：室内给水系统、热水系统、污、废水排放系统、雨水系统、中水系统、给排水设备要求、卫生洁具和给水系统的计量方式等。

③ 消防给水：消防水源、消防泵房、自动喷水灭火系统和室外水泵接合器形式及位置等。

9）采暖通风及空气调节设计

① 通风：地下停车库通风要求、无外窗房间通风要求和厨房通风要求等。

② 空调及采暖：采暖方式要求、冷源及制冷机要求、空调系统要求、冷却塔要求、空调方式及暖度要求及有无加湿系统的要求等。

③ 防、排烟：地下车库防排烟的要求、对防排烟系统分区的要求、对防排烟管道材料的要求及对消防楼梯及前室正压送风的要求等。

10）电气设计

① 强电：变配电系统(高压)；变电所高压的要求；高压柜产品档次要求；低压配电的要求；电气照明的要求；防雷、接地人防工程、商业和餐饮对动力电的要求等。

② 弱电：

a. 设计原则

b. 设计内容：火灾自动报警及消防联动系统；建筑设备监控系统；能量管理系统、采取有效的节能措施(计费系统)；安全防范系统(电视报警系统、入侵报警系统、巡更管理系统、出入口控制和门禁系统、停车管理系统和综合或按全防范系统)；综合布线系统；通信网络系统(闭路电视系统、背景音乐及广播系统、手机信信号增强系统、会议中心设置同声传译系统、会议电视系统、计算机网络系统、办公自动系统)；智能化系统集成。

11）设计概算

① 设计概算编制依据

② 设计概算文件内容：编制说明、总概算表、单位工程概算书、其他工程和费用概算书、钢材、木材、水泥用量、土建工程概算、设备安装工程概算。

12）图纸及文件要求：各专业设计深度要求及图纸装订和份数要求等。

2. 项目管理机构应提供给设计单位的资料

① 扩初设计阶段要有政府有关部门批准的方案设计或实施方案，扩初设计阶段设计任务书；

② 设计项目合同确定的设计文件质量特性，包括考虑合同评审结果，以及业主提出了特殊技术要求；

③ 有关的国家法令、地方法规、必须执行的标准、规范；

④ 地质勘察报告(初勘)；

⑤ 土地条件：用地范围、土地使用性质等内容；

⑥ 市政条件：给水、排水、污水、中水、煤气、电力、电信、电视、消防等内容；

⑦ 规划条件：用地红线及坐标、建筑退红线要求、建筑高度限制、容积率等内容；

⑧ 交通条件：道路允许开口的位置等内容；

⑨ 地质条件：地形图(含电子版)、勘察报告；

⑩ 其他条件。

3. 设计单位提交的文件

设计单位向项目管理机构提交的文件应满足如下要求：

① 设计单位提交的文件、图纸应满足设计条件的要求；

② 设计单位提交的图纸、文件及概算应符合建设部 2003 年 4 月颁布的《建设工程设计文件编制深度规定》的要求；

③ 设计单位应对提交的文件进行评审验证，图纸及签字齐全，按政府有关部门要求加盖报审章及个人注册章。

4. 扩初设计文件的报批

项目管理机构负责扩初设计文件的报审报批工作，如向人防、消防、交通、绿化(园林)、环保、文物、节水、卫生、教育、水利、节能、规划、计划等机构报批。在行政主管部门相关网站下载表格填表盖章，按表上要求提供报审图纸，在图纸上加盖报审章及注册章，在行政主管部门规定的地点办理报批手续。将政府有关部门对扩初设计文件的批文或确认意见作为对扩初设计工作的确认。

(1) 建设工程规划许可证的报批要求(自有用地)

建筑工程施工设计图纸(1/500 或 1/1000 总平面图三份，机要工程为二份；1/100 或 1/200 各层平面图、各向立面图、剖面图、基础平、剖面图各一份；设计图纸目录一份)一套。以上文件图纸均按 A4 规格装订折叠。项目管理机构应验证设计文件深度是否符合报审要求、签章是否完备、规格是否满足要求。

(2) 人防初步设计报批要求

人防初步设计报批所需文件内容包括：建设工程水文；地质资料(复印件)；说明书；总平面图；首层平面图；人防工程建筑平面图、剖面图和采暖、通风、给排水、消防、电气(照明)的平面及系统图；人防室外出地面防倒塌棚架及管理用房详图；改建、扩建工程；应附原工程平、剖面图，并注明新、旧工程的关系。文件深度应满足《建筑工程设计文件编制深度规定》(建设部 2003 年 4 月)规定的扩初文件深度要求，文件格式符合行政主管部门的规定。

(3) 消防初步设计报批要求

消防初步设计报批所需文件内容包括建筑专业、设备专业、电气专业扩初设计文件，建筑专业要另外提供建筑防火分区图。设计深度满足《建筑工程设计文件编制深度规定》“消防设计专篇”规定的扩初文件深度要求。报批文件格式应符合行政主管部门的要求。

(4) 其他报批要求

按行政主管部门要求进行报批。

5. 设计文件的确认

① 设计文件应符合建设部《建筑设计文件编制深度的要求》的规定；

② 设计文件应满足行政主管部门的批审要求，且签章齐全(规划、节能、注册)；

③ 设计概算应控制在设计限价范围内；

④ 主要设备、材料选型应符合设计任务书要求，并应要求设计单位进行比选(性能、

价格）。

6.2.5 施工图设计管理

施工图设计管理主要内容和程序如图 6-4 所示。

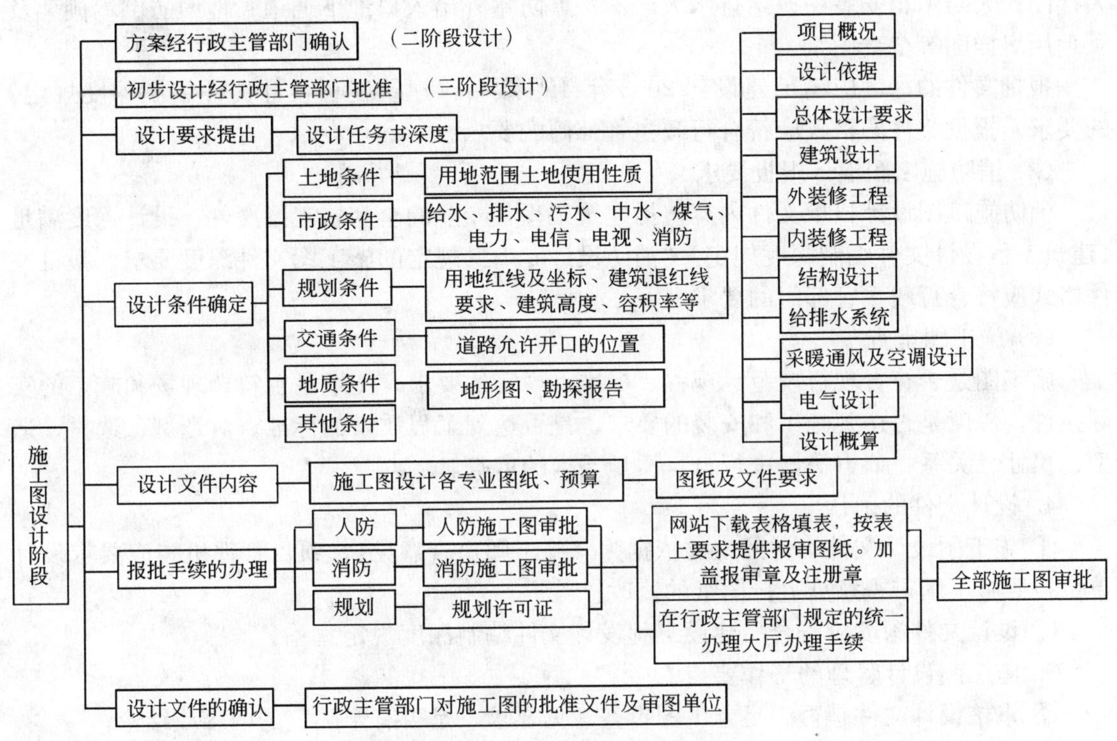

图 6-4 施工图设计管理内容和程序

1. 初设要求的提出

项目管理机构应向设计单位提出施工图阶段的设计任务书，其内容可在初步设计任务书的基础上进行补充和增加，设计任务书中应对主要设备选型和各部位材料作法提出详细要求。

2. 设计条件的确定

① 地质勘探报告：指详细勘察报告；

② 明确市政条件。包括给水、排水、雨水、污水、中水、燃气、热力、供电、电信等接口的接口方向、位置、标高、管径等相关技术指标；

③ 其他条件。

3. 施工图设计的报批管理

(1) 人防施工图设计报批要求

人防施工图设计报批文件内容包括：工程所在位置的 1/500 或 1/2000 地形图(注明工程所在位置)；建设工程水文；地质资料(复印件)；人防工程结构计算书(复印件)；人防图纸目录及总平面图；地面建筑立面、剖面图；首层、地下各层平面图；人防设计说明；门窗表；人防工程平面、剖面图；相应建筑作法大样图；人防结构设计说明；人防底板、顶板、墙体结构模板、配筋图；底板污水坑大样图；梁、柱配筋表；人防临空墙、防护密闭门厅框墙；进排风扩散室前墙；土中外墙；窗井墙；防护单元隔断墙配筋图；进排风竖井出室外地面棚架配筋图；墙体节点；窗(洞)口大样图；人防设备设计说明；设备材料表；人防工程采暖、通风、给水、排水、消防、电气(照明)的平面及系统图；人防风机房大样图；人防水箱安装图；给排水大样图；人防室外出入口地下通道；地面防倒塌棚架及管理用房详图等全套图纸。

报批文件的深度应满足建设部 2003 年 4 月颁布《建筑工程设计文件编制深度规定》的要求。报批文件的格式应符合行政主管部门的要求。

(2) 消防施工图设计报批要求

消防施工图设计报批文件内容包括建筑工程各专业的全套施工图文件，设计深度满足《建筑工程设计文件编制深度规定》“消防设计专篇”规定的施工图文件深度要求。报批文件格式应符合行政主管部门的要求。

(3) 施工图审查

施工图是否符合现行规范、规程、标准、规定的要求；图纸是否符合现场和施工的实际条件，深度是否达到施工和安装的要求，是否达到工程质量的标准。对选型、选材、造型、尺寸、关系、节点等，进行自身质量要求的审查。

4. 设计文件的确认

① 施工图设计文件确认的主要依据为《施工图审查意见》，项目管理机构应要求设计单位按照施工图审查意见进行图纸的修改；

② 设计文件深度应符合《建设工程设计文件编制深度规定》。

5. 施工图设计管理的工作要点

① 审核设计文件是否满足施工图审查意见要求，是否有未确定的内容或结论；

② 审核设计文件是否符合设计合同中确定的质量要求(包括考虑合同评审结果以及业主提出的特殊技术要求)；

③ 审核设计文件的签章是否齐全(施工图审查备案图)；

④ 协助业主进行正式设计文件的存档工作。

第 7 章　项目施工任务的发包及材料设备采购管理

7.1　项目承发包方式

7.1.1　传统承发包方式

1. 平行承包模式

业主将工程项目的施工任务划分为若干标段分别发包给多个施工承包单位，各承包单位之间的关系是平行的，业主需要与多个承包单位签订合同，如图 7-1 所示。

采用平行承包模式的特点：

① 有利于业主择优选择承包单位。由于合同内容比较单一、合同价值小、风险小，对不具备总承包管理能力的中小承包单位较为有利，使他们有可能参与竞争。业主可以在更大范围内进行选择，为择优选择承包单位创造了条件；

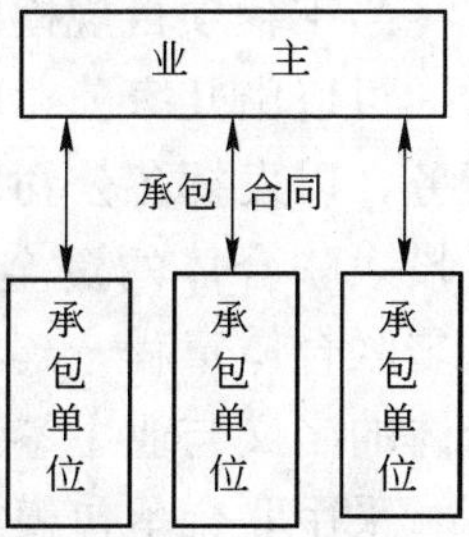

图 7-1　平行承包合同结构

② 有利于控制工程质量。整个工程经过分解分别发包给各承包单位，合同约束与相互制约能够使每一部分都能较好地实现其质量要求；

③ 有利于缩短建设工期。由于施工任务经过分解分别发包，在工艺及现场允许的条件下，各承包单位可以在同一时间内进行施工，从而可以缩短整个项目的建设工期；

④ 组织管理和协调工作量大。由于合同数量多，使项目系统内结合部位数量增加，要求业主及其委托的项目管理机构具有较强的组织协调能力；

⑤ 工程造价控制难度大。一是由于总合同价不易短期确定，从而影响工程造价控制的实施；二是由于工程招标任务量大，需控制多项合同价格，从而增加了工程造价控制的难度；

⑥ 平行承包模式不利于发挥那些技术水平高、综合管理能力强的承包单位的综合优势。

2. 总分包模式

业主将项目的全部施工任务发包给一家资质条件符合要求的施工总承包单位，由该承包单位再将若干专业性较强的部分工作发包给不同的专业承包单位去完成，并统一协调和监督各分包单位的工作。业主只与总承包单位签订合同，而不与各专业分包单位签订合同，如图 7-2 所示。

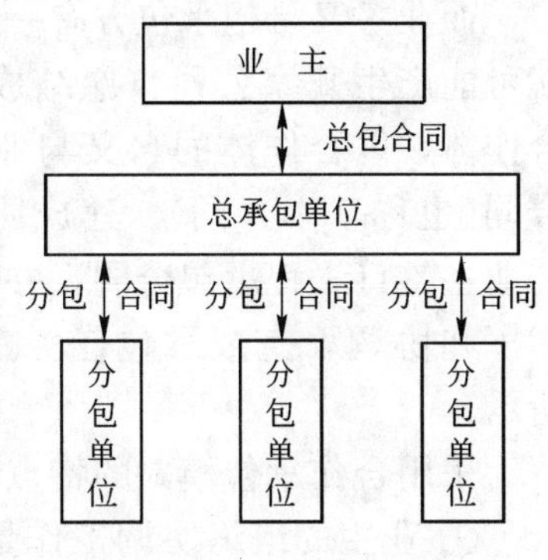

图 7-2　总分包合同结构

采用总分包模式的特点：

① 有利于项目的组织管理。业主只与总承包单位签订合同，合同结构简单，有利于合同管理。同时，由于合同数量少，使得业主及其委托的项目管理机构的组织管理和协调工作量小，可发挥总承包单位多层次协调的积极性；

② 有利于控制工程造价。由于总包合同价格可以较早确定，业主可以承担较少风险；

③ 有利于控制工程质量。由于总承包单位与分包单位之间通过分包合同建立了责、权、利关系，在承包单位内部，工程质量既有分包单位的自控，又有总承包单位的监督管理，从而增加了工程质量监控环节；

④ 有利于缩短建设工期。总承包单位具有控制的积极性，分包单位之间也有相互制约作用；

⑤ 招标发包工作难度大。由于合同条款不易准确确定，容易造成较多的合同纠纷。对业主及其委托的项目管理机构而言，尽管合同量最少，但合同管理的难度一般较大；

⑥ 对总承包单位而言，责任重、风险大，需要具有较高的管理水平和丰富的实践经验。当然，获得高额利润的潜力也比较大。

3. 联合承包模式

当工程项目规模巨大或技术复杂，以及承包市场竞争激烈，由一家公司总承包有困难时，可以由几家公司联合起来成立联合体(Joint Venture，简称 JV)去竞争承揽工程建设任务，以发挥各公司的特长和优势。联合体通常由一家或几家公司发起，经过协商确定各自投入联合体的资金份额、机械设备等固定资产及人员数量等，签署联合体章程，建立联合体组织机构，产生联合体代表，以联合体的名义与业主签订工程承包合同。其合同结构如图 7-3 所示。

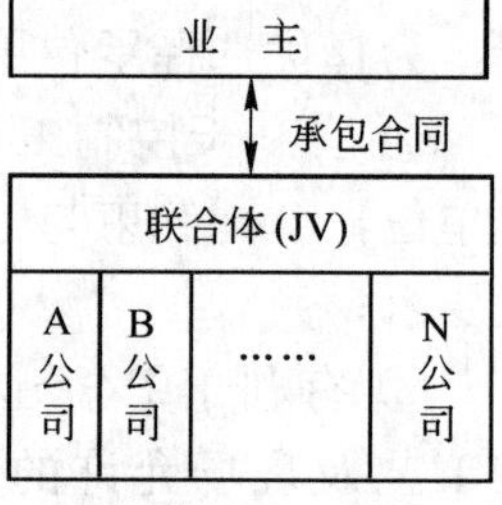

图 7-3 联合体承包合同结构

采用联合承包模式的特点：

① 对业主及其委托的项目管理机构而言，与总分包模式相同，合同结构简单，组织协调工作量小，而且有利于工程造价和建设工期的控制；

② 对联合体而言，可以集中各成员单位在资金、技术和管理等方面的优势，克服单一公司力不能及的困难，不仅增强了竞争能力，同时也增强了抗风险能力。

4. 合作承包模式

当工程项目包含工程类型多、数量大，或专业配套需要时，一家公司无力实行总承包，而业主又希望承包方有一个统一的协调组织时，就可能产生几家公司自愿结成合作伙伴，成立一个合作体，以合作体的名义与业主签订工程承包意向合同(也称基本合同)。达成协议后，各公司再分别与业主签订工程承包合同，并在合作体的统一计划、指挥和协调下完成承包任务。其合同结构如图 7-4 所示。

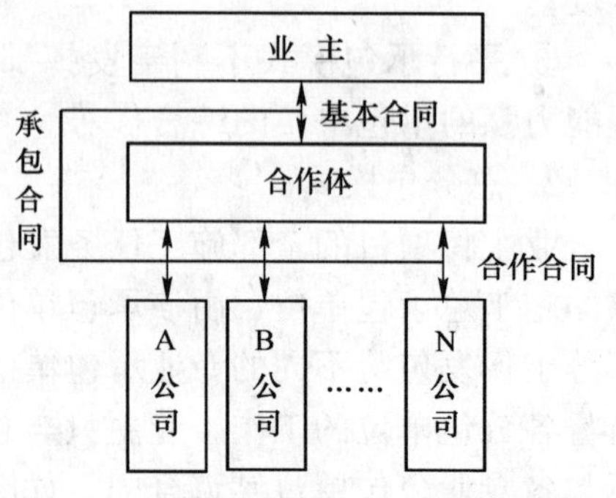

图 7-4 合作体承包合同结构

采用合作承包模式的特点：

① 业主的组织协调工作量小，但风险较大。由于承包单位是一个合作体，各公司之间能相互协调，

从而减少了业主及其委托的项目管理机构的组织协调工作量。但当合作体内某一家公司倒闭破产时，其他成员单位及合作体机构不承担项目合同的经济责任，这一风险将由业主承担；

② 各承包单位之间既有合作的愿望，又不愿意组成联合体。参加合作体的各成员单位都没有与建设任务相适应的力量，都想利用合作体增强总体实力。他们之间既有合作的愿望，但又出于自主性的要求，或彼此之间信任度不够，不采取联合体的捆绑式经营方式。

7.1.2　新型承发包方式

1. EPC 承包模式

EPC 承包也可称为项目总承包，是指一家总承包单位或承包单位联合体对整个工程的设计(Engineering)、材料设备采购(Procurement)、工程施工(Construction)实行全面、全过程的“交钥匙”(Turnkey)承包。EPC 承包模式合同结构如图 7-5 所示。

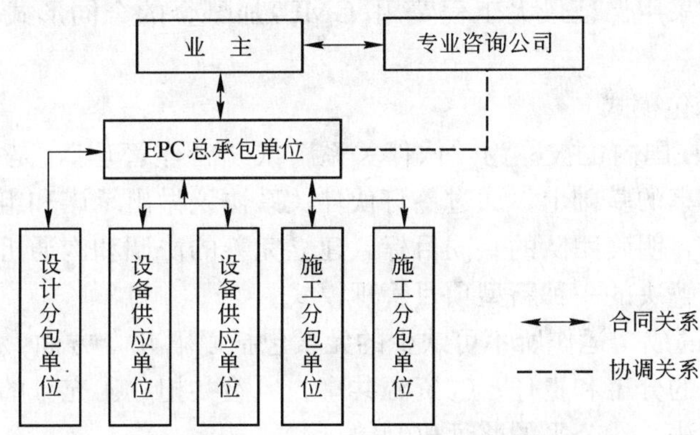

图 7-5　EPC 承包模式合同结构

采用 EPC 承包模式的特点：

① 业主的组织协调工作量少，但合同管理难度大。由于业主只与总承包单位签订合同，合同数量少，从而使业主及其委托的项目管理机构的组织管理和协调工作量小。但由于合同条款不易准确确定，容易造成较多的合同纠纷，因而合同管理的难度一般较大；

② 有利于控制工程造价。由于总包合同价格可以较早确定，业主可以承担较少风险；

③ 有利于缩短建设工期。由于设计与施工由一个单位统筹安排，使两个阶段能够有机地融合，一般均能做到设计阶段与施工阶段的相互搭接；

④ 对总承包单位而言，责任重、风险大，需要具有较高的管理水平和丰富的实践经验。当然，获得高额利润的潜力也比较大。

2. CM 承包模式

CM 承包模式又被称为阶段式承包方式(Phased Construction Method)或快速路径方式(Fast Track Method)。它是由业主委托一家 CM 单位承担项目实施阶段的管理工作，并由其组织快速路径(Fast-Track)的生产方式，设计一部分、招标一部分，使工程项目实现有条件的“边设计、边施工”，从而可以有效地缩短项目建设周期。

CM 模式又可分为代理型 CM(Agency CM)和风险型 CM(At-Risk CM)两种。代理型 CM 单位以自己的管理经验为业主提供咨询服务，只承担管理责任，并不对项目总造价负责。而风险型CM单位要直接与分包商签订合同，需要向业主保证最大工程费用(GMP, Guaranteed Maximum Price)。

(1) 代理型CM承包模式

采用代理型CM承包模式时，业主在项目早期即委托CM单位并与之直接签订简单的成本加酬金合同。代理型CM单位与咨询工程师组成一个团队，共同决定项目设计方案、控制工程造价和编制进度计划，选择承包商等。但代理型CM单位与承包商、供货商之间不存在合同关系，与承包商、供货商的合同由业主直接签订。代理型CM单位与咨询工程师、承包商之间的关系只是协调关系。

(2) 风险型CM承包模式

与代理型CM承包模式相比，采用风险型CM承包模式时，风险型CM单位将要承担较大的风险。由于风险型CM单位需要与各分包商直接签订合同，因此，业主与风险型CM单位签订的合同总价是在CM合同签订之后随着风险型CM单位与各分包商签约而逐步形成的。只有采用保证最大工程费用(GMP)加酬金的合同形式，业主才能控制工程总造价。

3. Partnering承包模式

Partnering模式在国内也被称为"伙伴关系"或"合作管理"，是指业主与参建各方在相互信任、资源共享的基础上，通过签订伙伴关系协议做出承诺和组建工作团队，在兼顾各方利益的条件下，明确团队的共同目标，建立完善的协调和沟通机制，实现风险的合理分担和矛盾的友好解决的一种新型项目管理模式。

Partnering模式的成功运作所不可缺少的元素包括以下几个方面：①双方出于自愿基础上的承诺；②明确的分工和责任；③资源共享、风险共担；④充分的沟通与反馈；⑤评价履约行为的客观方法；⑥公平的奖惩机制等。

Partnering模式的主要特征表现在以下几个方面：

① 长期协议。在多个工程项目上持续运用Partnering模式可以取得更好的效果。通过与业主达成长期协议、进行长期合作，承包单位能够更加准确地了解业主的需求和保证不断地获取工程任务，从而使承包单位将主要精力放在工程项目的具体实施上，有利于对项目造价、进度、质量的控制，同时也降低了承包单位的经营成本。对业主而言，通过与某一承包单位的成功合作而达成长期协议，使业主避免了在选择承包单位方面的风险，缩短建设周期，取得更好的投资效益。

② 高层管理的参与。由于Partnering模式需要参与各方共同组成工作小组，要分担风险、共享资源，因而工程项目建设参与各方高层管理者的参与以及在高层管理者之间必须达成共识。高层管理者的认同、支持和决策是关键因素。

③ Partnering协议不是法律意义上的合同。Partnering协议是在工程合同签订后，由工程建设参与各方经过讨论协商后签署的协议。该协议主要用来确定参与各方在工程建设过程中的共同目标、任务分工和行为规范，它是工作小组的纲领性文件。该协议的签署并不改变参与各方在有关合同中规定的权利和义务。

④ 信息的开放性。Partnering模式强调资源共享，信息作为一种重要的资源，对于参与各方必须公开。同时，参与各方要保持及时、经常和开诚布公的沟通，在相互信任的基础上，要保证项目造价、进度、质量等方面的信息能为参与各方及时、便利地获取。

⑤ Partnering 模式不是一种独立存在的模式，它通常需要与工程项目其他承包模式中的某一种结合使用，如总分包模式、平行承包模式等。

7.2　项目施工任务的发包

7.2.1　施工任务发包方式及其程序

1. 施工任务发包方式

建筑工程项目施工任务的发包方式包括招标和直接委托两种方式。根据我国《招标投标法》规定，招标方式有两种，即公开招标和邀请招标。除法律规定必须进行招标投标的工程项目外，其余工程项目均可由业主直接选定承包单位，并与其签订施工承包合同。

(1) 公开招标

公开招标又称无限竞争性招标，是指招标人在国内外公开出版的报刊或通过广播、电视、网络等公共媒体发布招标广告，凡有兴趣并符合广告要求的承包单位，不受地域和行业的限制均可以申请投标，经过资格审查合格后，按规定时间参加投标竞争。

公开招标的优点是，业主可以在较广的范围内选择承包单位，投标竞争激烈，有利于业主将工程项目的建设任务交予可靠的承包单位实施，并获得有竞争性的商业报价。但其缺点是，准备招标、对投标申请单位进行资格预审和评标的工作量大，因此，招标的时间长、费用高。

(2) 邀请招标

邀请招标也称有限竞争性招标，是指招标人以投标邀请书的形式邀请特定的法人或者其他组织投标。招标人向预先确定的若干家承包单位发出投标邀请函，就招标项目的内容、工作范围和实施条件等做出简要说明，请他们来参加投标竞争。被邀请单位同意参加投标后，从招标人获取招标文件，并在规定时间内投标报价。

邀请招标的邀请对象一般以 5～10 家为宜，但不应少于 3 家，否则就失去了竞争性。与公开招标比较，其优点是不需要发布招标广告，不进行资格预审，使招标程序得到简化。这样，既可以节约招标费用，又可以缩短招标时间。而且由于对投标人以往的业绩和履约能力比较了解，从而可以减少合同履行过程中承包单位违约的风险。

虽然不设置资格预审程序，但为了体现公平竞争和便于业主根据各投标人的综合能力进行选择，仍要求投标人按招标文件中的有关规定，在投标书内报送有关资质材料，在评标时以资格后审的形式作为评审的内容之一。邀请招标的缺点是，由于投标竞争的激烈程度较差，有可能提高中标的合同价；也有可能排除某些在技术上或报价上有竞争力的承包单位参与投标。

2. 施工招标程序

根据我国《招标投标法》和《工程建设项目施工招标投标办法》的规定，招标程序如图 7-6 所示。

7.2.2　施工招标的策划与实施

1. 招标准备阶段的工作

(1) 申请招标

招标项目按照国家有关规定需要履行项目审批手续的，应先履行手续，取得批准。向

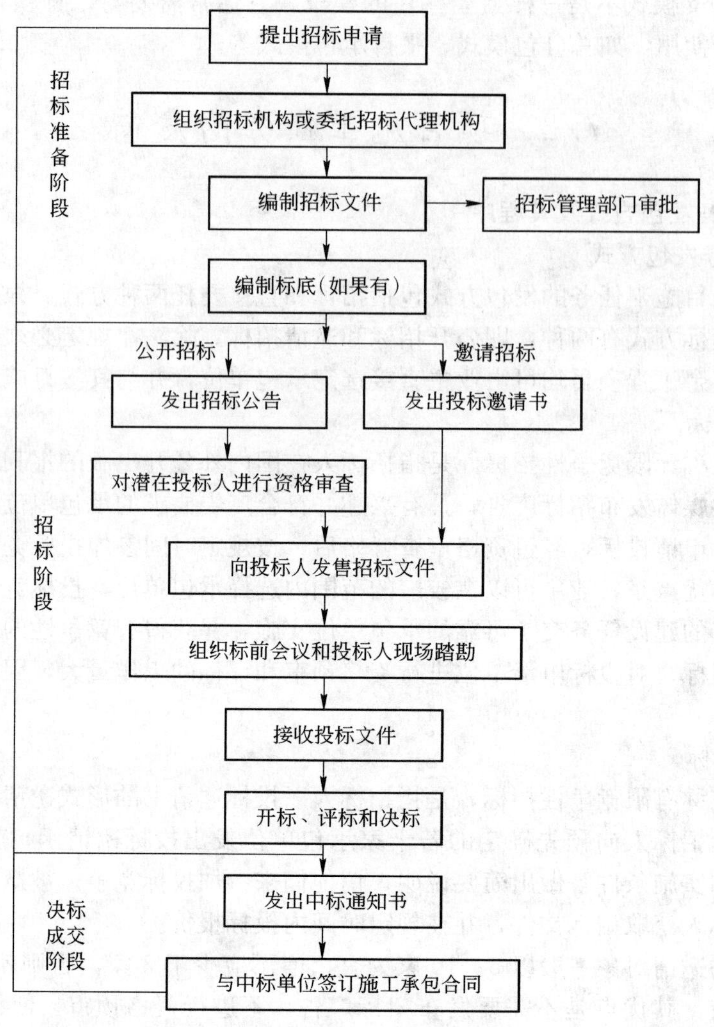

图 7-6　施工招标程序

有关建设行政主管部门申请施工招标时，应满足建设法规规定的业主资质能力条件和项目的施工准备条件。

1）业主单位的资质能力条件

工程项目业主必须满足下列资质条件和能力时，才可以进行施工招标：

① 是法人或依法成立的其他组织；

② 有与招标工程相适应的经济、技术管理人员；

③ 有组织编制招标文件的能力；

④ 有审查投标单位资质的能力；

⑤ 有组织开标、评标、定标的能力。

如果业主不具备后 4 项条件，需委托具有相应资质的企业代理招标，这些单位可以是项目管理单位、招标代理机构或工程监理单位。

2）工程项目施工招标条件

建筑工程项目施工招标应当具备下列条件：

① 按照国家有关规定需要履行项目审批手续的，已经履行审批手续；

② 建设资金或者资金来源已经落实；

③ 有满足施工招标需要的设计文件及其他技术资料；

④ 法律、法规规定的其他条件。

（2）招标方式的选择

业主根据自身的管理能力、设计进度情况、工程项目本身的特点、外部环境条件等因素经过充分思考后，首先决定施工标段的数量和合同类型，再确定招标方式。

1）标段划分

工程项目的招标可以是全部工作内容一次性发包，也可以把工作内容分解成几个独立的阶段或独立的项目分别招标。对于大型项目，可以划分多个标段进行发包。这些部分既可同时招标，也可分批招标，可以由数家承包单位分别承包，也可由一家承包单位全部承包。标段划分时应考虑的因素有：

① 工程特点。如工程场地集中、工程量不大、技术上不太复杂，则由一家承包单位总包易于管理，因而一般不分标。但如工程工地场面大、工程量大，有特殊技术要求，则应考虑分标。

② 有利于发挥承包单位专长。在考虑划分合同包的数量时，既要考虑不会产生施工的交叉干扰，又要注意各分包单位间的空间衔接和时间衔接。

③ 工地管理。分标时应考虑两方面问题，一是工程进度的衔接，二是工地现场的布置和干扰。工程进度的衔接很重要，特别是关键项目一定要选择施工水平高、能力强、信誉好的承包单位，以防止影响其他承包单位的进度。从现场布置的角度看，承包单位越少越好，分标时要对几个承包单位在现场的施工场地进行细致周密的安排。

④ 对工程造价的影响。一般情况下，一个工程由一家承包单位总包易于管理，同时便于人力、材料、设备的调剂与调度，可降低造价。大型、复杂的工程项目对于承包单位的施工能力、施工经验、施工设备等有很高的要求，如不分标就可能使有资格参加此项工程投标的承包单位大大减少，导致报价的上涨。

⑤ 其他因素。如资金问题，资金不足时可先部分招标；另外还有设计图纸完成时间等问题。

2）合同类型的选择

合同类型的选择要根据项目复杂程度、设计具体深度、工期要求、技术要求等因素来确定。按计价方式不同，工程施工承包合同的主要形式有总价合同、单价合同、成本加酬金合同，选择合同类型时应综合考虑以下因素：

① 项目的复杂程度。规模大且技术复杂的工程项目，承包风险较大，各项费用不易准确估算，因而不宜采用固定总价合同。最好是有把握的部分采用固定价合同，估算不准的部分采用单价合同或成本补酬合同。有时，在同一工程中采用不同的合同形式，是业主和承包单位合理分担施工风险因素的有效办法。

② 项目的设计深度。施工招标时所依据的项目设计深度，经常是选择合同类型的重要因素。招标图纸和工程量清单的详细程度能否让投标人进行合理报价，决定于已完成的设计深度。表 7-1 中列出了传统承包模式下不同设计阶段与合同类型的选择关系，以供参考。

传统承包模式下合同类型选择参考表　　表 7-1

合同类型	设计阶段	设计主要内容	设计应满足条件
总价合同	施工图设计	(1) 详细的设备清单 (2) 详细的材料清单 (3) 施工详图 (4) 施工图预算 (5) 施工组织设计	(1) 设备、材料的安排 (2) 非标准设备的制造 (3) 施工图预算的编制 (4) 施工组织设计的编制 (5) 其他施工要求
单价合同	技术设计	(1) 较详细的设备清单 (2) 较详细的材料清单 (3) 工程必需的设计内容 (4) 修正概算	(1) 设计方案中重大技术问题的要求 (2) 有关试验方面确定的要求 (3) 有关设备制造方面的要求
成本补酬合同或单价合同	初步设计	(1) 总概算 (2) 设计依据、指导思想 (3) 建设规模 (4) 主要设备选型和配置 (5) 主要材料需要量 (6) 主要建筑物、构筑物的型式和估计工程量 (7) 公用辅助设施 (8) 主要技术经济指标	(1) 主要材料、设备订购 (2) 项目总造价控制 (3) 技术设计的编制 (4) 施工组织设计的编制

③ 施工技术的先进程度。如果施工中有较大部分采用新技术和新工艺，当业主和承包单位在这方面过去都没有经验，且在国家颁布的标准、规范、定额中又没有可作为依据的标准时，为了避免投标人盲目地提高承包价款，或由于对施工难度估计不足而导致承包亏损，不宜采用固定价合同，而应选用成本补酬合同。

④ 施工工期的紧迫程度。公开招标和邀请招标对工程设计虽有一定的要求，但在招标过程中，一些紧急工程(如灾后恢复工程等)要求尽快开工且工期较紧，此时可能仅有实施方案，还没有施工图纸，因此，不可能让承包单位报出合理的价格，宜采用成本补酬合同。

一个工程项目究竟采用何种合同形式不是固定不变的。在一个项目中各个不同的工程部分或不同阶段，可以采用不同形式的合同。制定施工标段划分、合同形式规划时，必须依据实际情况，权衡各种利弊，然后再做出最佳决策。

(3) 编制招标公告和资格预审文件

1) 招标公告或投标邀请书

依法必须进行施工公开招标的工程项目，应当在国家或者地方指定的报刊、信息网络或者其他媒介上发布招标公告。招标公告应当载明招标人的名称和地址，招标项目的性质、项目概况(工程规模、范围、内容、位置、工期、技术要求等)、项目的投资额及资金来源以及获取招标文件的办法等事项。

招标人采用邀请招标方式的，应当向 3 个以上符合资质条件的施工单位发出投标邀请书。投标邀请书应当载明招标人的名称和地址，招标项目的性质、规模、地点以及获取招标文件的办法等事项。

实行资格预审的招标项目，招标人应当在招标公告或者投标邀请书中载明资格预审的条件和获取资格预审文件的办法。

2）资格预审文件

资格预审文件通常由资格预审须知和需投标人填写的资格预审表两部分构成。

① 资格预审须知。其内容包括：

a. 总则。比招标公告更详细地说明：工程项目及其各合同的资金来源；工程概述；工程量清单的主要项目和数量；申请人有资格执行的最小合同包规模：对申请人的基本要求。

b. 申请人应提供的资料和有关证明。这些资料和证明一般包括：申请人的资质和组织机构；过去的详细经历(包括联营体各方成员)；可用于本工程的主要施工设备详细情况；计划在施工现场内外参与和执行本工程的主要人员的资历和经验；主要工作内容及拟分包的情况说明：近 2 年经审计的财务报表(联营体应提供各自的资料)；申请人近 2 年介入诉讼的情况。

c. 资格预审要求的强制性条件。这是指招标人对有资格的投标人设定的基本标准，如：投标人的资质等级要求；根据招标工程特点所要求投标人最近几年已完成过的同类工程的施工经验；允许分包的条件等。

d. 对联营体提交资格预审的要求。包括：联营体组成的条件；不允许通过资格预审后再改变联营体的组成；联营体各成员分别承担哪部分工作内容的说明等。

e. 其他规定。包括：递交资格预审文件的份数；送交的地址；接受资格预审文件的截止日期；拒绝投标人资格的权力，以及其他有关填报资格预审文件的有关规定。

② 资格预审申请表。其内容包括：

a. 申请人公司的名称和地址；

b. 公司成立时间；

c. 公司主要业务概况；

d. 公司组织机构；

e. 财务状况表；

f. 公司人员情况表和施工机械设备情况说明表；

g. 执行合同的分包计划；

h. 工程业绩和经验调查表；

i. 申请人或联营体合伙人目前涉及的诉讼情况调查表；

j. 与资格预审有关的其他资料。

（4）编制招标文件

招标文件是招投标过程中最重要的法律文件。招标文件通常由以下几部分组成：投标须知；合同条件；技术规范；投标文件和图纸，标段的划分及工期要求等。

1）投标须知

投标须知是招标人对投标人的所有的实质性要求和条件，指导投标人正确地进行投标报价的文件，告之他们所应遵循的各项规定，以及编制投标书和投标时所应注意和考虑的问题。投标须知一般应包括以下几方面内容：

① 工程概况及招标范围。简要介绍整个工程情况、拟招标工程部分与总体工程的关

系以及现场的地形、地质、水文等条件，以便投标人掌握招标工程的特点，提出合理的方案、措施和报价。

② 招标的资金来源。

③ 对投标人的资格要求，资格审查标准。

④ 标段划分。

⑤ 工期要求，质量标准，投标报价要求。

⑥ 承包方式的说明。

⑦ 组织投标人到工程现场勘察和召开标前会议解答疑难问题的时间、地点及有关事项。

⑧ 填写投标文件的注意事项，通常包括以下几个方面内容。

a. 投标文件的组成。一般应包括：投标书及其附录；投标授权书；投标保证金：填有报价的工程量清单；辅助资料表；证明合格资格的资料；其他要求提供的所有资料。

b. 投标文件的填写要求。如：书写和改正错误的要求；多种货币报价时应填报的专门表格及汇率核算规定；报价单内统计错误的处理方法等。

c. 投标书使用的语言。

d. 应报送的主要材料。按规定格式填报单价的工程量清单；主要材料用量：施工方案和选用的主要施工机械；保证工程质量、进度、施工安全的主要技术组织措施；计划开工、竣工的日期和进度安排；对合同主要条件的确认等。

e. 对替代方案的规定。替代方案应包括设计图纸、计算方法、技术规范、施工规划、价格分析等资料，并列举理由和优缺点比较供业主审查。替代方案应单独封装，随同投标文件一起提交。一般规定只允许投标人提供一个替代方案，以减少评标工作量。若仅提供替代方案而未填写规定投标书时，投标书按废标对待。

f. 对招标文件的解释。投标人如发现工程说明书、图纸、合同条件或其他任何文件中有任何不符或遗漏，以及感到意图或含义不清时，应在投标前及时以书面形式提请招标单位予以解释、澄清或更正。对投标人的要求，招标单位将以补遗的形式给予书面答复。

⑨ 投标保函。投标保函的形式、金额和有效期。

⑩ 投标文件的递送，应包括下列内容。

a. 投标文件的送达地点和截止日期。截止日之后送达的投标书，均为无效投标。如果因修改招标文件而推迟了截标日期或开标日期，招标单位应以书面形式将顺延日期通知所有投标人。

b. 投标文件的密封和印记。投标文件的正本和每一副本都应分别包装、密封、并加盖印记，如果未按规定书写或密封，由此引起的后果自负。

c. 投标文件的签署。投标文件应有投标单位正式授权代表人的签字确认，以及投标授权书。每一文件及错误修改部分均应有其签字，有时投标文件中某些页内不需填写任何内容，也应在其上签字表示愿意承担该页所规定的任何义务。

d. 投标文件的修改或撤销。投标人自发售招标文件之日到投标截止日期以前的任何时间递送投标书均有效，而且在投标截止日期以前，可以通过书面形式向招标单位提出修改或撤销已提交的投标文件。要求修改投标文件的信函也应按照递交投标文件的规定编制、密封、标记和发送。撤销投标文件的通知书可以通过电报或电传发送，随后再及时向

招标单位递交一份有投标授权确认的证明信，但收到日期不得迟于投标截止日期。

⑪ 投标有效期。投标有效期指从投标截止日期到选定中标人并签订施工合同为止的时间；按照我国的有关法规规定，自开标到定标的期限，小型工程不超过 10 天，大中型工程不超过 30 天，特殊情况可适当延长。有效期长短根据招标工程的情况而定，要保证有足够时间供招标单位评标、决标。投标有限期内，投标人不得变动标价，投标保函的有效期也应与投标有效期一致。在原定投标有效期之前，如果出现特殊情况，招标单位可以向投标人提出延长有效期的要求，投标人可以根据自己的情况来决定是否接受此项要求，当投标人同意时应相应延长投标保函的有效期，若不同意延长也可以拒绝，此时该投标保函到原定有效期满后自动作废，不能按投标人违约对待，这种要求和答复可以书面、电报、传真的形式进行。同意延期的投标人在延长期内不允许以任何形式修改他的投标书。

⑫ 开标和评标。开标和评标主要告之投标人开标的形式、时间和地点；开标程序；评标的原则等事项。如怎样进行价格评审，价格以外其他条件的评审原则等。

⑬ 业主接受或拒绝任何投标书的权力。业主将合同授予其投标书在实质上响应招标文件要求和评标时被评定为最低评标价的投标人，而不一定是最低投标价者。而且在授标前的任何时候，有权接受或拒绝任何投标，宣布投标程序无效或拒绝所有投标。对因此而受到影响的投标人不承担任何责任，也没有义务向投标人说明原因。

⑭ 授予合同。说明授予合同的标准、授予合同的通知方法，以及签订合同的提交履约担保的有关规定。

2）合同条件

招标文件中所包括的合同条件是双方签订承包合同的基础，容许双方在签订合同时，通过协商对其某些条款的约定作适当修改。我国已发布了《建设工程施工合同》示范文本，一般的建设工程施工项目签订承包合同均可使用，该示范文本包括协议书、通用条款和专用条款。在签订具体合同时应结合工程特点编写各自的特殊条款，应当注意，招标文件列明的合同条款对投标人来说虽然只是要约邀请，但实际上已构成投标人对项目提出要约的全部合同基础，因此，合同条款的拟订必须尽可能详细、准确。

3）技术规范

编写规范时一般可引用国家、部委正式颁布的规范，但一定要结合本工程的具体环境和要求来选用，同时往往还需要由项目管理单位、招标代理机构或工程监理单位协助编制一部分具体适用于本工程的技术规定和要求。

规范一般包括 6 方面内容：

① 工程的全面描述；

② 工程所采用材料的技术要求；

③ 施工质量要求；

④ 工程记录、计量方法和支付的有关规定；

⑤ 验收标准和规定；

⑥ 其他不可预见因素的规定。

4）投标文件和图纸

投标文件一般包括招标单位规定的投标书格式、工程量清单和要求补充的资料表等。投标书格式中还包括投标人对业主的报价信函格式及要求投标人签字确认的附件、投标保函格式、授权书格式等资料。工程量清单包括报价须知，分部分项工程清单、措施项目清单和其他项目清单等，可以根据《建设工程工程量清单计价规范》的具体要求进行编制。

招标文件不得要求或者表明特定的生产供应者以及含有顷向和排斥潜在投标人的其他内容。所以，招标项目的技术规格除有国家强制性标准外，一般应采用国际或国内公认的标准，各项技术规格均不得要求或标明某一特定的生产厂家、供货商、施工单位或注明某一特定的商标、名称、专利、设计及原产地，不能因为投标人曾对招标人的行为提出过异议而故意排斥。

（5）编制标底

招标工程如设标底，还需要在工程项目招标前由业主委托招标单位编制标底。

1）编制标底的原则

① 根据国家统一工程项目划分、计量单位、工程量计算规则以及设计图纸、招标文件，并参照国家、行业或地方批准发布的定额和国家、行业、地方规定的技术标准规范以及要素市场价格确定工程量和编制标底。

② 标底作为招标人的期望价格，应力求与市场的实际变化相吻合，要有利于竞争和保证工程质量。

③ 标底应由直接费、间接费、利润、税金等组成，一般应控制在批准的建设工程投资估算或总概算(修正概算)价格以内。

④ 标底应考虑人工、材料、设备、机械台班等价格变化因素，还应包括措施费以及不可预见费、预算包干费、考虑现场因素、保险等。采用固定价格的还应考虑工程的风险金等。

⑤ 一个工程只能编制一个标底。

⑥ 工程标底价格完成后应及时封存，在开标前应严格保密，所有接触过工程标底价格的人员都负有保密责任，不得泄露。

2）标底价格的计算

① 以工程量清单确定划分的计价项目及其工程量，按照采用的工程定额或招标文件的规定，计算整个工程的人工、材料、机械台班需用量。

② 确定人工、材料、设备、机械台班的市场价格，分别编制人工工日及单价表、材料价格清单表、机械台班及单价表等标底价格表格。

③ 确定工程施工中的措施费用和特殊费用，编制工程现场因素、施工技术措施、赶工措施费用表以及其他特殊费用表。

④ 采用固定合同价格的，预测和测算工程施工周期内的人工、材料、设备、机械台班价格波动的风险系数。

⑤ 根据招标文件的要求，按工料单价计算直接工程费，然后计算措施费、间接费、利润和税金，编制工程标底价格计算书和标底价格汇总表。或是根据招标文件的要求，通过综合计算完成分部分项工程所发生的直接工程费、措施费、间接费、利润、税金，形成综合单价，按综合单价法编制工程标底价格计算书和标底价格汇总表。

3）标底的审核

计算得到标底价格以后，应再依据工程设计图纸、特殊施工方法、工程定额等对填有单价与合价的工程量清单、标底价格计算书、标底价格汇总表、采用固定价格的风险系数测算明细，以及现场因素、各种施工措施测算明细、材料设备清单等标底价格编制表格进行复查与审核。

2. 招标阶段的工作

招标阶段的工作内容主要包括：发布招标公告、进行投标申请人的资格预审、发售招标文件、组织投标人到现场勘察、召开标前会议解答投标人质疑和接受投标书等工作。

（1）资格预审

1）资格预审程序

① 刊登资格预审广告；

② 出售资格预审文件；

③ 对资格预审文件的答疑；

④ 报送资格预审文件。招标人在报送截止时间之后，不再接受任何迟到的资格预审文件，业主可以找投标人澄清文件中各种疑问，投标人不得再对文件实质内容进行修改；

⑤ 评审资格预审文件。首先组成资格评审委员会，委员会成员由招标单位、业主代表、财务、技术方面专家等人员组成。资格预审的内容应考虑到评标的标准，凡评标时考虑的因素，一般在资格预审时不予考虑。资格预审是对投标申请人整体资格的综合评定，应包括以下几方面内容：

a. 法人地位。审查其企业的资质等级、批准的营业范围、机构及组织等是否与招标项目相适应。若为联合体投标，对联合体各方均要审查。

b. 商业信誉。主要审查企业在建设工程承包活动中已完成项目的情况；资信程度；严重违约行为；业主对施工质量状况的满意程度；施工荣誉等。

c. 财务能力。财务能力审查除了要关注投标人的注册资本、总资产之外，重点应放在近三年经过审计的报表中所反映出的实有资金、流动资产、总负债和流动负债，以及正在实施而尚未完成工程的总投资额、年均完成投资额等。此外，还要评价其可能获得银行贷款的能力，或要求其提供银行出具的信贷证明文件。总之，财务能力审查着重看投标人可用于本项目的纯流动资金能否满足要求，或施工期间资金不足时的解决办法。

d. 技术能力。主要是评价投标人实施工程项目的潜在技术水平，包括人员能力和设备能力两方面。在人员能力方面，又可以进一步划分为管理人员和技术人员的能力评价两个方面。

e. 施工经验。不仅要看投标人最近几年已完成工程的数量、规模，更要审查与招标项目相类似的工程施工经验，因此，在资格预审须知中往往规定有强制性合格标准。必须注意，施工经验的强制性标准应定得合理、适当。

⑥ 向投标人通知评审结果。经过综合评审编出汇总表，划分成完全符合要求、基本符合要求和不符合要求三类，然后从高分到低分按预计数目初步确定邀请投标人的短名单。评审结果要由业主或上级主管部门批准，批准后按名单发出通过资格预审合格通知。投标者在规定时间内回函，确认参加投标，如不愿参加，可由候补投标人递补，并补发通知征询意向，通知所有通过评审的投标人在规定时间、地点购买招标文件。

2）资格预审方法

资格预审一般采用评分法进行评审，步骤如下：

① 淘汰资格预审文件达不到要求的投标者；

② 对各投标人进行综合评分。选定用于资格预审的评价因素，确定各因素在评价中所占比例从而得到权重值，对每项分别给予打分，用分值乘以权重值得到每个投标人的综合得分；

③ 淘汰总分低于及格线的投标人；

④ 对及格线以上投标人进行分项审查。为了将施工任务交给可靠承包单位完成，不仅要对起综合能力评分，还要评审其各分项是否满足最低要求。

（2）组织现场考察和澄清招标文件

招标人在组织现场考察过程中，除了对现场情况的简要介绍以外，不对投标人提出的有关问题作进一步说明，以免干扰投标人由此判断做出决策，这些问题一般都留待标前会议中解决。现场考察费用一般由投标人自己解决。

招标人对已发出的文件可以进行必要的澄清或修改，但应遵守以下 3 个方面的规定：

① 应在要求提交招标文件截止时间至少 15 日前将澄清和修改内容通知招标文件收受人，以保证投标人对已做完的投标文件和制定好的投标策略做出相应的修改。

② 招标人对已发出的招标文件进行必要的澄清和修改应以书面形式通知所有招标文件收受人，可使此项通知更具安全性、可靠性，符合招标投标的相关文件都采用书面形式的通行做法，避免纠纷出现。

③ 招标人对已发出的招标文件的澄清和修改内容视为招标文件的组成部分，与已发出的招标文件具有同等效力。

（3）标前会议

标前会议是指招标单位在招标文件规定的日期，为解答投标人研究招标文件和现场考察中提出的有关质疑进行解答的会议，一般大型和较复杂的工程召开此类会议。在正式会议上，除了向投标人介绍工程概况外，还可对招标文件中某些内容加以修改或补充说明，有针对性地解决投标人书面提出的各种问题，以及会议上投标人即席提出的有关问题。会议结束后，招标单位应按其口头解答的内容以书面补充的形式发给每个投标人，作为招标文件的组成部分，与其具有同等效力。书面补充通知应在投标截止日期前一段时间发出，以便让投标人有时间做出反映。时间长短视工程规模大小和复杂程度而定，若发出时间过短而且对招标文件有重大改动而使投标人没有足够合理时间编标报价时，投标截止日期应相应顺延。

标前会议上，招标人对每个单位的解答都必须慎重、认真，因为招标单位的任何话语都可影响投标人的报价决策。为此，召开标前会议以前，招标人应组织人员对投标人的书面质疑所提的全部问题归类研究，列出解答提纲，由主答人解答。对会议中投标人即席提出的问题，主答人有把握时可以扼要解答。

在有些招标过程中，业主对既不参加现场考察又不参加标前会议的投标人，往往认为他对此次投标不够重视而取消其投标资格。如有此项要求，应在投标须知中予以说明。

3．决标成交阶段的工作

决标成交阶段的工作包括开标、评标、决标和签约几项内容。

（1）开标

开标应当在招标文件确定的提交投标文件截止时间公开进行。开标由招标人主持，邀请所有投标人参加，也可以由招标人委托的代理机构负责开标，对依法必须进行招标的项目，有关行政机关可以派人参加开标，招标人可以委托公正机构对开标事宜进行公正。开标时招标单位当场宣读投标书，但不解答任何问题。

1）开标程序

在招标文件规定的日期、时间、地点，由招标单位组织举行开标仪式，所有投标人参加，并邀请工程项目有关主管单位、当地计划部门、经办银行代表和公证机关及项目管理机构有关人员出席。

主持人要当众打开标箱，由公证人员检查确认投标书的密封和书写符合招标文件规定后。由读标人逐一开封。现场工作人员应高声唱读投标人的名称，每一个投标的投标报价及投标文件中主要内容。如允许报替代方案的话，还应包括替代方案的总金额。开标过程应当记录，并存档各查，所以在宣读的同时，还应在事先准备好的表册上逐一登记。表册内容一般包括：投标单位、总报价、总工期、主要材料用量、附加条件、补充声明、优惠条件等，同时按报价金额排出标价顺序。登记表册由读标人、记录人和公证人签名后作为开标的正式纪录，由招标单位保存。在宣读各投标书时，对投标致函中的有关内容，如临时讲价申明、替代方案、优惠条件、其他可议条件等均予以宣读。

2）公布标底

开标时是否公布标底，应根据招标文件中说明的评标原则而定。对于单位工程量价格较为固定的中小型工程，经常采用评标价最接近标底者中标，因此，在开标时必须公布标底。但对于大型复杂的项目，标底仅为评标的一个尺度，一般以最优评标价者最优，此时没有必要公布标底。

3）废标处理

开标时如发现有下列情况之一者，均应宣布投标书作废：

① 未密封或书写与标记不符合招标文件要求的投标书；

② 无单位或无授权人签字的投标书；

③ 未按规定格式填写，内容不全或字迹不清无法辨认的投标书；

④ 规定有投标保证，开标前没有递交投标保证书、保证金、有效期少于招标文件规定的投标书；

⑤ 逾期送达的投标书；

⑥ 投标单位需要参加而未派人参加开标会议的投标书。

所有被宣布为废标的投标书，招标单位应原封退回，不予评审。

(2) 评标

1）组建评标委员会

评标应由招标人依法组建的评标委员会负责。对于依法必须进行招标的项目，评标委员会由招标人代表和有关技术、经济等方面的专家组成，成员人数为 5 人以上单数，其中技术、经济等方面的专家不得少于成员总数的 2/3。评标委员会的专家成员，应当由招标人从建设行政主管部门及其他有关政府部门确定的专家名册或者工程招标代理机构的专家库内相关专业的专家名单中确定。确定专家成员一般应当采取随机抽取的方式。与投标人有利害关系的人不得进入相关项目的评标委员会。评标委员会成员的名单在中标结果确定前应当保密。

2）评标工作

评标工作可分为初评和详评两个阶段。

① 初评。初评也称“审标”，是为了从所有投标书内筛选出符合最低要求标准的合格投标书，淘汰那些不合格的投标书，以免在详评阶段浪费时间和精力。评审合格投标书的主要条件是：

a. 投标书的有效性。审查投标单位是否与资格预审短名单一致；递交的投标保函在金额和有效期方面是否符合招标文件的规定；如果以标底衡量有效标时，投标报价是否在规定的标底上下百分比幅度范围内。

b. 投标书的完整性。投标书是否包括了招标文件中规定应递交的全部文件，如果缺少一项内容，则无法进行客观、公正的评价，只能按无效标处理。

c. 投标书与招标文件的一致性。如果招标文件指明是“响应标”，则投标书必须严格地按招标文件的每一空白栏做出回答，不得有任何修改或附带条件。如果投标人对任何栏目的规定有说明要求时，只能在完全应答原招标文件的基础上，以投标致函的方式另行提出自己的建议。对原招标文件私自做出任何修改或用括号注明条件，都将与业主的招标要求不相一致，也按无效标对待。

d. 报价计算的正确性。由于只是初评审标，不过细地研究各项目报价金额是否合理、准确，仅审核是否有计算统计错误。若出现的错误在允许范围之内，由评标委员会予以改正，并请投标人签字确认。若其拒绝改正，不仅按无效标处理，而且按投标人违约对待。当错误值超过允许范围时，也按无效标对待。

经过初评，对合格的投标书再按报价由低到高的顺序重新排列名次。由于排除了一些无效标和对报价错误进行了某些修正，此时的排列顺序可能和开标时的排列顺序不一致。在一般情况下，评标委员会将新名单中的前几名作为初步备选的潜在中标人，在详评阶段作为重点评审对象。

② 详评。施工评标不只是考虑投标价的组成，还要对技术条件、财务能力等进行全面评审和综合分析，最后选出最低评标价的投标。详评的内容包括以下几个方面：

a. 技术评审。主要是对投标人的实施方案进行评定，包括其施工方法和技术措施是否可靠、合理、科学和先进，能否保证施工的顺利进行，确保施工质量和安全；是否充分考虑了气候、水文、地质等各种因素的影响，并对施工中可能遇到的问题进行了充分的估计，是否同时也设计了妥善的预处理方案；施工进度计划是否科学、可行；材料、设备、劳动力的供应是否有保障；施工场地平面图设计是否科学、合理等。

b. 价格分析。不仅是对各投标书进行报价数额的比较，还要对主要工作内容及主要工程量的单价进行分析，并对价格组成中各部分比例的合理性进行评价。分析投标价的目的在于鉴定各投标价的合理性，并找出报价高与低的主要原因。

c. 管理和技术能力评审。主要审查承包商实施本项目的具体组织机构是否合适，所配备的管理人员的能力和数量是否满足施工需要；是否建立起满足项目管理需要的质量、工期、安全、成本等保证体系。

d. 商务法律评审。也即对投标书进行响应性检查，主要审查投标书与招标标文件是否有重大偏离。当承包商采用多方案报价时，要充分审查评价对招标文件中双方某些权利义务条款修改后，其方案的可行性以及可能产生的经济效益与随之而来的风险。

在根据以上各点进行评标过程中，必然会发现投标人在投标文件中有许多没有阐述清楚的地方，一般可召开澄清会议，由评标委员会提出问题，要求投标人提交书面正式答复。但澄清问题的书面文件不允许对原投标书做出实质上的修改，也不允许变更报价。投标人只能在提交投标文件的截止日期前才可对招标文件进行修改和补充。

3）评标方法

施工评标的方法主要有以下几种：

① 专家评议法。由评标委员会预先确定拟评定的内容，如工程报价、合理工期、主要材料消耗、施工方案、工程质量和安全保证措施等项目，经过对共同分项的认真分析、横向比较和调查后进行综合评议，最终通过协商和投票，选择各项都优良的投标人作为中标的候选人推荐给业主。这种方法实际上是一种定性的优选法，虽然能深入地听取各方面的意见，但由于没有进行量化评定和比较，评标的科学性较差。其优点是评标过程简单，较短时间内即可完成，一般仅适用于小型工程或规模较小的改扩建项目。

② 综合评分法。由于评审的内容较多，且各项内容的标准又不统一，因此不能进行简单的数学加减。评标委员会事先根据招标项目特点将准备评审的内容进行分类，各类内再细划成小项，并确定各类及小项的评分标准，最终以得分的多少排出次序，作为综合评分的结果。这种定量的评标方法，在评定因素较多而且繁杂的情况下，可以综合地评定出各投标人的素质情况，它既是一种科学的评标方法，又能充分体现平等竞争原则。

③ 低标价法。这种方法是以评审价格作为衡量标准，选取最低评标价者作为推荐中标人。评标价并非投标价，它是将一些因素折算为价格，然后再评定投标书次序。由于很多因素不能折算成价格，如施工组织机构、管理体系、人员素质等，因此，采用这种方法必须建立在严格的预审基础上。只要投标人通过了资格预审，就认为他具备了可靠承包商条件，投标竞争只是一个价格的比较。评标价的其他构成要素还包括工期的提前量、投标书中的优惠、技术建议导致的经济效益等，这些条件都折算成价格作为评标价的折减因素。

④ $A+B$ 值法。评标时通常以标底价格作为衡量标准，与标底最接近的为最优投标书。但如果出现多家具有授标资格的投标人，其投标报价均低于标底时，则很有可能是标底编制得不够科学，不能充分地反映出较为先进的施工技术和管理水平，若以标底作为衡量标准就显得有失公允。为了弥补这一缺陷，可以采用以标底价的修正值作为衡量标准，也即“$A+B$ 值法”。它是将低于标底某一预定百分比范围内的投标报价算术平均值作为 A，将标底或评标委员会在评标前确定的标价作为 B，然后将 A 和 B 的加权平均值作为衡量标准，再选定与 $A+B$ 值最接近的为最优投标书。

⑤ 记分法。该方法一般从六个方面进行评议，即投标价、企业素质、主要施工机械设备、施工组织规划、商业信誉和附加优惠条件。根据国际工程招标常采用的公式，结合国内的实际情况，有些工程在评标时以如下公式计算各投标书的评分：

$$P=Q+(B-b)/B\times200+S+m+n$$

式中　P——最终得分；

Q——投标报价，一般该项占 40～70 分；

B——标底价；

b——分析报价，分析报价＝投标价－优惠条件折算价；

S——投标人素质得分，一般取 25～10 分（包括技术人员素质、设备情况、财务状况三项指标）；

m——投标人的信誉，上限一般为 25～10 分；

n——投标人的施工经验。特别应注意与招标项目类似的经验，上限一般取20～10 分。

4）评标报告

评委会完成评标后，应向招标人提出书面评标报告，并推荐合格的中标候选人，候选人人数不少于 2～3 人，招标人也可以授权评委会直接确定中标人。

评标报告应当如实记载以下内容：

① 基本情况和数据表；

② 评标委员会成员名单；

③ 开标记录；

④ 符合要求的投标一览表；

⑤ 废标情况说明；

⑥ 评标标准、评标方法或者评标因素一览表；

⑦ 经评审的价格或者评分比较一览表；

⑧ 经评审的投标人排序；

⑨ 推荐的中标候选人名单与签订合同前要处理的事宜；

⑩ 澄清、说明、补正事项纪要。

评标报告由评标委员会全体成员签字。对评标结论持有异议的评标委员会成员可以书面方式阐述其不同意见和理由。评标委员会成员拒绝在评标报告上签字且不陈述其不同意见和理由的，视为同意评标结论。评标委员会应当对此做出书面说明并记录在案。

使用国有资金投资或者国家融资的项目，招标人应当确定排名第一的中标候选人为中标人。排名第一的中标候选人放弃中标、因不可抗力提出不能履行合同，或者招标文件规定应当提交履约保证金而在规定的期限内未能提交的，招标人可以确定排名第二的中标候选人为中标人。排名第二的中标候选人因前款规定的同样原因不能签订合同的，招标人可以确定排名第三的中标候选人为中标人。

（3）决标和授标

1）确定中标人

业主根据评委会提供的评标报告，确定中标人。中标人投标应符合以下条件之一：

① 能最大限度满足招标文件中规定的各项综合评价指标；

② 能满足招标文件的实质性要求，并且经评审的投标价格最低，但投标价格低于成本的除外。

如评委会认为所有投标都不符合招标文件要求，可否决所有投标。通常有以下几种情况：

① 最低评标价大大超过标底和合同估价；

② 所有投标人在实质上均未响应投标文件的要求；

③ 投标人过少，没有达到预期竞争性。依法必须进行招标的项目所有投标被否决时，招标人应依法重新招标。

在确定中标人前，招标人不得与投标人就投标价格、投标方案等实质性内容进行谈判。

2）核发中标通知书

中标人确定后，招标人应向中标人发出中标通知书，同时有义务将中标结果通知所有未中标人。对于依法必须进行招标的项目，招标人应自确定中标之日起 15 日内，向有关行政监督部门提交招投标的书面报告。中标通知书具有法律效力，通知书发出后，中标人改变中标结果的或中标人放弃中标项目的，应当承担法律责任。

3）授标

中标人接到中标通知书后，即成为该招标工程的施工承包单位，应在中标通知书发出之日起 30 日内与业主签订施工合同，合同自双方签字盖章之日起成立。签约前业主与中标人还要进行决标后的谈判，但不得再行订立违背合同实质性内容的其他协议。在决标后的谈判中，如果中标人拒签合同，业主有权没收其投标保证金，再与其他人签订合同。

业主与中标人签署施工合同后，对未中标的投标人也应当发出落标通知书，并退还其投标保证金，至此，招标工作即告结束。

7.3　项目材料设备采购

7.3.1　材料设备采购方式及其程序

在建筑工程实施阶段，工程项目所需的材料、设备有些需要由业主负责供应时，项目管理单位可以协助业主采用如下三种方式之一选择供货商，并与其签订物资购销合同或加工订购合同。

1. 招标选择供货商

这种方式大多适用于采购工程项目的大型货物或永久设备、标的金额较大、市场竞争激烈的情况。招标方式可以是公开招标，也可以是邀请招标。材料设备招标的一般程序如下：

① 编制招标文件；

② 发出招标公告或投标邀请书；

③ 投标人资格审查；

④ 发放招标文件和有关技术资料，进行技术交底，解释投标人提出的有关招标文件疑问；

⑤ 在规定的时间、地点接收投标文件；

⑥ 开标，一般采用公开方式开标；

⑦ 组成评标委员会，评标、定标；

⑧ 发出中标通知书，签订供货合同。

2. 询价选择供货商

这种方式是采用询价—报价—材料送审和认可—签订合同的程序，即项目管理单位协助业主对三家以上的供货商就采购的标的物进行询价，比较其报价后，由业主选择其中一家与其签订供货合同。这种方式实际上是一种议标的方式，无需采用复杂的招标程序，又可以保证价格有一定的竞争性。一般适用于采购建筑材料或价值较小的标准规格产品。

3. 直接订购

由于这种方式不能进行产品的质量和价格比较，因此是一种非竞争性采购方式。一般适用于以下几种情况：

① 为了使设备或零配件标准化，向原经过招标或询价选择的供货商增加购货，以便满足现有设备的要求；

② 所需设备具有专卖性质，并只能从一家制造商获得；

③ 负责工艺设计的承包单位要求从指定供货商处采购关键性部件，并以此作为保证工程质量的条件；

④ 尽管询价通常是获得最合理价格的较好方法，但在特殊情况下，由于需要某些特定货物早日交货，也可直接签订合同，以免由于时间延误而增加开支。

7.3.2　材料设备采购招标

材料设备采购招标的方式主要包括：国际竞争性招标、国际有限竞争性招标和国内竞争性招标。

1. 国际竞争性招标

采用国际竞争性招标时，项目管理单位协助业主所做相关工作主要包括：招标准备→编制招标文件→刊登广告→资格审查→发售招标文件→开标→评标→决标与签订合同。

（1）招标准备

1）前期准备

项目管理单位要掌握本工程项目立项的进展情况，项目的目的与要求，了解工程进展情况，制定招标工作方法、招标程序和招标周期内时间的安排等。根据招标的需要，要对项目中涉及的设备、工程和服务等，开展信息咨询，收集各方面相关资料。

2）分标

在进行材料设备采购的分标和分包时，主要应考虑以下几方面因素：

① 招标项目的规模。根据工程项目所需设备之间的关系、预计金额的大小进行适当的分标和分包。如果标和包划分得过大，会使一般中小供货商无力问津，而有实力参与竞争的供货商过少就会引起投标价格提高。反之，如果标分得过小，虽可以吸引较多的中小供货商，但很难吸引实力较强的供货商，尤其是外国供货商来参加投标；若包分得过细，则不可避免地会增大招标、评标的工作量。因此，分标、分包要大小恰当，既要吸引更多的供货商参与投标竞争，又要便于买方挑选，并有利于合同履行过程中的管理。

② 货物性质和质量要求。工程项目建设所需的材料、设备，可划分为通用产品和专用产品两大类。通用产品可有较多的供货商参与竞争，而专用产品由于对货物的性能和质量有特殊要求，则应按行业来划分。对于成套设备，为了保证零部件的标准化和机组联接性能，最好确定为一个标，由某一供货商来承包。在既要保证质量又要降低造价的原则下，凡国内制造厂家可以达到技术要求的设备，应单列一个标进行国内招标；国内制造有困难的设备，则需进行国际招标。

③ 工程进度与供货时间。按时供应质量合格的货物，是工程项目能够顺利实施的物质保证。如何恰当地进行分标，应按供货进度计划满足施工进度计划要求的原则，综合考虑资金、制造周期、运输、仓储能力等条件，既不能延误施工的需要，也不应过早到货。过早到货虽然能满足施工进度计划的实施要求，但它会影响资金的周转，并需要额外支出对货物的保管与保养费用。

④ 供货地点。如果工程项目的施工点比较分散，则所需货物的供货地点也势必分散，因此，应考虑外埠供货商和当地供货商的供货能力、运输条件、仓储条件等进行分标，以利于保证供应和降低成本。

⑤ 市场供应情况。大型工程项目需要大量建筑材料和较多的设备，如果一次采购，可能会因需求过大而引起价格上涨，因此，应合理计划、分批采购。

⑥ 资金来源。由于工程项目投资来源多元化，应考虑资金的到位情况和周转计划，合理分标，分项采购。

(2) 招标文件的编写

国际材料设备招标文件的内容则较为具体全面，包括投标须知、货物需求一览表、技术规格、合同条件、合同格式、各类附件等部分。

1) 投标须知

包括对工程项目的简要说明；招标文件的主要内容，招标文件的澄清、修改；投标文件的编写；投标书格式、投标报价、投标的货币、投标人合格和资格证明文件、货物合格并符合招标文件规定的证明文件；例如货物主要技术和性能特点的详细描述；一份说明所有细节的清单，包括使货物在特定时间(如两年)内所需要的所有零备件、特殊工具的货源和价格情况表。投标保证、投标有效期、投标文件格式、投标文件的密封和标记、递交截止日期；迟到的投标文件、投标文件的修改和撤消；开标；对投标文件的初审和确定其符合性；评标；投标文件的澄清、保密程序；授予合同的准则；授予合同时变更数量的权利；买方有权接受任何投标和拒绝任何或所有的投标；授予合同的通知；签订合同/合同格式；履约保证等。内容基本与工程招标文件相同。

2) 货物需求一览表

货物需求一览表格式参见表 7-2。

货物需求一览表　　**表 7-2**

项目号	货物名称	规　　格	数　　量	交货期	目的港

3) 技术规格

技术规格文件一般包括以下内容：总则、说明和评标准则，技术要求和检验。

① 总则、说明和评标准则。

a. 前言。提醒投标人仔细阅读全部招标文件，使投标文件能符合招标要求。如供货商有替代方案，应在投标价格表中单独列出并说明。前言要规定货物生产厂家的制造经验与资格。说明投标人要在技术部分投标文件中编列的文件资料格式、内容和图纸等。

b. 供货内容。对单纯的货物采购，其供货范围和要求在货物需求一览表中说明即可，还应说明要求供货商承担的其他任务(如设计、制造、发运、安装、调试、培训等)。要注意供货商承担的任务与施工承包商任务的衔接。供货内容按分项开列，还应包括备件、维修工具及消耗品等。

c. 与工程进度的关系。对单纯的货物采购，在货物需求一览表中规定交货期即可。但对工程项目的综合采购，则应考虑与工程进度的关系，以便考虑安装和土建工程的配合

以及调试等环节。对交货期应有明确规定，包括是否允许提前交货。

d. 备件、维修工具和消耗材料。备件可以分为三大类。第一类是按照标准或惯例应随货物提供的标准备件，这类备件的价格包括在基本报价之内，投标人应在投标文件中列表填出标准备件的名称、数量和总价。第二类是招标文件中规定可能需要的备件，这类备件不计入投标价格，但要求投标人按每种备件规格报出单价。如果中标，买方根据需要数量算出价格，加到合同总价中去。第三类是保证期满后需要的备件。投标人可列出建议清单，包括名称、数量和单价，以备买方考虑选购。

维修工具和消耗材料也分类报价。第一类是随货物提供的标准成套工具和易耗材料，逐个填出名称、数量、单价和总价。此总价应计入投标报价内。第二类是招标文件中提出要求的工具内容，由投标人在投标文件中进行报价，在中标后根据选择的品种和数量计算价格后再计入合同总价中。

e. 图纸和说明书。

f. 审查、检验、安装、测试、考核和保证。

g. 通用的技术要求。指各分包和分项共同的技术要求，一般包含：使用的标准、涂漆、机械、材料和电气设备通用技术要求。

招标文件中应规定货物应符合的总的标准体系，如投标人在设计、制造时采用独自的标准，应事先申请买方审查批准。

h. 评标准则。

② 技术要求。技术要求有时也称特殊技术条件，这一部分详细说明采购货物的技术规范。对工程项目综合采购中的主体设备和材料的规格及与其关联的部件，也应叙述得明确、具体。这些说明加上图纸，就可反映出工程设计及其中准备安装的永久设备的设计意图和技术要求。这也是鉴别投标人的投标文件是否做出实质性响应的依据。

编写技术要求时应注意以下几点：

a. 应写明具体订购货物的型式、规格和性能要求、结构要求、结合部位的要求、附属设备以及土建工程的限制条件等。

b. 在保证货物的质量和与有关设备布置相协调的前提下，要使投标人发挥其专长，不宜对结构的一般型式和工艺规定得太死。

c. 综合的工程项目采购中，应注意说明供应的辅助设备、装备、材料与土建工程和其他相关工程项目的分界面，必要时用图纸作为辅助手段进行解释。

d. 替代方案。要说明买方可以接受的替代方案的范围和要求，以便投标人做出响应。

(3) 刊登广告

采用国际广告形式的一般步骤为：

1) 刊登一般采购广告

包括贷款人及贷款金额、用途、国际性竞争招标方式采购货物的大体内容、发行资格审查文件或招标文件的时间、招标单位等。如是世界银行贷款项目，刊登一般采购公告的目的在于使所有的供货商能随时了解世界银行贷款项目的采购动向，使未来的供货商判断是否对将来的招标有兴趣。

2) 刊登具体通告

包括招标或预审，通告目的，采购内容简述，资金来源，交货时间，货源国要求，发行招标或预审文件的单位名称及地址，文件的售价，接收资格申请文件或投标文件的日期、时间、地点，投标担保金，开标日期、时间、地点等。

(4) 资格审查

材料设备采购招标程序中，对投标人的资格审查，包括投标人资质的合格性审查和所提供货物的合格性审查两个方面。

1) 投标人资质审查

投标人填报的“资格证明文件”应能表明其有资格参加投标和一旦投标被接受后有履行合同的能力。如果投标人是生产厂家，则必须具有履行合同所必需的财务、技术和生产能力；若投标人按合同提供的货物不是自己制造或生产的，则应提供货物制造厂家或生产厂家正式授权同意提供该货物的证明资料。

2) 货物合格性审查

投标人应提交根据招标要求提供的所有货物及其辅助服务的合格性证明文件，这些文件可以是手册、图纸和资料说明等。证明资料应说明以下情况：

① 表明货物的主要技术指标和操作性能；

② 为使货物正常、连续使用，应提供货物使用两年期内所需的零配件和特种工具等清单，包括货源和现行价格情况；

③ 资格审查文件或招标文件中指出的工艺、材料、设备、参照的商标或样本目录号码仅作为基本要求的说明，并不作为严格的限制条件。投标人可以在投标书说明文件中选用替代标准，但替代标准必须优于或相当于技术规范所要求的标准。

(5) 发售招标文件

在需进行资格审查的招标中招标文件只发售给有资格投标的厂商；在不拟进行资格审查的招标中，招标文件可发售给所有对招标通告做出反应、并有兴趣参加投标的合格国家厂商。发售招标文件的时间要足以使投标人有时间获得招标文件，可延长到投标截止时间。要做好购买记录，以便需要时与投标人进行联系，同时，也便于将购买招标文件的厂商与日后投标厂商对照。未购买招标文件的投标者，将被取消其投标资格。

(6) 评标

材料设备采购评标过程中所考虑的因素和评审方法与施工评标不同。评标过程中的初评程序，与施工评标基本相同，下面仅介绍详评阶段的工作。

1)评审的主要内容

① 投标价。对投标人的报价，既包括生产制造的出厂价格，还包括其所报的安装、调试、协作等售后服务的价格。

② 运输费。包括运费、保险费和其他费用，如对超大件运输时道路、桥梁加固所需的费用等。

③ 交付期。以招标文件中规定的交货期为标准，如投标书中所提出的交货期早于规定时间，一般不给予评标优惠，因为当施工还不需要时，要增加业主的仓储管理费和货物的保养费。如果迟于规定的交货日期，但推迟日期尚属于可接受的范围之内，则应在评标时考虑这一因素。

④ 设备的性能和质量。主要比较设备的生产效率和适应能力。还应考虑设备的运营费用，即设备的燃料、原材料消耗、维修费用和所需运行人员费等。如果设备性能超过招

标文件要求，使业主受益时，评标时也应考虑这一因素。

⑤ 备件价格。对于各类备件(特别是易损备件)在两年内取得的途径和价格，在评标时也要予以考虑。

⑥ 支付要求。合同中规定了购买货物的付款条件，如果投标人在投标书中提出了付款的优惠条件或其他的支付要求，而这种与招标文件规定的偏离是业主可以接受的，也应在评标时加以计算和比较。

⑦ 售后服务。包括可否提供备件、进行维修服务，以及安装监督、调试、人员培训等可能性和价格。

⑧ 其他与招标文件偏离或不符合的因素等。

2）评标方法

材料设备采购的评标方法通常有以下几种：

① 最低标价法。采购简单商品、半成品、原材料，以及其他性能、质量相同或容易进行比较的货物时，价格可以作为评标时考虑的惟一因素，以此作为选择中标人的尺度。

国内生产的货物，报价应为出厂价。出厂价包括为生产所提供的货物购买的原材料和零配件所支付的费用，以及各种税款，但不包括货物售出后所征收的销售税以及其他类似税款。如果所提供的货物是投标人早已从国外进口、目前已在国内的，则应报仓库交货价或展室价，该价格应包括进口货物时所交付的进口关税，但不包括销售税。

② 综合标价法。是指以报价为基础，将评标时所考虑的其他因素也折算为一定价格而加到投标价上，得到综合标价，然后再根据综合标价的高低决定中标人。对于采购机组、车辆等大型设备时，大多采用这种方法。评标时具体的处理办法如下：

a. 运费、保险及其他费用。按照铁路(公路、水运)运输、保险公司，以及其他部门公布的费用标准，计算货物运抵最终目的地将要发生的运费、保险费及其他费用。

b. 交货期。以招标文件中“供货一览表”规定的具体交货时间为标准，若投标书中的交货时间早于标准时间，评标时不给予优惠；如果迟于标准时间，每迟交货一个月，可按报价的一定百分比(货物一般为2%)计算折算价，将其加到报价上。

c. 付款条件。投标人必须按照招标文件中规定的付款条件来报价，对于不符合规定的投标，可视为非响应性投标而予以拒绝。但采购大型设备的招标中，如果投标人在投标致函中提出若采用不同的付款条件可使其报价降低而供业主选择时，这一付款要求在评标过程中应该予以考虑。当投标人提出的付款要求偏离招标文件的规定不是很大、尚属可接受范围时，应根据偏离条件给业主增加的费用，按招标文件中规定的贴现率换算成评标时的净现值，加到投标人在致函中提出的修改报价上，作为评标价格。

d. 零配件和售后服务。零配件的供应和售后服务费用要视招标文件的规定而异。如果这笔费用已要求投标人包括在报价之内，则评标时不再考虑这一因素。若要求投标人单报这笔费用，则应将其加到报价上。如果招标文件中没有上述规定，则在评标时要按技术规范附件中开列的、由投标人填报的、该设备在运行前两年可能需要的主要部件、零配件的名称、数量，计算可能需支付的总价格，并将其加到报价上去。售后服务费用如果需要业主自己安排时，这笔费用也应加到报价上去。

e. 设备性能、生产能力。投标设备应具备技术规范中规定的起码生产效率，评标时应以投标设备实际生产效率单位成本为基础。投标人应在投标书内说明其所投设备的保证

运营能力或效率，若设备的性能、生产能力没有达到技术规范要求的基准参数，凡每种参数比基准参数降低 1%时，将在报价上增加若干金额。

f. 技术服务和培训。投标人在投标书中应报出设备安装、调试等方面的技术服务费用，以及有关培训费。如果这些费用未包括在总报价内，评标时应将其加到报价中作为评标价来考虑。

③ 以寿命周期成本为基础的标价法。在采购生产线、成套设备、车辆等运行期内各种后续费用(零配件、油料及燃料、维修等)很高的货物时，可采用以设备寿命周期成本为基础的标价法。评标时应首先确定一个统一的设备运行期，然后再根据各投标书的实际情况，在投标书报价上加上一定年限运行期间所发生的各项费用，再减去一定年限运行期后的设备残值。在计算各项费用或残值时，都应按招标文件中规定的贴现率折算成现值。

这种方法是在综合标价法的基础上，再加上运行期内的费用。这些以贴现值计算的费用包括三部分：

a. 寿命期内所需的燃料估算费用；

b. 寿命期内所需零件及维修估算费用；

c. 寿命期末的估算残值。

④ 打分法。打分法是评标前将各评分因素按其重要性确定评分标准，然后按此标准对各投标人提供的报价和各种服务进行打分，得分最高者中标。

采用打分法时，首先要确定各种因素所占的比例，再以计分评标。以下是世界银行贷款项目通常采用的比例，供参考：

投标价	60～70 分
零配件价格	0～10 分
技术性能、维修、运行费	0～10 分
售后服务	0～5 分
标准备件等	0～5 分
总计	100 分

打分法简便易行，能从难以用金额表示的各个投标书中，将各种因素量化后进行比较，从中选出最好的投标人。缺点是各评标人独立给分，对评标人的水平和知识面要求高，否则，主观随意性较大。另外，难以合理确定不同技术性能的有关分值和每一性能应得的分数，有时会忽视一些重要的指标。若采用打分法评标，评分因素和各个因素的分值分配均应在招标文件中明确说明。

2. 有限国际招标

有限国际招标方式适用于下述情况：

① 采购金额小；

② 所需货物或服务的供货商数目有限；

③ 其他特殊理由证明不能完全按国际竞争性招标方式进行采购。

为保证价格的竞争性，邀请参加的厂商应广泛些，至少应有 3 家厂商。有限国际招标的授标应在评估至少 3 家投标的基础上确定。

有限国际招标程序，除不刊登广告、不实行国内优惠外，其余与国际竞争性招标程序相同。

3. 国内竞争性招标

国内竞争性招标适合于下述情况：

① 合同金额小；

② 工程地点分散且施工时间拖得很长；

③ 劳动密集型工程；

④ 在国内获得货物的价格低于国际市场价格；

⑤ 行政与财务上不适于采用国际竞争性招标的其他情况。

国内竞争性招标，是通过在国内刊登广告，根据国内的招投标程序进行的。国内竞争性招标程序要求基本与国际竞争性招标一致。不同点在于，广告只限于在国内报纸和杂志上刊登；广告语言、招标文件、投标文件可用本国语言编写；投标银行担保书可由本国银行出具，投标报价和付款一般使用本国货币；评价价格基础可为货物使用现场的价格(包括从国内工厂到货物使用现场的运输、保险费)；不实行国内优惠和借款人规定的其他优惠；仲裁在本国进行。

第 8 章　项目施工及材料设备采购合同管理

8.1　项目施工承包合同管理

8.1.1　施工承包合同的签订

1. 签订施工合同应具备的条件

签订施工合同必须具备以下条件：

① 初步设计已经批准；

② 有能够满足施工需要的设计文件和有关技术资料；

③ 建设资金和主要建筑材料设备来源已经落实；

④ 通过招标选择承包单位的工程，其中标通知书已经下达。

除此之外，承发包双方签订施工合同，必须具备相应资质条件和履行施工合同的能力。承办人员签订合同，应取得法定代表人的授权委托书。

2. 签订施工合同的程序

施工合同作为合同的一种，其签订也应经过要约和承诺两个阶段。依法必须进行招标的项目，发包人应通过招标方式选择施工承包单位。

中标通知书发出后，中标人应当与发包人及时签订施工合同，对双方的责任、义务、权益等合同内容做出进一步的文字明确。依照我国《招标投标法》的规定，中标通知书发出 30 天内，中标人应与发包人依据招标文件、投标书等，签订施工合同。投标书中已确定的合同条款在签订时不得更改，确定的合同价应与中标价相一致。如果中标人拒绝与发包人签订合同，发包人有权不再返还其投标保证金，中标人还应当依法承担法律责任。

项目管理机构应协助业主做好施工合同的谈判工作。要依据合同条件，逐条与承包单位进行谈判。经过谈判双方对施工合同内容取得完全一致意见后，即可正式签订施工合同文件，经双方签字、盖章后，施工合同即生效。

3. 订立施工合同前的准备工作

订立施工合同前要做好合同文本的分析工作。通常施工合同文本分析主要包括下列方面：

① 施工合同的合法性分析。具体包括：当事人双方的资格审查；工程项目已具备招标投标、签订和实施合同的一切条件；工程施工合同的内容(条款)和所指行为符合合同法和其他各种法律的要求，如：劳动保护、环境保护、税赋等法律要求等。

② 施工合同的完备性分析。具体包括：属于施工合同的各种文件(特别是工程技术、环境、水文地质等方面的说明文件和设计文件，如图纸、规范等)齐全；施工合同条款齐全、对各种问题都有规定、不漏项等。

③ 合同双方责任和权益及其关系分析。主要分析合同双方的责任和权益是否互为前提条件。如：如果合同规定发包人有一项权力，则要分析该项权力的行使对承包人的影响，该权力是否需要制约，发包人有无滥用这个权力的可能，发包人使用该权力应承担什么责任，以此提出对这项权力的制约。同时，还应注意发包人与承包人的责任和权益应尽可能具体、详细，并注意其范围的限定。

④ 合同条款之间的联系分析。由于合同条款所定义的合同事件和合同问题具有一定的逻辑关系(如实施顺序关系、空间上和技术上的互相依赖关系、责任和权利的平衡和制约关系、完整性要求等)，使得合同条款之间有一定的内在联系。因此，在合同分析中还应注意合同条款之间的内在联系，同样一种表达方式，在不同的合同环境中，或有不同的上下文，则可能有不同的风险。通过内在联系分析，可以看出合同条款之间的缺陷、矛盾、不足之处和逻辑上的问题等。

⑤ 合同实施的后果分析。如在合同实施过程中会有哪些意想不到的情况，这些情况发生后应如何处理，本工程是否过于复杂或范围过大、超过自己的能力；自己如果不能履行合同义务应承担什么样的法律责任，后果如何；对方如果不能履行合同义务应承担什么样的法律责任等。

4. 施工合同的内容

承发包双方应尽可能采用标准的合同范本订立施工合同，通常按所选定的标准合同示范文本或双方约定的合同条件协商签订。国家建设部、国家工商行政管理局印发的《建设工程施工合同(示范文本)》(GF—1999—0201)，是各类公用建筑、民用住宅、工业厂房、交通设施及线路、管道的施工和设备的合同文本。《建设工程施工合同(示范文本)》由《协议书》、《通用条款》、《专用条款》三部分组成，并附有三个附件：《承包方承揽工程项目一览表》、《发包方供应材料设备一览表》和《房屋建筑工程质量保修书》。

(1) 协议书

《协议书》规定了合同当事人双方最主要的权利义务，规定了组成合同的文件及合同当事人对履行合同义务的承诺，合同当事人需要《协议书》上签字盖章。《协议书》的内容包括工程概况、工程承包范围、合同工期、质量标准、合同价款、组成合同的文件及双方的承诺等。

(2) 通用条款

《通用条款》是根据《合同法》、《建筑法》等法律对承发包双方的权利义务做出的规定，除双方协商一致对其中的某些条款做了修改、补充或取消外，双方都必须履行。《通用条款》具有很强的通用性，基本适用于各类建设工程。《通用条款》共有十一部分 47 条。基本内容包括：

① 词语定义及合同文件。包括词语定义、合同文件及解释顺序、语言文字和适用法律、标准及规范和图纸。

② 双方一般权利和义务。包括：工程师、工程师的委派和指令、项目经理、发包人工作、承包人工作。

③ 施工组织设计和工期。包括：进度计划、开工及延期开工、暂停施工、工期延误、和工程竣工。

④ 质量与检验。包括：工程质量、检查和返工、隐蔽工程和中间验收、重新检验、

工程试车。

⑤ 安全施工。包括：安全施工与检查、安全防护、事故处理。

⑥ 合同价款与支付。包括：合同价款及调整、工程预付款、工程量的确认和工程款(进度款)支付。

⑦ 材料设备供应。包括：发包人供应材料设备和承包人采购材料设备。

⑧ 工程变更。包括：工程设计变更、其他变更和确定变更价款。

⑨ 竣工验收与结算。包括：竣工验收、竣工结算和质量保修。

⑩ 违约、索赔和争议。包括：违约、索赔和争议。

⑪ 其他。包括：工程分包、不可抗力、保险、担保、专利技术及特殊工艺、文物和地下障碍物、合同解除、合同份数和补充条款。

(3) 专用条款

由于建筑工程的条件各不相同，《通用条款》不能完全适用于各个具体工程，因此配之以《专用条款》对其作必要的修改和补充，使《通用条款》和《专用条款》成为双方统一意愿的体现。《专用条款》的条款号与《通用条款》相一致，但主要是空格，由当事人根据工程的具体情况予以明确或者对《通用条款》进行修改、补充。

(4) 附件

《建设工程施工合同(示范文本)》的附件，是对施工合同当事人的权利义务的进一步明确，并且使得施工合同当事人的有关工作一目了然，便于执行和管理。

8.1.2　施工承包合同履行中的管理

1. 合同双方当事人的责任和义务

(1) 发包人的责任和义务

① 发包人及时向承包人提供所需的指令、批准、图纸并履行其他约定的义务；

② 按协议条款约定的时间和要求一次或分阶段完成土地征用、房屋拆迁、场地平整及水、电、通信、道路等畅通工作；

③ 向承包人提供施工场地所需的工程地质、水文地质和地下管网资料，并保证资料数据真实准确；

④ 办理施工所需的各种证件、批件、施工临时用地、道路挤占及铁路专线的申报批准手续；

⑤ 以书面形式将水准点、坐标控制点等交给承包人，并进行现场交验；

⑥ 协调处理施工现场周围地下管线和邻近建筑物、构筑物的保护，并承担有关费用；

⑦ 组织承包人、设计单位进行图纸会审与技术交底；

⑧ 按工程进度支付工程款，并有权要求承包人的施工质量达到合同所规定的质量标准。

发包人不按合同约定完成以上工作造成施工进度拖后，应承担由此造成的经济支出，赔偿承包人有关损失，工期相应顺延。

(2) 承包人的责任和义务

① 在其资格证书允许的范围内，按发包人要求完成施工组织设计及所需要完成的施工图设计或配套设计，并经发包人、项目监理机构批准后使用；

② 向项目监理机构提供年、季、月工程进度计划和相应进度统计报表、工程事故

报告；

③ 按工程需要，提供和维修施工使用的照明、围栏、值班看守警卫等；

④ 按协议条款约定的数量和要求，向项目管理机构、项目监理机构提供施工现场办公和生活的房屋及设施，发生的费用由发包人负责；

⑤ 遵守地方政府和有关部门对施工场地交通和施工噪声等管理规定，经发包人同意后办理有关手续，除因承包人责任罚款外应由发包人承担有关费用；

⑥ 按协议条款约定，负责对已完工程的成品保护工作，并对其间所发生的工程损坏进行维修；

⑦ 保证施工现场的清洁符合有关规定，交工前清理现场达到合同文件的要求，承担因违反有关规定造成的损失和罚款；

⑧ 按合同协议条款约定，有权按进度获得工程价款。与发包人签订提前竣工协议，有权获得工期提前奖励或提前竣工收益的分享；

⑨ 对发生的不可预见事件而引起合同中断或延期履行，承包人有权提出解除施工合同或提出赔偿要求。

2. 项目目标及合同档案管理

(1) 进度管理

按合同规定，要求承包人在开工前提出包括分月、分阶段施工的进度计划，并加以审核；按照分月、分阶段进度计划，进行实际进度检查；对影响进度的因素进行分析，属于发包人的原因，应及时主动解决；属于承包人的原因，应督促其迅速解决；在同意承包人修改进度计划时，审批承包人修改的进度计划；审核确认工程延期等。

(2) 造价管理

严格进行合同约定的价款管理；当出现合同约定的调价情况时，对合同价款进行调整；对预付工程款进行管理，包括批准和扣还；对工程量进行核实确认，进行工程款的结算和支付；确定工程变更价款；对施工中涉及的其他费用，如安全施工方面的费用、专利技术等涉及的费用进行管理；办理竣工结算；对保修金进行管理等。

(3) 质量管理

检验工程使用的材料、设备质量；检验工程使用的半成品及构件质量；按合同规定的规范、规程，监督检验施工质量；按合同规定的程序，验收隐蔽工程和需要中间验收的工程质量；验收单项工程和参与验收全部竣工工程的质量等。

(4) 施工合同的档案管理

项目管理或监理机构应做好施工合同的档案管理工作。工程项目全部竣工之后，应将全部合同文件加以系统整理，建档保管。在合同的履行过程中，对合同文件，包括有关的签证、记录、协议、补充合同、备忘录、函件、电报、电传等都应做好系统分类，认真管理。施工合同的档案管理主要内容有以下几方面：

1) 合同资料的收集

根据在施工合同过程中所产生各种文件的性质和用途进行分类归档，合同资料一般可分为合同文本信息类、工程变更类、往来信函类、记事类和项目概况等。

① 合同文本信息类。通常包括：施工合同、分包合同、保险合同、采购合同以及其他类型的合同等。

② 工程变更类。通常包括：工程变更建议方名称，提出变更的内容、时间，送达项目监理机构审阅的时间，项目监理机构必须做出批复的最晚时间；项目监理机构具体的批复日期和发布工程变更令的内容、时间；根据项目监理机构的变更指令，更新合同的有关内容，如合同价格、合同工期、合同图纸等。

③ 往来信函类。通常包括：发送和接收文件记录、电话信息记录及随后书面确认记录等。

④ 记事类。通常包括：每日文件的收发信息、材料到场情况、施工日志、工程进展中出现的问题及处理方法等。

⑤ 项目概况类。通常包括：参与项目各方名称、职责、执行状况及项目的简要说明等。

2）资料加工

资料必须经过信息加工才能成为可供决策的信息。最常见的加工方法有：信息处理方法，如建立索引、排序、插入、删除等；数学处理方法，如数学计算、数值分析和统计方法等；逻辑判断方法等。

3）资料的储存

所有合同管理中涉及到的资料不仅目前使用，而且必须保存，直到合同结束。为了查找和使用方便必须建立资料索引系统。

4）资料的提供、调用和输出

项目管理机构、项目监理机构应定期报告工程实施情况，并为工程的各种验收、为处理索赔提供资料和证据。

3. 工程变更管理

项目管理机构、项目监理机构应尽量减少不必要的工程变更，对已发生的变更，应按合同的有关规定进行变更工程的处理。

(1) 工程变更的确认

由于工程变更会带来工程造价和工期的变化，为了有效地控制造价和工期，无论任何一方提出工程变更，均需由项目监理机构确认并签发工程变更指令。当工程变更发生时，要求项目监理机构及时处理并确认变更的合理性。一般过程是：提出工程变更—分析提出的工程变更对项目目标的影响—分析有关的合同条款和会议、通信记录—初步确定处理变更所需的费用、时间范围和质量要求(向业主提交变更评估报告)—确认工程变更。

(2) 工程变更管理的内容

① 发包人提出工程变更。项目施工过程中发包人需变更原工程设计时，根据《建设工程施工合同(示范文本)》的规定，应提前14天以书面形式向承包人发出变更通知。变更超过原设计标准或批准的建设规模时，发包人应报规划管理部门和其他有关部门重新审查批准，并由原设计单位提供变更的相应图纸和说明。发包人办妥上述事项后，承包人根据发包人变更通知并按项目监理机构要求进行变更。因变更导致合同价款的增减及造成的承包人损失，由发包人承担，延误的工期相应顺延。

② 设计单位提出工程变更时，应填写书面变更申请并附设计变更文件提交发包人，同时签转项目监理机构。

③ 施工中承包人不得对原工程设计进行变更。因承包人擅自变更设计发生的费用和

由此导致发包人的直接损失，由承包人承担，延误的工期不予顺延。

承包人在施工中提出的合理化建议涉及到对设计图纸或施工组织设计的更改及对材料、设备的换用，须经项目监理机构同意。未经同意擅自更改或换用时，承包人承担由此发生的费用，并赔偿发包人的有关损失，延误的工期不予顺延。

项目监理机构同意采用承包人合理化建议，所发生的费用和获得的收益，发包人承包人另行约定分担或分享。

分包单位的工程变更应通过总承包单位办理。

④ 合同履行中发包人要求变更工程质量标准及发生其他实质性变更，由双方协商解决。

⑤ 确定变更价款。承包人在工程变更确定后 14 天内，提出变更工程价款的报告，经项目监理机构确认后调整合同价款。

⑥ 工程变更的项目施工完成并经项目监理机构验收合格后，应按正常的计量和支付程序办理工程变更费用的支付手续，付款方式应符合施工合同的约定，通常与当月的工程进度款一起报审。

4. 工程索赔的管理

(1) 处理索赔的基本程序

处理索赔的时限要求及基本程序分别见图 8-1 和图 8-2。

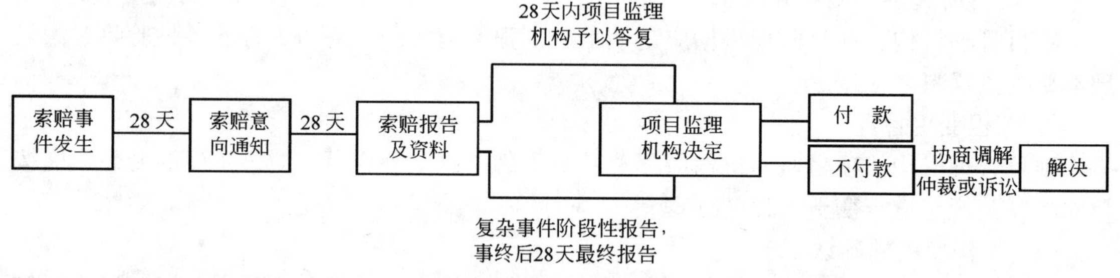

图 8-1 处理索赔的时限要求

(2) 索赔管理的内容

我国《建设工程施工合同(示范文本)》中明确规定了索赔的程序和时间要求：

1) 发包人未能按合同约定履行自己的各项义务或发生错误以及应由发包人承担责任的其他情况，造成工程延期和(或)承包人不能及时得到合同价款及承包人的其他经济损失，承包人可按下列程序以书面形式向发包人索赔：

① 索赔事件发生后 28 天内，向工程师发出索赔意向通知；

② 发出索赔意向通知后 28 天内，向工程师提出延长工期和(或)补偿经济损失的索赔报告及有关资料；

③ 工程师在收到承包人送交的索赔报告和有关资料后，于 28 天内给予答复，或要求承包人进一步补充索赔理由和证据；

④ 工程师在收到承包人送交的索赔报告和有关资料后 28 天内未予答复或未对承包人作进一步要求，视为该项索赔已经认可；

⑤ 当该索赔事件持续进行时，承包人应当阶段性向工程师发出索赔意向，在索赔事

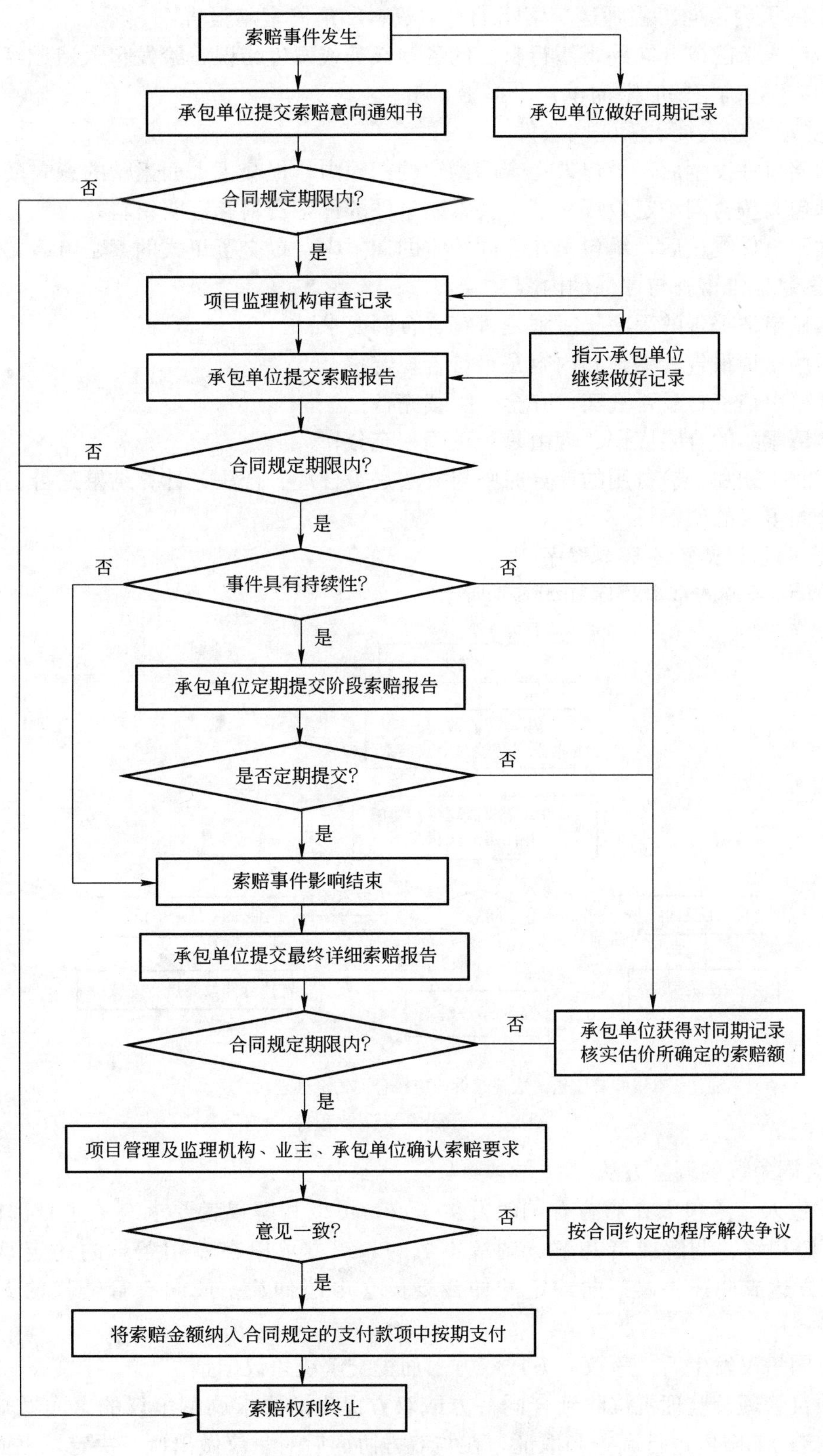

图 8-2　处理索赔的基本程序

件终了后28天内，向工程师送交索赔的有关资料和最终索赔报告。

2）承包人未能按合同约定履行自己的各项义务或发生错误，给发包人造成经济损失，发包人可按上述确定的时限向承包人提出索赔。

（3）受理承包人提出索赔的条件

① 索赔事件发生后，承包人在合同约定的期限内，提交了书面索赔的意向报告；

② 承包人按合同约定，提交了有关索赔事件的详细资料和证明材料；

③ 索赔事件终止后，承包人在合同约定的期限内，提交了正式的索赔申请文件。

（4）索赔报告审查与评估的内容

① 索赔申请报告的程序、时限是否符合合同要求；

② 索赔申请报告的格式和内容是否符合规定；

③ 索赔申请资料是否真实、齐全、手续完备；

④ 申请索赔的合同依据、理由是否正确、充分；

⑤ 索赔工期和(或)费用的计算原则与方法是否合理、合法，计算结果是否正确。

5. 合同争议的调解

（1）合同争议调解的基本程序

合同争议调解的基本程序如图8-3所示。

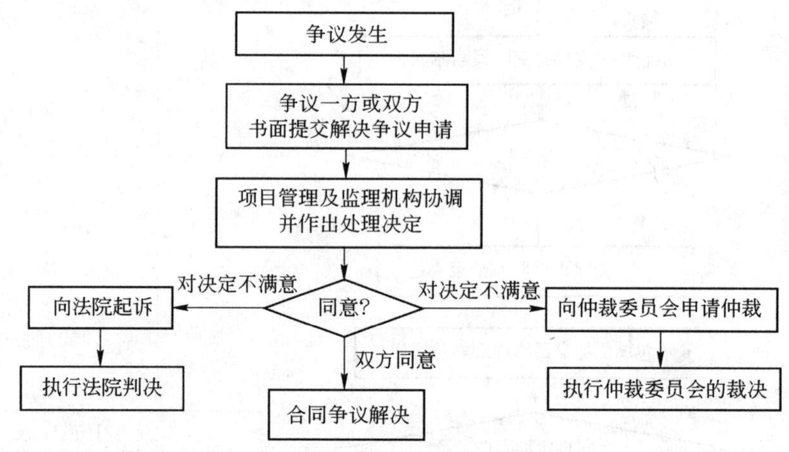

注：是申请仲裁还是向法院起诉，应按合同约定办理。

图8-3　合同争议调解程序

（2）合同争议的调解方法

① 发包人、承包人在履行合同时发生争议，可以和解或者要求有关主管部门调解。当事人不愿和解、调解或者和解、调解不成的，双方可以在专用条款内约定争议解决方式：双方达成仲裁协议，向约定的仲裁委员会申请仲裁；或向有管辖权的人民法院起诉。

② 合同争议发生后，争议一方或双方书面提交解决争议申请。

③ 项目管理及监理机构收到合同一方或双方提出的要求调解争议的书面通知后，应在合同约定的期限内进行调查和取证，在与双方协商后对争议做出调解决定，书面通知合同双方。

④ 如果发包人或承包人在合同约定的期限内对以上决定未提出异议，在符合施工合同的前提下，则此决定为最后决定，双方必须认真执行。

⑤ 双方或一方不同意上述决定时，可按合同约定的解决争议的最终办法仲裁或起诉。

⑥ 在仲裁或起诉过程中，项目管理及监理机构有资格、有义务作为证人，公正地向仲裁机关或法院提供与争议有关的证据。

⑦ 在争议解决过程中，甚至在仲裁或诉讼期间，项目管理及监理机构仍应督促承包人按照合同继续施工。

6. 违约处理

(1) 违约处理的基本程序

违约处理的基本程序如图 8-4 所示。

(2) 违约处理方法

1) 违约处理的原则

① 在施工过程中发现违约事件可能发生时，应及时提醒有关各方，防止或减少违约事件的发生；

② 对已发生的违约事件，要以事实为根据，以合同约定为准绳，公平处理；

③ 处理违约事件应认真听取各方意见，与双方充分协商后确定解决方案。

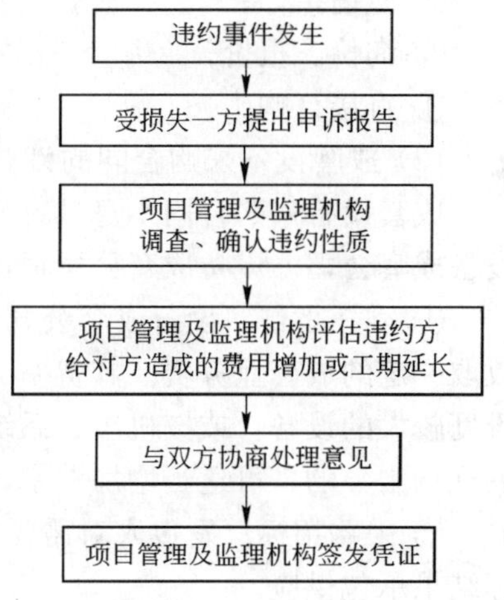

图 8-4　违约处理程序

2) 发包人违约的处理

当发包人有下列事实之一时，项目管理及监理机构依据合同约定，确认其违约：

① 发包人不按时支付工程预付款；

② 发包人不按合同约定支付工程款，导致施工无法进行；

③ 发包人无正当理由不支付工程竣工结算价款；

④ 发包人不履行合同义务或不按合同约定履行义务的其他情况。

发包人承担违约责任，赔偿因其违约给承包人造成的经济损失，顺延延误的工期。双方在专用条款内约定发包人赔偿承包人损失的计算方法或者发包人应当支付违约金的数额或计算方法。

3) 承包人违约的处理

当承包人有下列事实之一时，项目管理及监理机构可依据施工合同约定，确认其违约：

① 因承包人原因不能按照协议书约定的竣工日期或项目管理及监理机构同意顺延的工期竣工；

② 因承包人原因工程质量达不到协议书约定的质量标准；

③ 承包人不履行合同义务或不按合同约定履行义务的其他情况。

承包人承担违约责任，赔偿因其违约给发包人造成的损失。双方在专用条款内约定承包人赔偿发包人损失的计算方法或者承包人应当支付违约金的数额的计算方法。

8.2 项目材料设备采购合同管理

建筑材料、设备需要由业主负责供应时，项目管理机构应协助业主做好材料设备采购合同管理工作，包括材料设备采购合同的签订及履行过程中的管理工作。

8.2.1 材料设备采购合同的签订

1. 材料设备采购合同的订立方式

(1) 材料设备采购合同的订立方式

材料设备采购合同可采用以下几种方式：

① 公开招标；

② 邀请招标；

③ 询价、报价；

④ 直接订购。

(2) 成套设备采购合同的订立方式

成套设备采购合同本身具有特殊性。因为成套设备采购合同的供方一般是专门组织的设备成套公司。设备成套公司根据项目业主的要求，可分别采取下列方式：

① 委托承包。设备成套公司根据发包人按设计委托的成套设备清单进行承包供应，收取一定的成套业务费。其费率一般为成套设备总价的1%。少数要求供应时间紧、供应难度较大的设备，或按机组、系统、生产线组织成套设备的，以及需要进行技术咨询、开展现场服务的，可适当增加费率，具体数额由合同双方商定。

② 采购招标。发包人对需要的成套设备进行招标，设备成套公司参加投标，按照中标结果承包供应。

中标人在接到中标通知书后，应在规定的时间内由招标单位组织与设备需方签订设备采购合同。如果投标单位中标后拒签合同，按违约处理，招标单位和设备需方可不预退还投标保证金，也可要求中标人赔偿经济损失，赔偿额不超过中标金额的2%。如果设备需方在中标通知发出后拒签合同，亦应承担赔偿责任，赔偿额为中标金额的2%。

合同生效后，招标单位可向中标单位收取少量服务费。服务费一般不超过中标设备金额的1.5%。

除上述方式外，设备成套公司还可以根据业主的要求以及自身的能力，联合科研单位、设计单位、制造厂家和设备安装企业等，从产品设计到现场设备安装调试实行设备成套总承包。

2. 材料设备采购合同的主要内容

(1) 材料采购合同的主要内容

材料采购合同是以建设项目所需材料为标的，以材料采购为目的，明确当事人双方相互权利义务关系的协议。材料采购合同的内容主要包括：

① 双方当事人的名称、地址、代理人的姓名与职务，法定代表人的姓名与授权委托书等；

② 材料的名称、品种、型号与规格等，应符合采购单的规定；

③ 材料技术标准和质量要求；

④ 材料数量与计量方法的规定；

⑤ 材料的包装要求；

⑥ 材料的交付方式与交货期限；

⑦ 材料的价格与付款方式；

⑧ 违约责任及其他有关的特殊条款。

(2) 设备采购合同的主要内容

设备采购合同是指以建设项目所需设备为标的，以设备买卖为目的，明确当事人双方相互权利义务关系的协议。

设备采购合同的主要内容可分为两部分：第一部分是约首，即合同开头部分，包括项目名称、合同号、签约日期、签约地点、当事人双方名称等条款。第二部分为本文，即合同的主要内容，包括合同文件、合同范围和条件、货物及数量、合同金额、付款条件、交货时间和交货地点及合同生效等条款。其中合同文件包括合同条款、投标格式和投标人提交的投标报价表、要求一览表、技术规范、履约保证金、规格响应表、买方授权通知书等；货物及数量、交货时间和交货地点等均在要求一览表中明确；合同金额指合同的总价，分项价格则在投标报价表中确定；合同生效条款规定本合同经双方授权部分为合同约尾，即合同的结尾部分，包括双方的名称、签字盖章及签字时间、地点等。

(3) 成套设备采购合同的主要内容

成套设备采购合同条款的内容一般包括：产品的名称、品种、型号、规格、等级、技术标准或技术性能指标；数量和计量单位；包装标准及包装物的供应与回收规定；交货单位、交货方法、运输方式、到货地点、接(提)货单位；交(提)货期限；验收方法；产品价格；结算方式、开户银行、账户名称、账号、结算单位；违约责任；其他事项。

除上述内容外，还应包括：成套设备价格的确定；成套设备数量及需配置的辅机、附配件等；成套设备所应达到的技术标准和技术性能指标；交货单位；现场服务及保修的规定等。

8.2.2　材料设备采购合同履行中的管理

1. 材料采购合同履行中的管理

(1) 材料采购合同的履行内容

① 按约定的标的履行。供货方交付的货物必须与合同规定的名称、品种、规格、型号相一致，不得擅自以其他货物、违约金或赔偿金的方式代替履行合同。

② 按合同规定的期限、地点交付货物。提前交付货物，业主可拒绝接受；逾期交付，供货方应承担逾期交付的责任。业主若不再需要，应在接到供货方交货通知后 15 天内通知供货方。交付的地点应在合同指定的地点。合同双方当事人应当约定交付标的物的地点，如果当事人没有约定交付地点或者约定不明确，事后未达成补充协议，也无法按照合同有关条款或者交易习惯确定，则适用下列规定：标的物需要运输的，卖方应当将标的物交付给第一承运人以运交给业主；标的物不需要运输的，买卖双方在订立合同时知道标的物在某一地点的，卖方应当在该地点交付标的物；不知道标的物在某一地点的，应当在卖方合同订立时的营业地交付标的物。

③ 按合同规定的数量和质量交付货物。对交付货物的数量与质量应当场检验，必要时还须作化学或物理试验以检验其内在质量，检验的结果作为验收的依据，由当事人双方

签字。

业主在收到标的物时，应当在约定的检验期间内检验材料，没有约定检验期间的，应当及时检验。当事人约定检验期间的，业主应当在检验期间内将标的物的数量或者质量不符合约定的情形通知卖方。业主怠于通知的，视为标的物的数量或者质量符合约定。当事人没有约定检验期间的，业主应当在发现或者应当发现标的物的数量或者质量不符合约定的合理期间内通知卖方。业主在合理期间内未通知或者自标的物收到之日起两年内未通知卖方的，视为标的物的数量或者质量符合约定，但对标的物有质量保证期的，适用质量保证期，不适用该两年的规定。卖方知道或者应当知道提供的标的物不符合约定的，业主不受前两款规定的通知时间的限制。

④ 按约定的价格与结算条款履行合同义务。

⑤ 明确双方违约的责任。

卖方的违约责任：卖方不能交货的，应向业主支付违约金；卖方所交货物与合同规定不符的，应根据情况由卖方负责包换、包退，包赔由此造成的业主损失；卖方承担不能按合同规定期限交货的责任或提前交货的责任。

业主违约责任：业主中途退货，应向卖方偿付违约金；逾期付款，应按中国人民银行关于延期付款的规定向卖方偿付逾期付款违约金。

(2) 标的物的风险承担

标的物风险是指标的物因不可归责于任何一方当事人的事由而遭受的意外损失。一般情况下，标的物损毁、灭失的风险，在标的物交付之前由卖方承担，交付之后由业主承担。

因业主的原因致使标的物不能按约定的期限交付的，业主应当自违反约定之日起承担其标的物损毁、灭失的风险。卖方出卖交由承运人运输的在途标的物，除当事人另有约定的以外，损毁、灭失风险自合同成立时起由业主承担。卖方按照约定未交付有关标的物的单证和资料的，不影响标的物损毁、灭失风险的转移。

(3) 不当履行合同的处理

卖方多交标的物的，业主可以接收或者拒绝接收多交部分。业主接收多交部分的，按照合同的价格支付价款；业主拒绝接收多交部分的，应当及时通知出卖人。

标的物在交付之前产生的孳息，归卖方所有，交付之后产生的孳息，归业主所有。

因标的物的主物不符合约定而解除合同的，解除合同的效力及于从物。因标的物的从物不符合约定被解除的，解除的效力不及于主物。

(4) 材料采购合同的管理措施

① 对材料采购合同及时进行统一编号管理。

② 监督材料采购合同的订立。项目管理机构虽然不参加材料采购合同的订立工作，但应监督材料采购合同符合项目施工合同中的描述，指令合同中标的质量等级及技术要求，并对采购合同的履行期限进行控制。

③ 检查材料采购合同的履行。对进场材料作全面检查和检验，对检查或检验的材料认为有缺陷或不符合合同要求，项目管理机构可拒收这些材料，并指示在规定的时间内将材料运出现场；项目管理机构也可指示用合格适用的材料取代原来的材料。

④ 分析合同的执行。对材料采购合同执行情况的分析，应从造价控制、进度控制或

质量控制的角度对执行中可能出现的问题和风险进行全面分析，防止由于材料采购合同的执行原因造成施工合同不能全面履行。

2. 设备采购合同履行中的管理

(1) 设备采购合同的履行内容

① 交付货物。供货方应按合同规定，按时、按质、按量地履行供货义务，并做好现场服务工作，及时解决有关设备的技术质量、缺损件等问题。

② 验收。项目管理机构应协助业主对供货方的交货及时进行验收。依据合同规定，对设备的质量及数量进行核实检验，如有异议，应及时与供货方协商解决。

③ 结算。业主对供货方交付的货物检验没有发现问题，应按合同的规定及时付款；如果发现问题，在供货方及时处理达到合同要求后，也应及时履行付款义务。

④ 违约责任。在合同履行过程中，任何一方都不应借故延迟履约或拒绝履行合同义务，否则，应追究违约当事人的法律责任。

a. 由于供货方交货不符合合同规定，如交付的设备不符合合同的标的，或交付的设备未达到质量技术要求，或数量、交货日期等与合同规定不符时，供货方应承担违约责任；

b. 由于供货方中途解除合同，业主可采取合理的补救措施，并要求供货方赔偿损失；

c. 业主在验收货物后，不能按期付款，应按有关规定支付违约金；

d. 采购方中途退货，业主可采取合理的补救措施，并要求采购方赔偿损失。

(2) 设备采购合同的管理

① 对设备采购合同及时编号，统一管理。

② 参与设备采购合同的订立。参与设备采购的招标工作，参加招标文件的编写，提出对设备的技术要求及交货期限的要求。

③ 监督设备采购合同的履行。在设备制造期间，有权对根据合同提供的全部工程设备的材料和工艺进行检查、研究和检验，同时检查其制造进度。

项目管理机构认为检查、研究或检验的结果是设备有缺陷或不符合合同规定时，可通知业主拒收此类工程设备，并由业主立即通知供货人。

3. 成套设备采购合同履行中的管理

(1) 设备成套公司的职责

设备成套公司承包的设备如因自身的原因未能按承包合同规定的质量、数量、时间供应而影响项目建设进度的，设备成套公司要承担经济责任。在项目建设过程中，设备成套公司对承包项目要派驻现场服务组或驻厂员负责现场成套技术服务。现场服务的主要职责：

① 组织机械工业有关企业到现场进行技术服务，处理有关设备方面的问题。

② 了解、掌握工程建设进度和设备到货、安装进度，协助联系设备的交、到货等工作。

③ 参与大型、专用、关键设备的开箱验收，配合业主或安装单位处理设备在接运过程中发现的设备质量和缺损件等问题，并明确产品质量责任。

④ 及时向主管部门报告重大设备质量问题，以及项目现场不能解决的其他问题。当出现重大意见分歧时，施工单位或用户单方坚持处理的，应及时写出备忘录备查。

⑤ 参加工程的竣工验收，处理工程验收中发现的有关设备问题。

⑥ 关心和了解生产企业派往现场的技术服务人员的工作情况和表现，建议有关部门或生产企业予以表场或批评。

⑦ 做好现场服务工作日志，及时记录日常服务工作情况、现场发生的设备质量问题和处理结果，定期向上级主管部门和有关单位报送报表、汇报工作情况，做好现场服务工作总结。

（2）国际货物采购合同的管理

项目管理机构对工程项目国际货物采购合同的管理，除应象国内物资采购合同管理外，还应做到：

① 对设备供应合同及时编号，统一管理。

② 参与合同的编写、签订，并就设备的技术要求及交货期限、质量标准提出要求。

③ 驻厂监造，监督设备采购合同的履行。

第9章 项目监理与质量监督

9.1 项 目 监 理

建筑工程监理是项目管理中的一项重要内容，项目管理单位具备相应监理资质时，可按照国家和当地政府有关规定和程序，承接建筑工程项目的监理任务，项目管理单位在同一项目中既从事项目管理工作又承担工程监理职责，能做到管监合一，有利于深化工程项目管理工作并保持项目管理工作的协调性和连续性。

如果业主将工程项目监理任务委托给其他监理单位，则项目管理机构还应按委托项目管理合同中的约定，代表业主对监理单位进行管理。

无论业主以何种方式委托工程监理，但都应由业主同工程监理单位签订建设工程委托监理合同，约定委托监理的阶段(勘察监理、设计监理、施工监理、设备监造)、工作范围和主要内容(质量控制、造价控制、进度控制、安全监理、合同管理等)。

9.1.1 监理任务的委托方式及其程序

1. 监理任务的委托方式

业主可以通过招标或直接委托方式将工程项目监理任务委托给工程监理单位。

(1) 招标方式

国家和地方有关部门规定必须实施招标的监理项目，业主应通过公开招标或邀请招标选择工程监理单位。

① 公开招标。业主以招标公告的方式邀请具备规定监理资质的不特定工程监理单位参加投标，从中优选工程监理单位。

② 邀请招标。业主以投标邀请书的方式邀请具备规定监理资质的特定工程监理单位参加投标，从中优选工程监理单位。

(2) 直接委托

在不宜公开招标的保密工程或没有竞争对手的情况下，或者是工程规模比较小、比较单一的监理业务，或者是续用原工程监理单位的情况下，业主也可以直接委托工程监理单位。

2. 监理任务的委托程序

项目监理任务的委托方式不同，有不同的委托程序。各种委托程序如图9-1所示。

3. 监理招标主要工作内容

(1) 资格预审文件的编制

资格预审文件分为资格预审须知和资格预审申请文件格式两大部分。

1) 资格预审须知

内容包括：工程概况、招标人名称、资金来源、申请人合格条件与资格要求，资格预

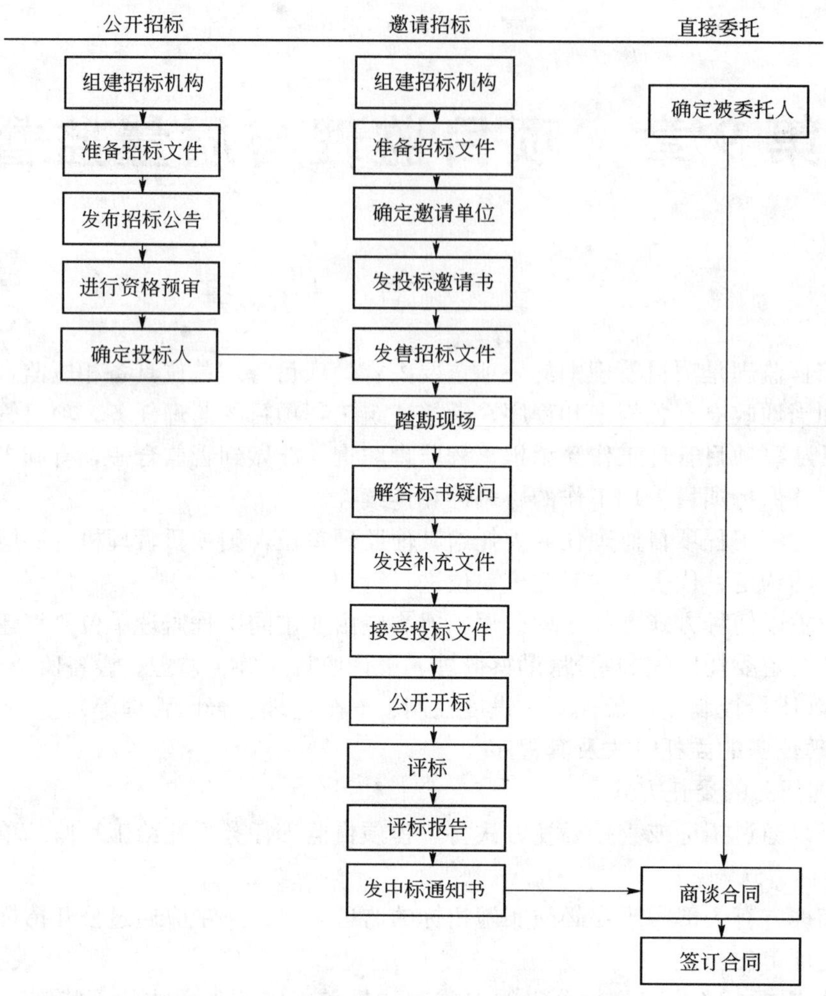

图 9-1 监理任务的委托程序

审文件领取的时间和地点及方式，资格预审文件的构成、澄清、修改，资格预审文件的语言、组成、有效期、形式、密封、递交截止时间，资格预审文件的修改、撤回和重新递交，资格评审、预审结果的通知，附件《资格预审办法》等。

2）资格预审申请文件格式

包括：封面、资格预审申请人致函、授权委托书、投标申请人一般情况说明、投标申请人近 3 年内质量管理体系认证、投标申请人近 3 年内监理项目业绩表、投标申请人近 3 年内监理的和在监的类似工程业绩表、拟派项目总监理工程师以往业绩表、拟派项目监理机构人员组成表、拟派项目主要监理技术人员资格审查表、投标申请人用于本工程监理的主要检测设备和技术装备情况表、投标申请人现场项目监理机构配备情况、其他需补充的资料。

3）资格预审办法

① 总则：内容包括编制依据、评审原则、评审委员会的组成、投标人数量的确定、其他要求。

② 评审程序和内容：评审准备工作、初步评审(符合性和完整性)、详细评审(包括必要条件评审和附加条件评审)、汇总评审结果、完成评估报告。

③ 评审标准和条件：

a. 初步评审的标准和条件：是否按规定的时间报名、获取资格预审文件、递交资格预审申请文件，递交的资格预审申请文件是否符合资格预审文件中规定的要求和法律、法规、规章的规定。

b. 详细评审(必要条件)：对必要合格条件进行评审，具体标准及条件见表 9-1。

资格预审表(必要条件)　　**表 9-1**

序　号	项 目 内 容	合 格 条 件及 标 准	备　注
1	企业营业执照	具有独立法人资格，营业范围应满足投标申请人条件且年检合格、有效	
2	企业资质等级	具备与工程性质相应的工程监理资质(如：房屋建筑工程监理甲级资质)，且资质证书有效	
3	注册资金	不低于规定的标准(如：100 万元)	
4	企业业绩	具有同类工程监理业绩	
5	项目总监理工程师	国家注册监理工程师，具有同类工程监理业绩	
6	承　　诺	对在近三年内申请人经营、财务、信誉状况是否良好和是否存在严重违约、重大质量、安全问题做出承诺	

(2) 招标文件的编制

招标文件中包括合同文件、技术规范及附件等内容。

1) 第一部分：合同文件

① 投标单位须知：工程概况、项目法人、招标单位、投标单位资质要求、投标费用、招标文件、投标书编制、投标价格、投标的有效期、投标书签署、投标书送达及开标与评标。

② 合同通用条件：词语定义，适用语言和法规、监理单位的义务、招标单位的义务、监理单位的权利、招标单位的权利、监理单位的责任、招标单位的责任、合同生效，变更与终止、监理酬金及争议的解决。

③ 合同专用条件：合同适用的法规及监理依据、监理业务、外部条件、工程资料提供的数量及时间、招标单位免费向监理方提供的设施、监理方酬金计算及支付时间、奖罚办法及争议的解决。

④ 投标书：投标书的内容、投标书应提供的文件及资料及中标通知书、合同示范文本等。

⑤ 合同格式：包括中标通知书、采用的委托监理合同文本。

⑥ 附件：评标办法。包括：

a. 评标方法：招标人在招标文件的附件中列明评标方法，监理投标评标一般采取计分评审法，由招标人负责组织成立一个评标委员会，负责评标工作，依据招标文件规定的评标标准和方法，对所有投标文件进行评审，并根据评审平均得分的高低排名，向招标人推荐中标候选人或者直接确定中标人。评标委员会由招标人或其委托的招标代理机构熟悉

相关业务的代表和招标管理部门抽取的有关评标专家组成，成员人数为五人及以上单数，其中评标专家不得少于成员总数的三分之二。

b. 评标标准：在招标文件的附件中，招标人列明评标的标准。监理投标书的评审，重点是对投标人的资质和能力的评审，评审内容包括投标人的资质、监理大纲、拟派项目的总监理工程师及主要监理人员的素质和各专业配套情况、配备的检测设备和仪器、投标人业绩和奖惩情况、监理费报价等。

建设工程监理评标内容及方法参见表 9-2。

建设工程监理评标计分表　　表 9-2

<table>
<tr><th>评　分　项　目</th><th>细项及评分标准</th><th>标准分</th><th>实际得分</th></tr>
<tr><td rowspan="6">一、监理大纲
（40分）</td><td>1. 监理实施方案：监理工作内容、范围、程序和方法</td><td>10</td><td></td></tr>
<tr><td>2. 质量控制</td><td>6</td><td></td></tr>
<tr><td>3. 进度控制</td><td>6</td><td></td></tr>
<tr><td>4. 造价控制</td><td>6</td><td></td></tr>
<tr><td>5. 安全控制</td><td>6</td><td></td></tr>
<tr><td>6. 合同及信息管理</td><td>6</td><td></td></tr>
<tr><td rowspan="8">二、项目监理机构
人员资质
（25分）</td><td>1. 总监理工程师(资质及业绩)</td><td>10</td><td></td></tr>
<tr><td>2. 人员专业配套</td><td>6</td><td></td></tr>
<tr><td>3. 人员职称年龄结构</td><td>4</td><td></td></tr>
<tr><td>4. 注册监理工程师所占比例</td><td></td><td></td></tr>
<tr><td>(1) 30％以下</td><td>1</td><td></td></tr>
<tr><td>(2) 30％－40％(不含 40％)</td><td>2</td><td></td></tr>
<tr><td>(3) 40％－50％(不含 50％)</td><td>3</td><td></td></tr>
<tr><td>(4) 50％以上</td><td>5</td><td></td></tr>
<tr><td rowspan="2">三、监理取费
（10分）</td><td>1. 费率在规定标准以内</td><td>7</td><td></td></tr>
<tr><td>2. 按插入法求得费率，监理费率每下浮 0.1％加 1 分；每上浮 0.1％减 1 分；加分最多为 3 分</td><td>10</td><td></td></tr>
<tr><td rowspan="2">四、检测设备
（5分）</td><td>1. 基本满足工程检测要求</td><td>3</td><td></td></tr>
<tr><td>2. 完全满足工程检测要求</td><td>5</td><td></td></tr>
<tr><td rowspan="7">五、企业信誉
（10分）</td><td>1. 企业资质等级</td><td></td><td></td></tr>
<tr><td>(1) 甲级资质</td><td>5</td><td></td></tr>
<tr><td>(2) 乙级资质</td><td>3</td><td></td></tr>
<tr><td>(3) 丙级和临时资质</td><td>1</td><td></td></tr>
<tr><td>2. 获国家或市级荣誉称号</td><td>2</td><td></td></tr>
<tr><td>3. 只通过质量管理体系认证</td><td>3</td><td></td></tr>
<tr><td>通过质量、环境、职业健康安全管理三项认证</td><td>5</td><td></td></tr>
<tr><td rowspan="4">六、监理业绩
（10分）</td><td>1. 监理过 5 个(含 5 个)以上同等级工程</td><td>10</td><td></td></tr>
<tr><td>2. 监理过 3 个(含 3 个)以上同等级工程</td><td>6</td><td></td></tr>
<tr><td>3. 监理过 2 个(含 2 个)以上同等级工程</td><td>4</td><td></td></tr>
<tr><td>4. 监理过工程获省、市级以上优质工程称号，国家级 1 项加 2 分，省、市级 1 项加 1 分，最高不超过 4 分</td><td>4</td><td></td></tr>
<tr><td>七、分数总计</td><td></td><td>100</td><td></td></tr>
</table>

评委签字：　　　　　　　　　　　　　　　　　　　　年　　月　　日

2）第二部分：技术规范

① 建设工程监理规范；

② 施工技术规范。

3）第三部分：附件

① 授权委托书；

② 投标书；

③ 监理大纲；

④ 投标人需要招标人提供的条件；

⑤ 拟派本项目监理机构及主要人员一览表；

⑥ 拟派本项目总监理工程师资格一览表；

⑦ 拟派本项目监理工程师资格一览表；

⑧ 拟在本项目使用的主要仪器和检测设备一览表；

⑨ 监理单位综合情况一览表；

⑩ 近 3 年内已完成同类型工程项目一览表、近 3 年内获得荣誉称号及质量认证情况一览表等。

9.1.2　委托监理合同的签订

1. 建设工程委托监理合同示范文本

为了规范建筑市场的管理，建设部和国家工商行政管理局联合颁布了《建设工程委托监理合同(示范文本)》(GF—2000—0202)。示范文本由“建设工程委托监理合同”、“建设工程委托监理合同标准条件”和“建设工程委托监理合同专用条件”三部分组成。

(1) 建设工程委托监理合同

“建设工程委托监理合同”是一个标准化的合同文件，业主和工程监理单位就“建设工程委托监理合同专用条件”中的各条款经过协商达成一致后，只需填写该文件中委托监理工程的概况、执行监理业务的起止时间和正副本份数等空白栏目，并经合同双方签字盖章后，委托监理合同即产生法律效力。该文件中工程概况栏目下需填写的内容包括：工程名称、工程地点、工程规模、总投资、监理范围及合同履行期限。该文件中明确规定，对双方有法律约束力的合同文件，除了该文件之外，还包括以下几部分：

① 监理投标书或中标通知书；

② 建设工程委托监理合同标准条件；

③ 建设工程委托监理合同专用条件；

④ 在实施过程中共同签署的补充与修正文件。

(2) 建设工程委托监理合同标准条件

标准条件适用于各行业不同地区、不同类别建设工程监理。该文件中明确规定了合同正常履行过程中业主和工程监理单位的权利、义务和职责，合同履行过程中规范化的管理程序，以及合同履行过程中遇到非正常情况时的责任界限和应遵循的处理程序。

标准条件共分为 11 节，49 条。内容包括：词语定义、适用语言和法规；监理人义务；委托人义务；监理人权利；委托人权利；监理人责任；委托人责任；合同生效、变更与终止；监理报酬；其他；争议的解决等。

标准条件作为通用性范本，各条款内容规定得明确、具体，双方在签订合同时不需要作任何改动或补充。业主和工程监理单位都应当遵守。

(3) 工程建设监理合同专用条件

示范文本中要求合同当事人双方经过协商一致后，针对建设项目的个性、所处的自然和社会环境具体编写专用条件。

专用条件的条款，一般基于以下几种情况：

① 标准条件中条款指明，该部分内容需在专用条件中予以具体明确规定的内容。如标准条件第 15 条指出，“委托人应免费向监理人提供合同专用条件约定的设施”，专用条件中就必须具体写明业主应提供设施的种类、品名和数量。

② 修正标准条件中条款的具体规定。如标准条件第 42 条规定，“如果委托人对监理人提交的支付通知中报酬或部分报酬项目提出异议，应当在收到支付通知书 24 小时内向监理单位发出表示异议的通知”。若业主认为限定在一天内既要审核通知书，又必须找出其中不合理之处而发出通知时间太短的话，双方可在签订合同前通过协商达成一致后，将此时限适当延长并写入专用条件内，修正标准条件内的规定。

③ 增加约定的补充条款。就具体委托的建设项目监理任务而言，当事人双方可就某些标准条款中没有涉及到的内容达成一致后，写入专用条件内，作为合同的一项约定内容。

标准条件和专用条件起着互为补充说明的作用，专用条件中的条款顺序号应与被补充、修正或说明的标准条件中的条款序号一致，即两部分内容中相同序号的条款共同组成一个内容完备、说明某一问题的条款。

2. 委托监理合同的订立

(1) 合同谈判

业主在与选定的工程监理单位正式签订合同之前，双方需要进行谈判。谈判的内容是针对委托监理工程项目的特点，就“建设工程委托监理合同”示范文本中专用条件部分的条款具体协商议定。谈判时，通常是先谈工作计划、人员配备、业主方的投入等问题，然后再进行价格方面的谈判。双方谈判达成一致后，签订建设工程委托监理合同。

1) 监理服务内容的谈判

① 细致讨论投标书中的完成计划和建议，根据讨论的结果形成正式的监理任务大纲；

② 着重讨论工程监理单位提出的人员配备计划。包括主要人员的情况和职责、专业不足人员的补充方式，对业主认为不合格人员的更换等问题；

③ 确定各专业监理人员派驻现场的时间计划，落实各监理工程师派驻现场的时间。谈判中应当讲明，签订委托监理合同后，除非有正当的理由(如生病或确实不适应工作等)，名单内的人员一律不许私自更换。确需更换时，工程监理单位应提出合格人选并由业主批准后才可替换。在履行委托监理合同过程中，如果业主认为监理人员中有不胜任者，可以随时据实提出更换人员要求；

④ 确定业主应为项目监理机构开展正常的服务工作提供的办公、生活条件，以及必要的设施、设备、物资等内容。如果有些设备可由工程监理单位提供的，也应明确约定内容和计费标准；

⑤ 讨论双方关心的其他问题。

2) 监理合同的财务谈判

财务谈判的主要内容包括：

① 合同的计价方式和酬金的支付；

② 附加监理工作和额外监理工作的取费标准；

③ 工程监理单位提供设备、仪器的取费标准；

④ 应由工程监理单位交纳税费的种类；

⑤ 长期合同的价格调整方式；

⑥ 预付款的支付和扣还；

⑦ 业主逾期付款的利息；

⑧ 其他有关经济问题。

(2) 订立合同时需注意的问题

① 坚持按法定程序签订合同；

② 重视合同谈判过程中双方往来的函件，对确认的内容或事项，应写入合同的附录或专用条款内；

③ 在签订委托监理合同中，文字简洁、清晰、严密，保证意思表达清楚，以避免在合同履行中产生争议。

(3) 合同的签订

双方对合同的具体条款进行充分的协商和洽谈达成一致意见后，由双方法定代表人(或授权代表)签字，加盖双方单位专用合同章或单位公章，以及注明签订日期、联系地址、电话、开户银行和帐号等。

9.1.3　委托监理合同履行中的管理

业主将工程监理工作委托其他监理单位时，项目管理机构应按委托项目管理合同约定，代表业主对项目监理机构进行管理。协助和监督工程监理单位履行委托监理合同，并定期向业主报告委托监理合同的履行情况。

1. 代表业主行使业主的权利和履行业主的义务

(1) 代表业主行使委托监理合同中规定的业主权利

① 对工程变更的审批权；

② 要求项目监理机构提交监理工作月报及监理业务范围内的专项报告；

③ 对监理行为的监督权。

(2) 代表业主履行委托监理合同中规定的业主义务

① 协助业主负责建设工程的所有外部关系的协调工作，提供满足开展监理工作所需的外部条件；

② 在合理的时间内就项目监理机构以书面形式提交并要求做出决定的一切事宜，经与业主进行充分协商后做出书面决定；

③ 为工程监理单位顺利履行合同义务，代表业主与项目监理机构做好协调工作。将授予工程监理单位的权利及项目监理机构主要成员的职责分工和权限及时书面通知业主已选定的施工承包单位，并在施工承包合同中予以明确；在双方约定的时间内，协助业主向项目监理机构提供与工程有关的监理服务所需的工程资料；按照合同的约定为项目监理机构开展正常工作提供相应的信息、物质、人员服务；

④ 代表业主同工程监理单位保持工作联系，参加监理例会及项目监理机构主持召开

的专题会议，并发表意见。

2. 监理合同管理的具体事项

(1) 对项目监理机构监理工作的管理

1) 正常监理工作。代表业主监督项目监理机构按委托监理合同约定的监理工作范围和监理工作内容进行监理工作。

2) 附加监理工作。代表业主督促项目监理机构完成与正常工作相关且在委托正常监理工作范围之外需监理人员应完成的工作，包括：

① 通过双方协商书面确定另外增加的工作内容：非工程监理单位原因导致承包合同不能按期竣工而必须延长的监理工作时间；

② 由于业主或承包单位的原因，使监理工作受阻或延误，以致增加工作量或持续时间而增加的工作。

3) 额外监理工作。代表业主协调项目监理机构完成正常工作和附加工作之外的工作，即非监理单位原因而暂停或终止监理业务，其善后工作及恢复监理业务的工作。

4) 附加监理工作和额外监理工作酬金的确定与支付。代表业主按委托监理合同专用条款内约定的附加监理工作和额外监理工作酬金的计算办法和支付方式确定附加监理工作和额外监理工作的酬金并协调办理支付手续。

(2) 监督项目监理机构行使监理权利和履行监理义务

1) 监督项目监理机构行使其相应的权利

项目监理机构的权利包括：工程建设有关事项和工程设计的建议权，实施项目的质量、工期、费用和安全的监督控制权。项目管理机构监督的内容包括：

① 组织相关部门审核项目监理机构对工程建设的合同、计划、组织等方面提出合理的意见和建议，经业主同意后，由相关部门实施；

② 组织业主、设计单位协商项目监理机构对工程设计提出的有益建议，经协商一致后由相关部门实施；

③ 监督项目监理机构对承包单位报送的工程施工组织设计和技术方案，是否按照保质量、保工期和降低成本要求，自主进行审批和向承包单位提出建议；

④ 监督项目监理机构是否征得业主同意，发布开工龄、停工龄、复工龄；

⑤ 监督项目监理机构对工程中使用的材料和施工质量是否按设计要求和规范规定进行检验和验收；未经项目监理机构验收签字的建筑材料、建筑构配件和设备是否在工程中使用；

⑥ 监督项目监理机构是否对施工进度进行检查、监督和动态控制，工程竣工日期提前或延误期限的鉴定是否符合实际；

⑦ 监督项目监理机构在工程承包合同约定的工程范围内，工程款支付的审核以及结算工程款的复核是否合理确认；

⑧ 复核项目监理机构审核承包单位索赔的结果。

2) 监督项目监理机构履行其相应的义务

① 督促项目监理机构公正地维护业主的合法权益；

② 督促工程监理单位按合同约定派驻足够的人员从事监理工作；

③ 未经业主同意，不得泄漏与本工程、合同业务有关的保密资料和各方申明的秘密；

④ 督促项目监理机构妥善保管业主提供使用的设施和物品，并在监理工作完成或中止时归还业主；

⑤ 监督项目监理机构中的监理人员不得接受委托监理合同约定以外的与监理工作有关的报酬；

⑥ 监督项目监理机构的监理人员不得参与可能与合同规定的与业主利益相冲突的任何活动；

⑦ 监督项目监理机构对施工合同的管理工作。

3）违约责任的协调处理

① 违约赔偿。在合同责任期内，任何一方未按委托监理合同履行义务，给对方造成损失时，均应向对方承担赔偿责任；

② 赔偿原则。业主违约，承担违约责任，赔偿工程监理单位的经济损失；因工程监理单位过失造成业主经济损失，由工程监理单位向业主进行赔偿，累计赔偿额不超出监理酬金总额(除去税金)；当一方向另一方的索赔要求不成立时，提出索赔的一方应补偿由此导致的对方各种费用支出；

③ 工程监理单位的责任限度。监理单位在履行委托监理合同的责任期限内，如果因监理单位自身过失而造成业主的经济损失，监理单位要承担监理失职的责任；监理单位不对监理责任期限以外发生的任何事情所引起的损失或损害负责；监理单位不对第三方违反合同规定的质量要求、安全事故、完工时限承担责任；

④ 协调处理。项目管理单位本着实事求是的原则，并接委托监理合同有关条款的约定，来处理双方提出的索赔事件，在进行充分调查和取证的基础上，通过对双方的协调和商谈，求同存异，最终达成一致意见。

(3) 监理酬金的管理

1）正常监理工作的酬金：

① 固定费率合同：按监理工程的结算总价×费率(合同约定的取费费率)执行。

② 固定总价合同：按监理合同价执行。

2）附加监理工作的酬金：

① 增加监理工作时间的补偿酬金：按附加监理工作天数×合同约定的报酬/合同中约定的监理服务天数执行；

② 增加监理工作内容的补偿酬金：此属于委托监理合同的变更，协助业主与项目监理机构另行签订补充协议，并商定报酬额或报酬的计算方法。

3）额外监理工作的酬金：按实际增加监理工作天数×合同约定的报酬/合同中约定的监理服务天数执行。

4）奖金：如委托监理合同中有约定奖励的条款，项目管理机构根据项目监理机构在监理服务过程中提出的合理化建议使得工程成本降低或提前完工使业主得到了经济效益情况进行核实，工程监理单位按委托监理合同专用条款的约定获得经济奖励，奖励金额为工程成本降低额(或获得的经济效益)×奖励比例，经业主批准后支付工程监理单位。

5）监理酬金的支付：按委托监理合同中双方约定的支付时间和支付方式进行支付。

(4) 合同的生效、变更与终止

1）合同的生效：自委托监理合同签订之日起生效。

2）合同的开始和完成：以委托监理合同中约定的监理工作开始和完成时间为准。如果开始时间有变化，由项目管理机构代表业主书面通知项目监理机构，完成时间也相应改变；在委托监理合同履行过程中因某些特定的原因需延期时，经双方协商同意延期后，完成时间亦相应顺延。

3）合同的变更：一方申请并经双方协商、书面同意时，可对委托监理合同进行变更，并对原合同进行相应的修改。在实际履行中，可采用正式文件、信件协议或委托单等方式对合同进行修改。

4）延期：非监理单位的原因使监理工作受到阻碍或延误，以致增加工程量或持续时间，项目监理机构应及时将此情况与可能产生的影响及时通知委托人，经项目管理机构核实后，监理单位可取得附加监理工作的酬金。

5）情况的改变：非监理单位的原因使监理工作部分或全部停止，业主应按合同约定支付额外监理工作的酬金。

6）合同的暂停或终止：

① 监理单位向业主办理完竣工验收或工程移交手续，承包单位和业主已签订工程保修责任书，监理单位收到监理报酬尾款结清监理酬金后，委托监理合同即告终止；

② 一方要求解除合同时，应当在 42 天前通知对方，在未达成书面解除协议之前，原合同仍然有效；

③ 业主认为监理单位无正当理由而又未履行监理义务时，可向监理单位发出指明其未履行义务的书面通知。若业主在 21 日内未收到监理单位的答复，可在第一个通知发出后 35 日内发出终止委托监理合同的通知，合同即行终止；

④ 监理单位在应当获得监理酬金之日起 30 日内仍未收到支付单据，而业主又未对监理单位提出任何书面解释，或暂停监理业务期限超过半年时，监理单位可向业主发出终止合同通知。如果 14 日内未得到业主答复，可进一步发出终止合同的通知。如果第二份通知发出后 42 天内仍未得到业主的答复，监理单位可终止合同，也可自行暂停履行部分或全部监理业务；

⑤ 合同协议的终止并不影响各方应有的权利和应承担的责任。

（5）争议的解决

因违反或终止合同而引起对损失或损害的赔偿，项目管理机构应组织业主与监理单位进行协商解决。如协商未能达成一致，可提交有关部门调解。如仍未达成一致时，根据双方约定提交仲裁机构仲裁或向人民法院起诉。

9.1.4　监理任务的实施

1. 监理组织与设施

（1）项目监理机构

工程监理单位根据委托监理合同约定的服务内容、工程类别、规模、技术复杂程度、建设工期、工程环境等因素组建项目监理机构，确定监理机构的组织形式和人员配备数量，按委托监理合同约定的时间进驻工程施工现场。总监理工程师由监理单位法定代表人书面授权，行使委托监理合同赋予监理单位的权利和义务，全面负责受委托工程的建设工程监理工作。监理单位应将总监理工程师授权书报送业主。

（2）监理设施与设备

业主按委托监理合同的约定，提供满足监理工作需要的办公、交通、通讯、生活设施，项目监理机构应妥善保管和使用业主提供的设施，并在完成监理工作后移交业主。

项目监理机构根据项目特点，配备监理工作需要的常规检测设备、检测工具和办公所需的计算机等设备。

2. 施工监理工作程序

工程监理单位按照委托监理合同在建筑工程施工阶段实施监理的程序如图 9-2 所示。

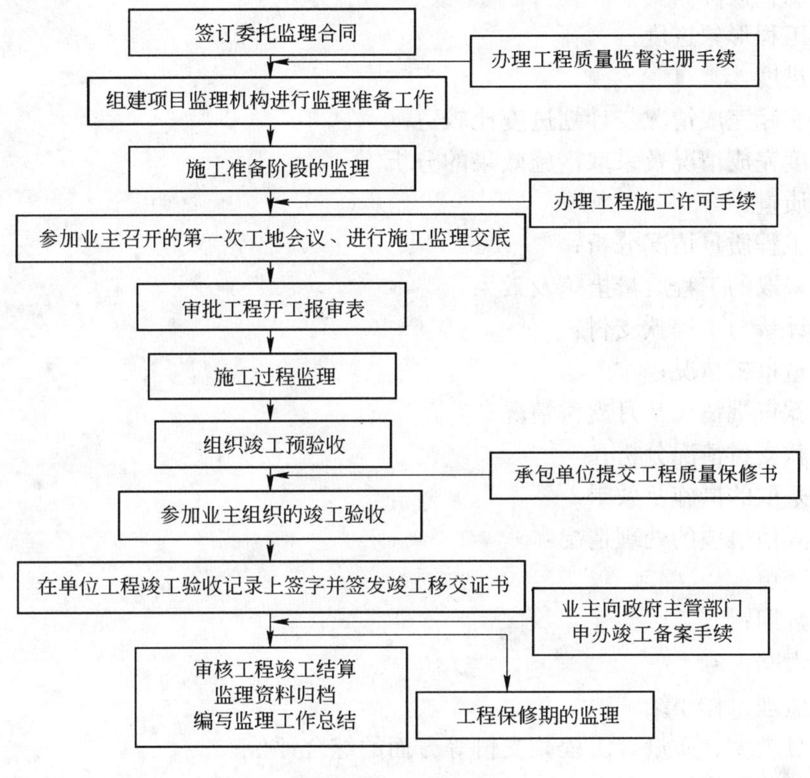

图 9-2　施工监理程序

3. 监理规划及监理实施细则

(1) 监理规划

项目总监理工程师在签订委托监理合同及收到设计文件后应组织编制监理规划，明确项目监理机构的工作目标和人员配备计划、人员岗位职责，确定具体的监理工作制度、程序、方法、措施和旁站监理方案等，经监理单位技术负责人审核批准，在召开第一次工地会议前报送业主批准。

按照《建设工程监理规范》的要求，监理规划应包括以下主要内容：工程项目概况；监理工作范围；监理工作内容；监理工作目标；监理工作依据；项目监理机构的组织形式；项目监理机构的人员配备计划；项目监理机构的人员岗位职责；监理工作程序；监理工作方法及措施；监理工作制度；监理设施。

(2) 监理实施细则

专业监理工程师应根据项目的专业特点，编制监理实施细则，主要内容包括：专业工程的特点、监理工作的流程、监理工作的控制要点及目标值、监理工作的方法及措施等。经总监理工程师批准后执行，以指导监理人员的监理工作。

4．监理月报

按照《建设工程监理规范》要求，项目监理机构在实施监理的过程中，应由总监理工程师组织编制监理月报，签认后报业主和本监理单位。

施工阶段的监理月报应包括以下内容：

1）本月工程概况。

2）本月工程形象进度。

3）工程进度：

① 本月实际完成情况与计划进度比较；

② 对进度完成情况及采取措施效果的分析。

4）工程质量：

① 本月工程质量情况分析；

② 本月采取的工程质量措施及效果。

5）工程计量与工程款支付：

① 工程量审核情况；

② 工程款审批情况及月支付情况；

③ 工程款支付情况分析；

④ 本月采取的措施及效果。

6）合同其他事项的处理情况：

① 工程变更；

② 工程延期；

③ 费用索赔。

7）本月监理工作小结：

① 对本月进度、质量、工程款支付等方面的综合评价；

② 本月监理工作情况；

③ 有关本工程的意见和建议；

④ 下月监理工作的重点。

5．监理工作总结

施工阶段监理工作结束时，监理单位应向业主提交监理工作总结。监理工作总结应包括以下内容：

① 工程概况；

② 监理组织机构、监理人员和投入的监理设施；

③ 监理合同履行情况；

④ 监理工作成效；

⑤ 施工过程中出现的问题及其处理情况和建议；

⑥ 工程照片(有必要时)。

6．工程质量保修期监理工作

项目监理机构将根据委托监理合同约定的工程质量保修期监理工作的时间、范围和内容开展保修期的监理工作：

① 协助业主与承包单位签订本项目的保修合同及保修终止合同；

② 在保修期内定期对业主进行回访，并派相关专业监理工程师对工程的使用情况进行检查；

③ 在接到业主通知后，及时安排监理人员对业主提出的工程质量缺陷进行检查和记录，并协助业主及时处理和解决有关问题；

④ 对工程质量缺陷原因进行调查分析并确定责任归属，鉴定质量问题，提出维修措施，组织承包单位进行维修；对承包单位进行修复的工程质量进行验收，合格时予以签认；

⑤ 如承包单位在规定的时间内不能如约进行维修，在经业主的同意后，雇请第三方进行维修，并审核维修费用，报业主批准；

⑥ 对非承包方原因造成的工程质量缺陷，核实修复工程的费用，并报业主批准；

⑦ 负责保修期内工程保修结算及保修期内发生的雇请第三方的认可及责任方的确认工作；

⑧ 对于提出的质量缺陷，在经业主同意和授权的情况下，组织权威机构进行鉴定，并将鉴定结果报业主；

⑨ 保修期结束后，向业主提供保修期监理工作总结和质量问题分析报告。

9.2　项目质量监督

9.2.1　质量监督及其主要工作内容

1. 工程质量监督的含义

工程质量监督是建设行政主管部门或其委托的工程质量监督机构(统称质量监督机构)根据国家的法律、法规和工程建设强制性标准，对责任主体和有关机构履行质量责任的行为以及工程实体质量进行监督检查、维护公众利益的行政执法行为。

2. 工程质量监督的主要内容

① 对责任主体和有关机构履行质量责任的行为的监督检查；

② 对工程实体质量的监督检查；

③ 对施工技术资料、监理资料以及检测报告等有关工程质量的文件和资料的监督检查；

④ 对工程竣工验收的监督检查；

⑤ 对混凝土预制构件及预拌混凝土质量的监督检查；

⑥ 对责任主体和有关机构违法、违规行为的调查取证和核实、提出处罚建议或按委托权限实施行政处罚；

⑦ 提交工程质量监督报告；

⑧ 随时了解和掌握本地区工程质量状况；

⑨ 其他内容。

9.2.2　质量监督注册手续的办理程序

1. 工程质量监督注册

业主在办理施工许可证之前应当到规定的工程质量监督机构办理工程质量监督注册手续。办理质量监督注册手续时需提供下列资料：

① 施工图设计文件审查报告和批准书；

② 中标通知书和施工、监理合同；

③ 建设单位、施工单位和监理单位工程项目的负责人和机构组成；

④ 施工组织设计和监理规划(监理实施细则)；

⑤ 其他需要的文件资料。

业主在办理工程质量监督注册时，需要填写工程质量监督注册登记表，其格式参见表9-3或表9-4和表9-5。

工程质量监督注册登记表　　**表9-3**

工程编码：______　　建质字(　　)第　　号

工程概况	工程名称		工程地址			
	工程规模	m^2 (m)	结构类型		层数	
	其中人防面积	m^2	工程投资性质			
	工程总造价	万元	工程类别			
	计划开工日期		计划竣工日期			
建设单位（盖章）		法定代表人		电话		
		项目负责人		电话		
		经办人		电话		
勘察单位		法定代表人		电话		
		项目负责人		电话		
		资质等级		证书编号		
设计单位		法定代表人		电话		
		项目负责人		电话		
		资质等级		证书编号		
施工单位		法定代表人		电话		
		项目负责人		电话		
		资质等级		证书编号		
监理单位		法定代表人		电话		
		项目负责人		电话		
		资质等级		证书编号		
监督单位			监督注册受理机构 （盖章） 经办人： ____年____月____日			
备注						

建筑工程安全质量监督申报表（正表）　　　　表 9-4

<table>
<tr><td colspan="2">项目名称</td><td colspan="3"></td><td>报建编码</td><td></td></tr>
<tr><td colspan="2">建设地点</td><td colspan="3"></td><td>所在区县</td><td></td></tr>
<tr><td colspan="2">建筑总面积</td><td colspan="3">m²</td><td>建安工作量</td><td>万元</td></tr>
<tr><td colspan="2">项目内容</td><td colspan="5"></td></tr>
<tr><td colspan="7">请在以下项目内(□)打“√”</td></tr>
<tr><td colspan="2">建设性质</td><td colspan="5">□新建 □扩建 □改建 □装修 □复工 □其他</td></tr>
<tr><td colspan="2">立项级别</td><td colspan="5">□国务院(各部委) □市 □区(县) □其他</td></tr>
<tr><td colspan="2">参建单位</td><td colspan="5">□勘察 □设计 □施工总承包 □施工 □监理</td></tr>
<tr><td colspan="2">工程性质</td><td colspan="2">□单体工程 □群体工程</td><td>是否重大工程</td><td colspan="2">是 □ 否 □</td></tr>
<tr><td colspan="2">其他说明事项</td><td colspan="5">有：□电梯 □民防</td></tr>
<tr><td colspan="2">建设单位名称</td><td colspan="5"></td></tr>
<tr><td colspan="2">建设单位地址</td><td colspan="2"></td><td>邮政编码</td><td colspan="2"></td></tr>
<tr><td colspan="2">联　系　人</td><td colspan="2"></td><td>联系电话</td><td colspan="2"></td></tr>
<tr><td>申报单位</td><td colspan="2">建设单位公章：

法人代表人签章：

年　月　日</td><td>监督机构</td><td colspan="3">监督受理专用章：

经办人：

年　月　日</td></tr>
<tr><td>备注</td><td colspan="6"></td></tr>
</table>

说明：

1. 本表一个项目(报建项目)填写一张，一式二份(监督机构一份，建设单位一份)。
2. 建筑面积保留到个位数，建安工作量为施工合同总造价，并保留到小数点 1 位。
3. 项目内容为建安工作量所包括的范围、内容、数量。

建筑工程安全质量监督申报表（副表）　　　　**表 9-5**

报建编号：

<table>
<tr><td>项目名称</td><td colspan="5"></td></tr>
<tr><td>工程地点</td><td colspan="5"></td></tr>
<tr><td>所在区县</td><td colspan="2"></td><td>合同价</td><td colspan="2">万元</td></tr>
<tr><td>建设单位</td><td colspan="5"></td></tr>
<tr><td>建设单位地址</td><td colspan="2"></td><td>邮政编码</td><td colspan="2"></td></tr>
<tr><td>联系人</td><td colspan="2"></td><td>联系电话</td><td colspan="2"></td></tr>
<tr><td colspan="6">参　建　单　位</td></tr>
<tr><td>勘察单位</td><td></td><td>项目负责人</td><td></td><td>联系电话</td><td></td></tr>
<tr><td>设计单位</td><td></td><td>项目负责人</td><td></td><td>联系电话</td><td></td></tr>
<tr><td>施工总包单位</td><td></td><td>项目负责人</td><td></td><td>联系电话</td><td></td></tr>
<tr><td>施工单位</td><td></td><td>项目经理</td><td></td><td>联系电话</td><td></td></tr>
<tr><td>监理单位</td><td></td><td>项目总监</td><td></td><td>联系电话</td><td></td></tr>
<tr><td colspan="6">申　报　单　位</td></tr>
<tr><td colspan="6">法定代表人签章：
建设单位公章：
年　月　日</td></tr>
<tr><td colspan="6">监　督　机　构</td></tr>
<tr><td colspan="6">监督受理专用章：
经办人：
年　月　日</td></tr>
</table>

说明：

1. 本表一式二份（监督机构一份，建设单位一份）。
2. 工程地点、参建单位相同的工程，逐一填在“工程明细表”中；工程地点、参建单位不同的工程需分别填表。（根据工程情况的不同，每次报监可能有多张附表）。

登记事项真实、齐全、合法、有效的，工程质量监督机构在规定的工作日内，在工程质量监督注册登记表中加盖公章，并交付业主。进行工程质量监督注册后，工程质量监督机构确定监督工作负责人，发给业主工程质量监督通知书，并制定工程质量监督计划。

2. 工程质量监督注册手续的办理程序

① 业主准备相关资料；

② 业主递交资料：向建设行政主管部门委托的质量监督机构递交有关工程质量监督

注册的相关资料；

③ 质量监督机构受理：建设行政主管部门委托的质量监督机构接收业主申报的资料，按照受理标准查验申办材料，符合标准时将予以办理，并转注册人员；

④ 质量监督机构注册：建设行政主管部门委托的质量监督机构注册人员按照注册标准进行审核，符合标准的，准予注册，并告知申办人到指定银行缴纳建设工程质量监督费；

⑤ 业主交费：按有关规定到指定银行缴纳建设工程质量监督费；

⑥ 质量监督机构备案：建设行政主管部门委托的质量监督机构备案人员按照备案标准进行审核，符合标准的，在施工许可申请表上加盖注册专用章；

⑦ 业主领取相关审批文件。

9.3　项目施工许可证

9.3.1　关于施工许可的有关规定

根据我国《建筑工程施工许可管理办法》规定，从事各类房屋建筑及其附属设施的建造、装修装饰和与其配套的线路、管道、设备的安装，以及城镇市政基础设施工程的施工，业主在开工前应当向工程所在地的县级以上人民政府建设行政主管部门申请领取施工许可证。必须申请领取施工许可证的建筑工程未取得施工许可证的，一律不得开工。

工程投资额在 30 万元以下或者建筑面积在 300 平方米以下的建筑工程，可以不申请办理施工许可证。

1. 申请领取施工许可证的条件

申请领取施工许可证，应当具备下列条件，并提交相应的证明文件：

① 已经办理该建筑工程用地批准手续；

② 在城市规划区的建筑工程，已经取得建设工程规划许可证；

③ 需要拆迁的，其拆迁进度符合施工要求；

④ 已经确定施工需要的施工图纸及技术资料；

⑤ 有保证工程质量和安全的具体措施；

⑥ 建设资金已落实；

⑦ 法律、行政法规规定的其他条件。

2. 施工许可证的有关时间要求

建设单位应当自领取施工许可证之日起 3 个月内开工。因故不能按期开工的，应当在期满前向发证机关申请延期，并说明理由；延期以两次为限，每次不超过 3 个月。既不开工又不申请延期或者超过延期次数、时限的，施工许可证自行废止。在建的建筑工程因故中止施工的，建设单位应当自中止施工之日起 2 个月内向发证机关报告，报告内容包括中止施工的时间、原因、在施部位、维修管理措施等，并按照规定做好建筑工程的维护管理工作。建筑工程恢复施工时，应当向发证机关报告：中止施工满 1 年的工程恢复施工前，建设单位应当报发证机关核验施工许可证。

9.3.2　施工许可证的办理程序

1. 业主准备相关申请材料

（1）房屋建筑工程

① 按规定填写、盖章的《建筑工程施工许可申请表》一式两份；

② 建筑工程规划许可证及建设用地规划许可证原件及复印件；

③ 用地批准手续（国有土地使用证或有关批准文件）原件及复印件；

④ 施工图纸设计文件审查通知书原件；

⑤ 施工合同原件及施工单位中标通知书原件（或直接发包登记表）；

⑥ 委托监理合同原件及监理单位中标通知书原件（或直接委托登记表）；

⑦ 项目建设资金落实证明原件；

⑧ 人防部门出具的人防施工图备案回执；

⑨ 法人委托书（附被委托人身份证并盖章）。

（2）装饰装修工程

① 按规定填写、盖章的《建筑工程施工许可申请表》一式两份；

② 建筑工程规划许可证原件及复印件（仅外装门面装修时需提供）；

③ 房屋产权证书原件及复印件（租赁房屋的需出具租赁协议原件及复印件、产权单位出具的同意装修证明）；

④ 施工合同原件及施工单位中标通知书原件（或直接发包登记表）；

⑤ 委托监理合同原件及监理单位中标通知书原件（或直接发包登记表）；

⑥ 项目建设资金落实证明原件；

⑦ 法人委托书。

建筑工程施工许可申请表格式参见表 9-6 和表 9-7。

建筑工程施工许可申请表　　**表 9-6**

建筑工程施工许可
申　请　表

编号

中华人民共和国建设部制

工程简要情况　　**表一**

建设单位名称		所有制性质	
建设单位地址		电　话	
法定代表人		领 证 人	
工 程 名 称			
建 设 地 点			
合 同 价 格	万元；其中外币（币种　　）万元		
建 设 规 模			
结 构 类 型			
合同开工日期		合同竣工日期	
施工总包单位		施工分包单位	
申请单位 法定代表人（签字）　单位（盖章） 年　月　日			

续表

建设单位提供的文件或证明材料情况　　　　表二

建设工程用地许可证	
建设工程规划许可证	
拆迁许可证或施工现场是否具备施工条件	
中标通知书及施工合同	
施工图纸及技术资料	
施工组织设计	
监理合同或建设单位工程技术人员情况	
质量、安全监督手续	
资金保函或证明	
其他资料	
审查意见： （发证机关盖章） 经办人：　　审查人：　　年　月　日	

注：此栏中应填写文件或证明材料的编号。没有编号的，应由经办人审查文件或资料是否完备。

建筑工程施工许可申请表　　　　表 9-7

施工许可申请表（本次申请范围）

一、工程简要说明

建设单位名称		建设单位性质	
建设单位地址		电　话	
法定代表人		领 证 人	
工 程 名 称			
建 设 地 址			
合 同 价 格	万元；其中外币（币种　　）万元		
建设工程规模		房屋建筑面积	m^2
合同开工日期		合同竣工日期	
施工总包单位名称：		监理单位名称：	

二、建设单位具备的文件或证明材料情况

建设工程用地许可证	编号：
建设工程规划许可证	编号：
拆迁许可证或施工现场是否具备施工条件	□具备　　□不具备

续表

施工中标通知书及合同	□有	□无
施工图纸及技术资料	□有	□无
施工组织设计	□有	□无
监理合同或建设单位工程技术人员情况	□具备	□不具备
安全、质量监督手续	□已办理	□未办理
资金保函或证明	□有	□无
有否安全施工措施	□有	□无
其他资料(如有，请填写)：		
申请单位承诺：本单位对上述填表内容及提供的资料真实性负责。 法定代表人(签章)： 单位(公章)： 日 期：		
审查意见： 经办人： 审查人： 审定人： 日 期： 日 期： 日 期：		

注：建设单位填写本表一式一份，双框部分由发证部门填写。

2. 施工许可证的办理程序

① 报送资料：业主向当地建设行政主管部门报送相关资料；

② 受理：建设行政主管部门按照受理标准查验申请资料，符合标准的，即时给予受理，并向申请人开具行政许可受理通知书，并将有关材料转审查人员；

③ 审查：审查人员按照审查标准对受理人员移送的申请材料进行审查，符合标准的，在规定的时限内进行施工现场踏勘，对施工场地基本具备施工条件的，提出审查意见，并送有关材料转决定人员；

④ 决定：决定人员按照审定标准对施工许可申请做出行政许可决定。同意审查意见的，签署意见，转告知人员；

⑤ 告知：对准予批准的，告知人员向申请人出具行政许可事项批准通知书，并在决定之日起规定的时限内向申请人颁发、送达《建筑工程施工许可证》。

房屋建筑工程和装饰装修工程施工许可证的办理流程分别见图 9-3 和图 9-4。

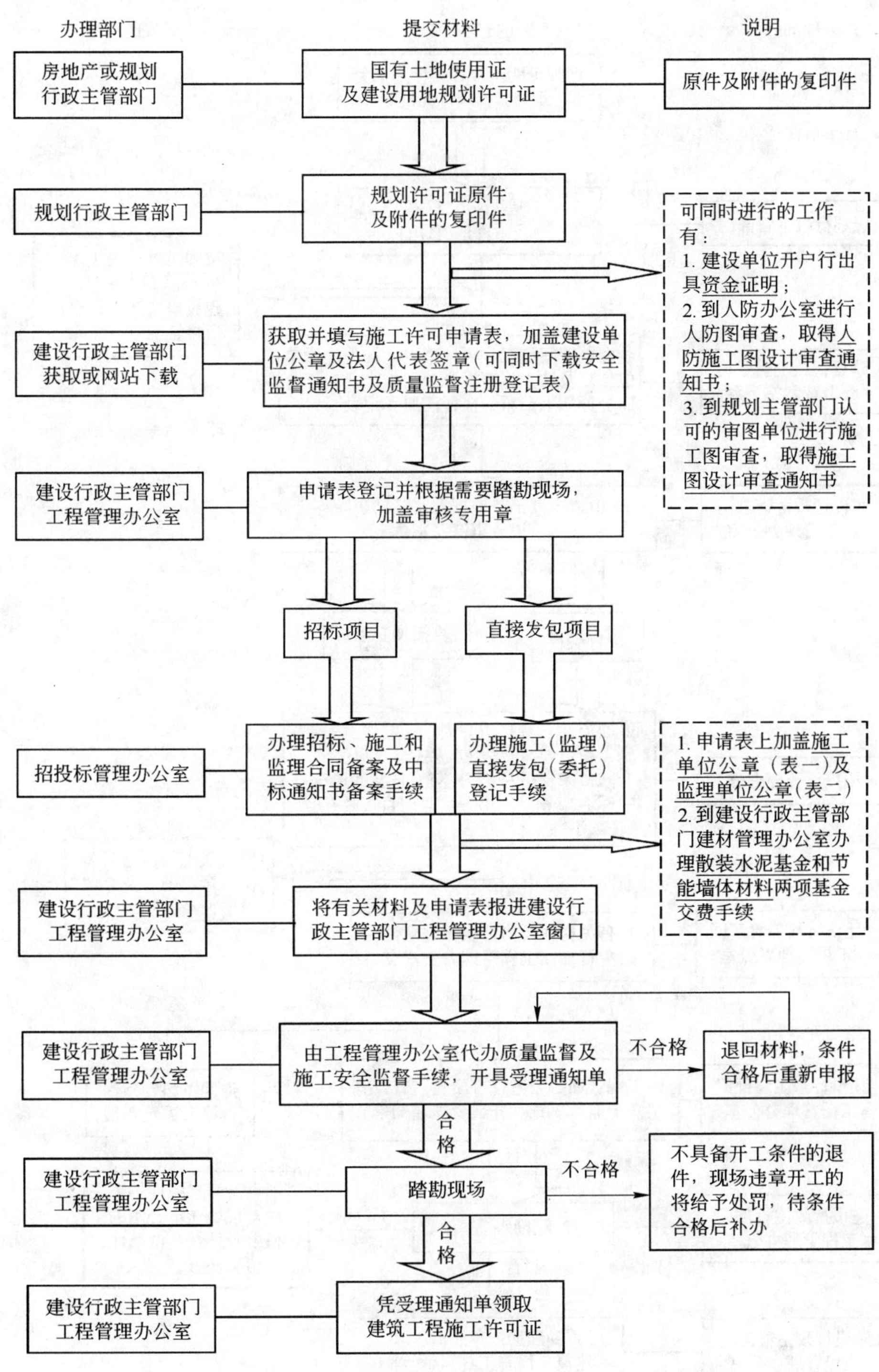

图 9-3　房屋建筑工程施工许可证办理流程

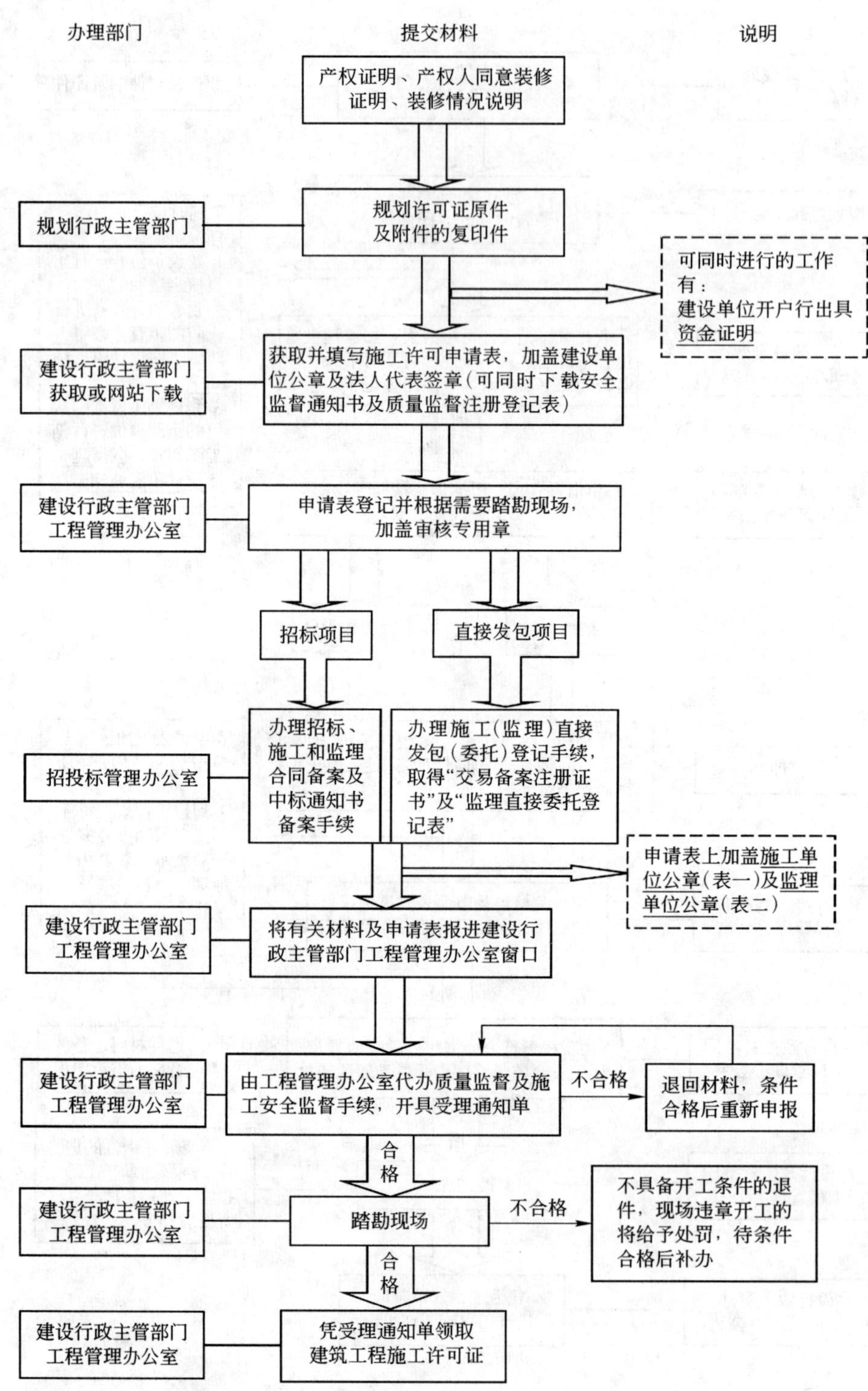

图 9-4 装饰装修工程施工许可证办理流程

第10章 项目施工过程管理

按照现行制度规定，项目管理单位在为业主提供项目管理服务的同时，可能承担项目监理任务，也可能协助业主委托另外的工程监理单位实施监理。如果是项目管理单位同时承担项目监理任务，需要在项目管理机构中设立监理部门；如果是业主委托另外的工程监理单位实施监理，则该监理单位需要派出相应的项目监理机构履行委托监理合同。在建筑工程施工过程中，由工程监理单位派出的项目监理机构需要将有关审批材料报项目管理机构备案，并接受项目管理机构对其工作的监督管理。为叙述方便，无论是项目管理机构中设立的监理部门，还是工程监理单位派出的项目监理机构，以下统称为项目监理机构。

10.1 施工准备管理

10.1.1 图纸会审和技术交底的组织

1. 图纸会审的组织

图纸会审是项目施工前的一项重要准备工作。项目管理机构应在施工承包单位完成自审的基础上组织设计单位、施工承包单位、监理单位及其他相关单位的项目负责人及有关人员进行图纸会审。对于复杂的大型工程项目，项目管理机构应先组织内部各专业技术人员进行图纸预审，汇总所发现的问题并提出初步处理意见，做到在会审前对设计心中有数。

参加图纸会审的各方都应充分准备、认真对待，彻底了解、融会贯通设计意图及技术要求，并能发现问题，提出建议与意见，提高图纸会审的工作质量，将图纸上的差错、缺陷纠正和补充完成在项目施工之前。

通过图纸会审，重点应解决以下问题：

① 理解设计主导思想、建筑艺术要求与构思、业主对工程建设的要求。

② 审查设计深度是否满足指导施工的要求，采用新技术、新工艺、新材料、新设备的情况，工程结构是否满足规定的抗震烈度和等级要求。

③ 审查设计方案及技术措施中，贯彻国家及行业规范、标准的情况。

④ 根据设计图纸要求，审查施工承包单位组织施工的条件是否具备，施工现场的地形地貌条件、工程条件与水文地质条件等能否满足施工需要。

⑤ 审查图纸上的工程部位、高程、尺寸及材料标准等数据是否准确一致，各类图纸在结构、管线、设备标注上有无矛盾，各种管线走向是否合理，与地上建筑、地下构筑物的交叉有无冲突等。

⑥ 审查图纸上标明的工作范围与合同中明确的有无差异，如差异较大将影响工期及造价时，应及时向业主提出。

图纸会审时要有专人做好记录，并在会后做出图纸会审纪要，注明会审的时间、地点、主持单位及参加单位、参会人员等。对于会审中提出的问题，要着重说明处理意见和解决办法，以及相应的责任单位。图纸会审纪要经参加会审的单位签字确认后，分别送交各单位执行及存档，同时将作为施工过程中相关问题的处理依据和竣工验收依据文件的组成部分。

2. 技术交底的组织

技术交底可与图纸会审一并组织进行。项目管理机构需要组织设计单位对于图纸的设计意图、工程技术与质量要求等向施工承包单位做出明确的技术交底。

施工承包单位应按施工技术管理程序，在单位工程、分部分项工程施工前逐级进行技术交底。对施工组织设计中涉及的工艺要求、质量标准、技术安全措施、规范要求、施工方法、图纸会审中涉及的要求及变更等内容应向有关的施工人员进行交底。

10.1.2　施工组织设计和质量管理体系的审查

项目监理机构应在下达开工龄前对施工承包单位提交的施工组织设计和质量管理体系进行审查。

1. 施工组织设计的审查

施工组织设计的审查内容主要包括施工方案、施工进度计划、施工平面图、资源计划等。

(1) 施工方案的审查

施工方案是施工组织设计的核心，方案确定的优劣直接影响到现场的施工组织及工期。施工方案的审查重点包括以下内容：

① 施工方法和施工机械的确定。对主要施工过程选择施工方法和施工机械时，应考虑工程特点、结构性质、工程量和施工要求，气候与地形、地貌、地质，现场及周围的施工环境，工期，施工承包单位的技术装备和管理水平等。

② 施工流向的确定。施工流向是指在工程立体空间及平面位置施工开始的部位及其流动方向。施工流向的确定应满足施工组织及工程分期分批竣工投产的要求。

③ 施工顺序的确定。施工顺序应符合施工技术和施工工艺的要求，应与所选择的施工方法和施工机械相适应，应满足施工组织与施工进度的要求，应符合施工质量和安全施工的要求，应考虑现场不利条件造成的影响。

④ 各项施工技术组织措施的确定。应重点审查施工方案中为保证工程质量和工期、降低成本、现场安全施工与文明施工所采取的技术组织措施。

(2) 施工进度计划的审查

施工进度计划中的工期安排应当符合施工承包合同中对工期的要求，施工进度计划必须具有可行性和科学性。可行性要求施工承包单位应根据现场施工条件和自身组织管理能力编制计划，真实反映其按进度计划组织施工的可能性；科学性要求施工进度计划安排得既合理、又符合施工合同的要求，确保工程项目质量。为此，项目监理机构应认真、细致地审查施工承包单位提交的施工进度计划。

施工进度计划审查要点包括：

① 工期。总工期和阶段工期目标是否符合合同规定的要求；计划工期完成的可能性，计划是否留有余地。

② 施工顺序。各个施工过程的施工顺序是否符合施工技术与组织的要求。

③ 持续时间。主导施工过程的起止时间及持续时间的安排是否正确合理。

④ 技术间歇。应有的技术间歇时间和组织间歇时间的安排是否符合有关规定的要求。

⑤ 交叉作业。从施工工艺、质量控制、安全生产的要求，审查平行、搭接、立体交叉作业的施工工序安排是否科学、合理。

⑥ 场地与交通。业主提供的施工场地与进度计划所需要的场地是否一致，各承包单位施工场地的利用是否会产生相互影响，运输路线的数量、距离、路况是否满足进度计划的要求。

⑦ 资源配置。劳动力、材料、机械及水、电、气等需用量是否落实和在计划中均衡利用。

(3) 施工平面图的审查

施工平面图是施工现场的统筹布局，关系到施工现场组织与管理的综合效率。施工平面图的审查内容主要包括：

① 施工平面图的内容是否全面。施工平面图的内容应包括：在施工用地范围内，一切已建及拟建的建筑物、构筑物和各管线的平面位置及尺寸，移动式起重机行进路线及轨道铺设，固定式垂直运输设施的平面位置以及各类起重机的工作面幅度，拟建工程的定位桩、测量基桩及取弃土方地点，为施工服务的生产、生活临时设施的位置、大小及相互关系。

② 空间利用是否合理。应本着节约用地、统筹兼顾的原则布置临时设施，既要有利于生产和管理、方便生活，也要减少临时设施的费用。

③ 料场、取弃土方地点、路线等安排是否合理。应尽量缩短运输距离，减少现场的二次搬运。

④ 安全、消防、环保等方面要求是否满足。劳动保护、技术安全、防火条例、市容卫生和环境保护等应遵守国家的有关法规。

(4) 资源计划的审查

资源计划主要是指材料、劳动力、设备需用计划。应当审查工程项目所需的材料、劳动力和设备是否能及时得到供应，主要建筑材料的规格型号、性能、技术参数、质量标准能否满足工程需求，材料、劳动力、设备供应计划是否与施工进度计划相协调，能否保证施工进度计划的顺利实施。

施工组织设计报审表格式参见表10-1。

2. 质量管理体系的审查

对施工承包单位质量管理体系审查的主要内容包括：

(1) 质量管理体系运行的符合性和有效性

审查施工承包单位近期内审报告以及对不符合项的整改情况。

(2) 质量控制体系的完整性

审查施工承包单位的质量控制自检系统是否处于良好状态，质量管理制度、检测制度、人员配备等是否完善和明确，专职管理人员和特种作业人员的资格证、上岗证是否齐备。

(3) 项目质量计划的完整性和科学性

质量计划中包括项目质量目标、质量管理措施及质量保证措施等内容，它是质量管理体系文件落实到项目中的具体实施内容。

施工组织设计报审表　　　　**表 10-1**

工程名称：　　　　　　　　　　　　　　　　编号：

<table>
<tr><td>致：　　　　　　　　　（监理单位）
我方已根据施工合同的有关规定完成了＿＿＿＿＿＿＿＿工程施工组织设计的编制，并经我单位技术负责人审查批准，请予以审查。
附：施工组织设计

承包单位(章)＿＿＿＿＿＿＿＿
项 目 经 理＿＿＿＿＿＿＿＿
年　　月　　日</td></tr>
<tr><td>专业监理工程师审查意见：

专业监理工程师＿＿＿＿＿＿＿＿
年　　月　　日</td></tr>
<tr><td>总监理工程师审核意见：

项目监理机构＿＿＿＿＿＿＿＿
总监理工程师＿＿＿＿＿＿＿＿
年　　月　　日</td></tr>
</table>

10.1.3　第一次工地会议的组织召开

1. 第一次工地会议

工程项目开工前，项目管理机构有关人员应参加由业主组织召开的第一次工地会议。

(1) 参加会议的人员

第一次工地会议应由下列人员参加：

① 业主代表；

② 项目管理机构驻现场代表及有关职能人员；

③ 施工承包单位项目经理及施工项目管理机构有关职能人员(必要时包括分包单位主要负责人)；

④ 项目总监理工程师及有关监理人员。

(2) 会议主要内容

第一次工地会议的主要内容有：

① 项目管理单位、施工承包单位和监理单位分别介绍各自驻现场的组织机构、人员及其分工；

② 业主代表根据委托项目管理合同宣布对项目管理机构的授权；

③ 项目管理机构根据委托监理合同宣布对总监理工程师的授权；

④ 项目管理机构介绍工程开工准备情况；

⑤ 施工承包单位汇报施工现场准备情况；

⑥ 总监理工程师介绍监理规划的主要内容；

⑦ 会议各方协商确定施工过程中参加工地例会的主要人员，召开工地例会的周期、地点及主要议题。

第一次工地会议结束后，由项目监理机构负责起草会议纪要，经与会各方代表会签后分发给有关各方。

2. 工地例会

在项目施工过程中，项目监理机构应定期组织召开工地例会。会议纪要应由项目监理机构负责起草。按现行《建设工程监理规范》要求，会议纪要需要与会各方代表会签。

工地例会应包括以下主要内容：

① 检查上次例会议定事项的落实情况，分析未完事项原因；

② 检查分析工程项目进度计划完成情况，提出下一阶段进度目标及其落实措施；

③ 检查分析工程项目质量状况，针对存在的质量问题提出改进措施；

④ 检查工程量核定及工程款支付情况；

⑤ 解决需要协调的有关事项；

⑥ 其他有关事宜。

项目监理机构应根据需要及时组织专题会议，解决施工过程中的各种专项问题。

10.1.4　分包单位资格和开工报审表的审查

1. 分包单位资格的审查

分包工程开工前，项目监理机构应审查施工承包单位报送的分包单位资格报审表和分包单位有关资质资料，符合有关规定后，由总监理工程师予以签认，并报项目管理机构备案。分包单位资格报审表格式参见表 10-2。

分包单位的资格审查主要包括以下内容：

① 分包单位的营业执照、企业资质等级证书、特殊行业施工许可证、国外(境外)企业在国内承包工程许可证；

② 分包单位的业绩；

③ 拟分包工程的内容和范围；

④ 专职管理人员和特种作业人员的资格证、上岗证。

2. 开工报审表的审查

项目监理机构应审查施工承包单位报送的工程开工报审表及相关资料，具备以下条件时由总监理工程师签发，并报项目管理机构和业主备案。

① 施工许可证已获政府主管部门批准；

② 征地拆迁工作能满足工程进度的需要；

③ 施工组织设计已获项目监理机构批准；

④ 承包单位现场管理人员已到位，机具、施工人员已进场，主要工程材料已落实；

⑤ 进场道路及水、电、通讯等已满足开工要求。

工程开工/复工报审表格式参见表 10-3。由于变更设计等通知停工后，报审复工时亦应填写此表。

分包单位资格报审表　　　　**表 10-2**

工程名称：　　　　　　　　　　　　　　　　　　　　编号：

致：　　　（监理单位）

经考察，我方认为拟选择的＿＿＿＿（分包单位）＿＿＿＿具有承担下列工程的施工资质和施工能力，可以保证本工程项目按合同的规定进行施工。分包后，我方仍承担总包单位的全部责任。请予以审查和批准。

附：1. 分包单位资质资料；

2. 分包单位业绩材料。

分包工程名称(部位)	工程数量	拟分包工程合同额	分包工程占全部工程比重
合计			

承包单位(章)＿＿＿＿＿＿

项 目 经 理＿＿＿＿＿＿

年　　月　　日

专业监理工程师审查意见：

专业监理工程师＿＿＿＿＿＿

年　　月　　日

总监理工程师审核意见：

项目监理机构＿＿＿＿＿＿

总监理工程师＿＿＿＿＿＿

年　　月　　日

工程开工/复工报审表　　**表 10-3**

工程名称：　　编号：

<table>
<tr><td>致：　　　　　　　　（监理单位）
我方承担的＿＿＿＿＿＿＿＿工程已完成以下各项工作，具备了开工/复工条件，特申请施工，请核查并签发工程开工/复工指令。
附：（证明文件）

承包单位(章)＿＿＿＿＿＿
项 目 经 理＿＿＿＿＿＿
年　　月　　日</td></tr>
<tr><td>审查意见：

项目监理机构＿＿＿＿＿＿
总监理工程师＿＿＿＿＿＿
年　　月　　日</td></tr>
</table>

项目监理机构应注意保存开工/复工报审表，将作为工程施工过程中处理相关问题的依据和竣工资料。

10.1.5　施工单位现场准备工作的检查

项目监理机构应对施工承包单位的施工现场准备工作进行检查和监督，检查的范围主要有以下几方面。

1. 施工现场地盘交接

检查对施工现场地盘情况是否有不清楚之处，以及施工现场未完成的工作的落实情况。应督促施工承包单位办理施工现场地盘交接手续，并填写地盘交接单。地盘交接单格式参见表 10-4。

地 盘 交 接 单　　**表 10-4**

<table>
<tr><td colspan="2">工 程 名 称</td><td colspan="2"></td><td>交接时间</td><td></td></tr>
<tr><td colspan="5">主要交接内容</td><td>情况描述(可增加附件)</td></tr>
<tr><td>1</td><td colspan="4">红线范围及红线与建筑物轮廓线的关系</td><td></td></tr>
<tr><td>2</td><td colspan="4">红线桩、水准点、位置及有关数据</td><td></td></tr>
<tr><td>3</td><td colspan="4">水源、电源及施工道路的位置</td><td></td></tr>
<tr><td>4</td><td colspan="4">场地平整情况</td><td></td></tr>
<tr><td>5</td><td colspan="4">场内障碍物情况(原有建筑物、树木、地下管线、人防等)</td><td></td></tr>
<tr><td>6</td><td colspan="4"></td><td></td></tr>
<tr><td>7</td><td colspan="4"></td><td></td></tr>
<tr><td>8</td><td colspan="4"></td><td></td></tr>
<tr><td colspan="3">业主代表</td><td colspan="2">项目监理机构</td><td>承包单位</td></tr>
<tr><td colspan="3"></td><td colspan="2"></td><td></td></tr>
</table>

2. 施工现场的补充勘探及测量放线

(1) 现场补充勘探

现场补充勘探的主要目的是在施工范围内寻找枯井、地下管道、旧河道、暗沟、古墓等隐蔽物的位置和范围，以便及时拟定处理方案，为主体工程施工创造有利条件。

(2) 现场的控制网测量

按照提供的建筑总平面图、现场红线标桩、基准高程标桩和经纬坐标控制网，对全场做进一步的测量，设置各类施工基桩及测量控制网。

(3) 建筑物定位放线

根据场地平面控制网或设计给定的作为建筑物定位放线依据的建筑物及构筑物的平面图，进行建筑物的定位和放线，测量放线必须保证准确度，杜绝出现偏差和错误。

3. 施工道路及管线

对已经完成“四通一平”的施工现场，进一步检查以下内容：

① 施工道路是否满足主要材料、设备及劳动力进场需要；

② 施工给水与排水设施的能力及管网的铺设是否合理及满足施工需要；

③ 施工供电设施是否做到合理安排供电，能够满足施工进度需求。

施工道路、各种管线及其他设施应尽量利用已有的永久性设施。

4. 施工临时设施的建设

对施工临时设施的检查主要包括以下内容：

① 根据工程规模、特点、施工管理要求，对施工临时设施进行平面布置规划，并报主管部门审批；

② 临时设施的规划与建设应尽量利用原有的建筑物和设施，以降低成本；

③ 对于水平与垂直运输设施、搅拌站、原材料堆场、库存设施、加工车间等生产临时设施应满足施工生产需要；

④ 对用于施工管理的各类办公室、休息室、宿舍、食堂等办公与生活临时设施应以方便管理为原则。

施工临时设施规模与布置还应满足防火与施工安全的要求。

5. 施工安全与环保措施

要通过对施工安全与环保措施的检查，使施工现场各级人员认识到安全生产、文明施工的重要性，检查的主要内容包括：

① 安全施工的宣传与教育措施和有关的规章制度；

② 易燃、易爆、有毒、腐蚀等危险物品管理和使用的安全技术措施；

③ 土方与高空作业、上下立体交叉作业、土建与设备安装作业等的施工安全措施；

④ 现场临时设施是否达到安全和防火的要求；

⑤ 施工与生活垃圾、废弃水的处理是否符合当地环境保护的要求。

6. 施工现场材料设备的准备

施工现场的材料设备应在开工之前完全落实，主要应检查建筑材料、施工机具、永久设备三个方面的准备工作。

(1) 建筑材料与构件

建筑材料、构件能否按阶段施工的需要量和质量要求如期送到现场，并保证正常施工时的最经济的储量。

（2）施工机械与模具

应根据施工进度计划，及时组织所需类型和数量的施工机械和模具进场，并完成安装与调试。

（3）永久设备与金属结构

对于永久设备和金属结构是否落实加工厂家，并按施工进度组织进场安装。

7. 施工现场相关许可证件的办理

根据国家行政主管部门和各地方政府的有关规定，应审查施工承包单位进入施工现场的相关许可证件。

（1）施工现场消防安全许可证

施工承包单位在开工前必须根据工程规模向工程所在地公安消防机构申报施工现场消防安全，经公安消防机构核发《施工现场消防安全许可证》后，方可进行施工。

（2）安全生产资格证书

施工承包单位在施工现场的项目管理人员必须经过安全资格培训、考核，取得安全生产资格，持有地方政府安全生产主管部门统一印制的《安全生产资格证书》后方可上岗。

（3）分包单位施工企业安全资格审查认可证

分包单位必须办理《施工企业安全资格审查认可证》，进场后交施工承包单位项目管理机构备案。同时需要备案的还有：企业营业执照(复印件)、企业技术资质等级证书、非本地施工企业进入本地许可证、安全管理组织体系、安全生产管理制度。

（4）分包单位劳务用工注册手续

非本地的分包单位，应到工程所在地建设行政主管部门办理登记注册手续；到工程所在地社会劳动保障部门办理企业职工就业证，到公安机关办理企业职工暂住户口登记，申请暂住证，签订治安责任书；到劳动部门申领安全生产合格证；办理企业职工健康证。

8. 施工扰民问题的解决方案

应审查施工过程中可能发生的扰民问题的解决方案，主要包括：

① 依据地方人民政府的相关规定，签订施工扰民补偿协议；

② 施工承包单位应与工程所在地区的建设行政主管部门、公安交通管理部门、环境保护部门、街道办事机构、公安派出所等单位建立友好关系，共同创建文明工地；

③ 工程需要连续施工时，应向工程周围的居民做好解释工作；

④ 需要在 22 时至次日 6 时进行超过国家标准噪声限值的作业时，必须向工程所在地建设行政主管部门提出申请，经审查批准后到工程所在地环境保护部门备案。

9. 应急预案的制定

施工承包单位针对各类突发事件是否已制定应急预案，应急措施是否可行、是否有相应的物质保障。

10.2　工程质量管理

10.2.1　施工质量控制工作程序和方式

1. 施工质量控制工作程序

在工程施工阶段，项目监理机构应对工程质量进行全过程、全方位的监督、检查与控制，不仅要检查和验收最终产品，而且要监督、检查和验收施工过程中的各个环节及中间产品。工程施工质量控制的工作程序如图 10-1 所示。

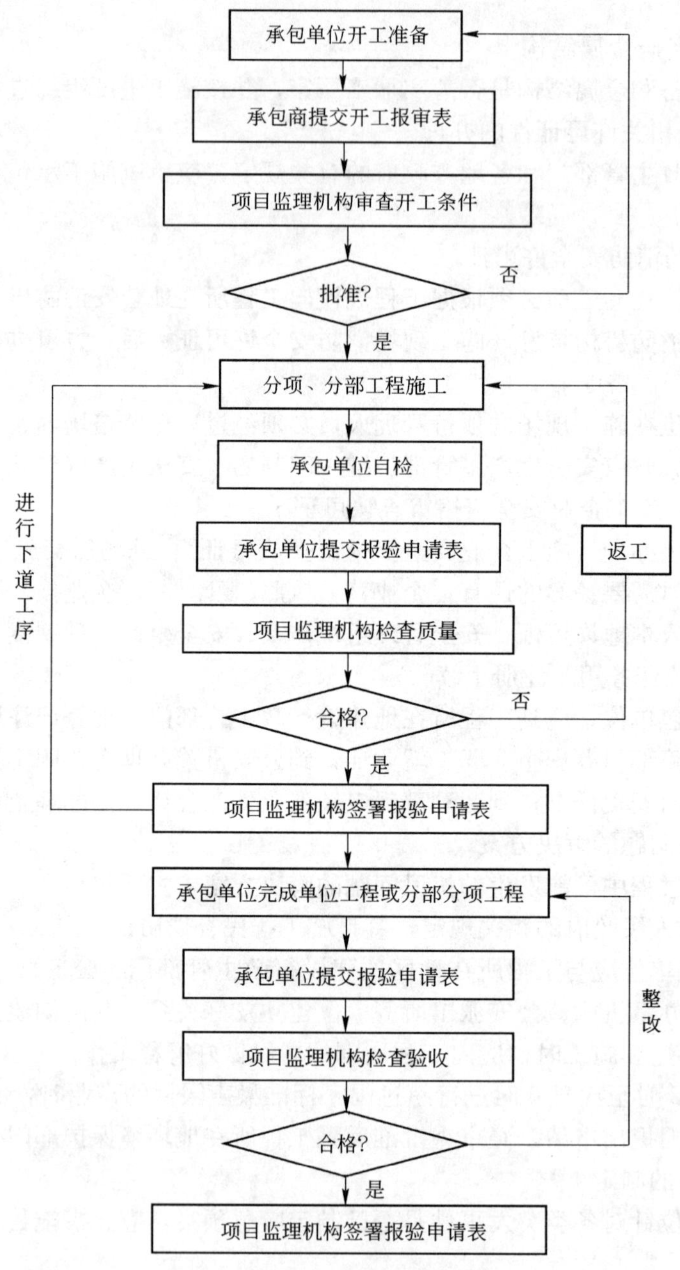

图 10-1　工程施工质量控制工作程序

在工程施工过程中，项目监理机构应督促施工承包单位加强内部质量管理，严格质量控制，按规定工艺和技术要求进行施工作业。在每道工序完成后，施工承包单位应在自检合格的基础上填写报验申请表。项目监理机构在收到报验申请表后，应在合同规定的时间内到现场进行检验，检验合格后予以确认。

只有上一道工序被确认质量合格后，方能准许下一道工序开始施工。当一个检验批、分项工程、分部工程完成后，承包单位首先需要自检并填写相应的质量验收记录表。待确认质量符合要求后，再向项目监理机构提交报验申请表及自检相关资料。经项目监理机构现场检查及对相关资料审核后，符合要求时予以签认验收。否则，指令施工承包单位进行整改或返工处理。

在验收施工质量时，涉及结构安全的试块、试件以及有关材料，应按规定进行见证取样检测；对涉及结构安全和使用功能的重要分部工程，应进行抽样检测。承担见证取样检测及有关结构安全检测的单位应具有相应资质。

报验申请表格式参见表 10-5。

＿＿＿＿＿＿＿＿报验申请表　　　　**表 10-5**

工程名称：　　　　　　　　　　　　编号：

致：＿＿＿＿＿＿（监理单位） 我方已完成＿＿＿＿＿＿＿＿工作，现报上该工程报验申请表，请予以审查和验收。 附： 承包单位(章)＿＿＿＿＿＿ 项 目 经 理＿＿＿＿＿＿ 年　月　日
审查意见： 项目监理机构＿＿＿＿＿＿ 总监理工程师＿＿＿＿＿＿ 年　月　日

2. 施工质量控制的主要内容

项目监理机构在工程施工过程中控制质量时应完成下列主要工作：

① 随时密切注意承包单位违反合同规定的行为或质量不符合事件。例如，材料质量不合格、施工工艺或操作不符合要求、现场上岗的施工人员技术资质条件不符合要求等。项目监理机构有权要求承包单位予以处理，直至达到符合要求、标准，使项目监理机构满意。必要时，项目监理机构有权指令承包单位暂时停工予以解决。

② 督促承包单位将重要的和复杂的施工项目、工序作为重点设立质量控制点。对于主要工序作业和隐蔽作业，按有关规范要求，由项目监理机构在规定的时间内检查、确认其质量符合要求后，才能进行下道工序。

③ 遵照已认证的质量管理体系规定的程序、记录表格填报质量跟踪档案，作为施工质量资料的重要部分。

④ 严格工序产品的检查验收。对于各工序的产出品，应先由承包单位按规定进行自检，自检合格后再由项目监理机构检查确认。确认其质量合格并签发质量报验表后，方可进行下道工序的施工。

⑤ 对重要的工程部位、工序和专业工程，项目监理机构对施工质量状况未能确信的，还需由项目监理机构进行试验或技术复核、抽样检验后方能验收。

3．施工质量控制工作方式

在工程施工过程中，项目监理机构可以采用旁站、巡视和平行检验等方式控制施工质量。旁站是指在关键部位或关键工序施工过程中由项目管理人员在现场进行的监督活动。巡视是指项目管理人员对正在施工的部位或工序现场进行的定期或不定期的监督活动。巡视是一种“面”上的活动，它不限于某一部位或过程；而旁站则是“点”上的活动，它是针对某一部位或工序。平行检验是在施工承包单位自检的基础上，由项目监理机构利用一定的检查或检测手段按照一定的比例独立进行的检查或检测活动。平行检验是项目监理机构在进行技术复核及复验工作中加强质量控制的重要手段。

按我国现行规定，在关键部位或关键工序施工过程中需要由监理人员在现场进行旁站监督。房屋建筑工程的关键部位、关键工序包括：

① 基础工程。包括：土方回填，混凝土灌注桩浇筑，地下连续墙、土钉墙、后浇带及其他结构混凝土、防水混凝土浇筑，卷材防水层细部构造处理，钢结构安装。

② 主体结构工程。包括：梁柱节点钢筋隐蔽过程，混凝土浇筑，预应力张拉，装配式结构安装，钢结构安装，网架结构安装，索膜安装。

10.2.2　施工作业准备状态的控制

1．作业技术交底的控制

施工承包单位做好技术交底工作，是确保工程施工质量的重要条件。在每一个分项工程开始实施前均要进行技术交底。施工项目管理机构需要由主管技术人员编制技术交底书，内容包括施工方法、质量要求和验收标准，施工过程中需要注意的问题，可能出现的意外情况及应急措施等。技术交底书报经施工项目管理机构技术负责人批准后才能执行。

对于关键部位或技术复杂、施工难度大的检验批、分项工程，项目监理机构应审查其技术交底书。重点审查其施工方法、施工工艺、机械选择、施工顺序、进度安排以及质量保证措施等是否切实可行。没有做好技术交底的工序或分项工程，不得正式实施。

2．进场材料构配件的质量控制

凡运到施工现场的材料、半成品或构配件，在进场前应由施工承包单位向项目监理机构提交工程材料/构配件/设备报审表，并附有产品出厂合格证及技术说明书、由施工承包单位按规定要求进行的检验和试验报告。经项目监理机构审查并确认其质量合格后，方准进场。没有产品出厂合格证明及检验不合格者，不得进场。

如果项目监理机构认为施工承包单位提交的有关产品合格证明文件及检验和试验报告，仍不足以说明到场产品的质量符合要求时，项目监理机构可以再组织复检或见证取样试验，确认其质量合格后方允许进场。

工程材料/构配件/设备报审表格式参见表 10-6。

工程材料/构配件/设备报审表　　　　**表 10-6**

工程名称　　　　　　　　　　　　　　　　　　　　　　编号：

<table>
<tr><td>致：　　　　　　　　　　（监理单位）
我方于________年______月______日进场的工程材料/构配件/设备数量如下（见附件）。现将质量证明文件及自检结果报上，拟用于下述部位：
____
____
请予以审核。
附件：1. 数量清单
　　　2. 质量证明文件
　　　3. 自检结果

承包单位（章）______________
项 目 经 理______________
年　月　日</td></tr>
<tr><td>审查意见：
经检查上述工程材料/构配件/设备，符合/不符合设计文件和规范的要求，准许/不准许进场，同意/不同意使用于拟定部位。

项目监理机构______________
总监理工程师______________
年　月　日</td></tr>
</table>

3. 施工机械设备的质量控制

项目监理机构应不断检查并督促施工承包单位做好施工机械设备性能及工作状态的控制工作，只有状态良好、性能满足施工需要的机械设备才允许进入现场作业。

（1）施工机械设备的进场检查

施工机械设备进场前，施工承包单位应向项目监理机构报送进场设备清单，列出进场机械设备的型号、规格、数量、技术性能（技术参数）、设备状况、进场时间。项目监理机构要进行现场核对，判断是否与施工组织设计中所列的内容相符合。

（2）机械设备工作状态的检查

项目监理机构应审查作业机械的使用、保养记录，检查其工作状况，以保证投入作业的机械设备状态良好。如发现问题，应指令施工承包单位及时调试修理，以保持机械设备处于良好运行状态。

（3）特殊设备安全运行的审核

现场使用的塔吊及有特殊安全要求的设备，进入现场后在使用前，必须经当地劳动安全部门鉴定，符合要求并办好相关手续后方允许施工承包单位投入使用。

（4）大型临时设备的检查

在施工中经常会涉及到承包单位在现场组装的大型临时设备，如轨道式龙门吊机、悬灌施工中的挂篮、架梁吊机、吊索塔架、缆索吊机等。这些设备在使用前，承包单位必须取得本单位上级安全主管部门的审查批准，办好相关手续后，项目监理机构方可批准投入使用。

4. 现场劳动组织及作业人员的质量控制

(1) 现场劳动组织的控制

① 施工承包单位选用劳务分包单位需要进行考察、评审，评审合格的劳务分包单位才能进场施工。在工程施工过程中，施工承包单位应按要求对所选用的劳务分包单位定期进行考核、评价，考核、评价结果列入合格分包单位档案，不合格的要及时从合格分包单位名册中除名，并通报相关信息。

② 从事施工作业活动的操作人员数量必须满足施工作业进度需要，相应各类工种配置应能保证施工作业有序持续进行。

③ 施工作业活动现场的直接负责人(包括技术负责人)、专职质检人员、安全员与作业活动有关的测量人员、材料员、实验员必须按班次坚守工作岗位。

④ 相关制度要健全。如管理层及作业层各类人员的岗位职责、作业活动现场的安全消防规定、作业活动中的环境保护规定、试验室及现场试验检测的有关规定、紧急状况时的应急处理规定等。

(2) 现场作业人员的控制

① 施工作业人员应按规定经考核后持证上岗。

② 从事特殊作业的人员(如电焊工、电工、起重工、架子工、爆破工)，必须持证上岗。

③ 施工机械设备操作人员必须有合格的上岗证书，并能熟练掌握操作维护技术。

5. 检验、测量和试验设施的质量控制

所有在施工现场使用的检验、测量和试验设备均应处于有效的合格校准周期内。严禁未经校准或报废的检验、测量和试验设备流入施工生产过程中。在用、封存、报废的检测、测量和试验设施应分别标识。

(1) 工地试验室的检查

项目监理机构应检查工地实验室资质证明文件，检查实验设备、检测仪器能否满足工程质量检查要求，是否处于良好的状态，精度是否符合需要；法定计量部门标定资料、合格证、率定表，是否在标定的有效期内；实验室管理制度是否齐全，符合实际；试验、检测人员的上岗资质等。经检查确认能满足工程质量检验要求的，则予以批准，同意使用。否则，施工承包单位应进一步完善补充。在没有得到项目监理机构同意之前，工地实验室不得使用。

如确因条件限制，不能建立工地实验室时，应委托具有相应资质的专门实验室作为工地实验室。

(2) 工地测量仪器的检查

施工测量开始前，承包单位应向项目监理机构提交测量仪器的型号、技术指标、精度等级、法定计量部门的标定证明，测量工的上岗证明。项目监理机构审核确认后，方可进行正式测量作业。在作业过程中，项目监理机构也应经常检查了解计量仪器、测量设备的性能、精度状况，使其处于良好的状态之中。

此外，项目监理机构应要求承包单位负责对分包单位所使用的检验、测量和试验设备进行监督检查，并建立台帐。

6. 施工环境状态的控制

(1) 施工作业环境的控制

所谓施工作业环境主要是指水、电或动力供应、施工照明、安全防护设备、施工场地空间条件和通道、交通运输和道路条件等。这些条件将直接影响到施工能否顺利进行，乃至施工质量。项目监理机构应事先检查施工承包单位对施工作业环境方面的有关准备工作是否做好安排和准备妥当。当确认其准备工作可靠、有效后，方准许其进行施工。

(2) 现场自然环境条件的控制

项目监理机构应检查施工承包单位，对于未来施工期内自然环境条件可能出现对施工作业质量的不利影响时，是否已有充分的认识并已做好充足的准备且采取了有效措施以保证工程质量。如：对严寒冬季的防冻；夏季的防高温；雨季的防洪与排水；高地下水位情况下基坑施工的排水或细砂地基的流砂防止；风浪对水上打桩或沉箱施工质量影响的防范等。项目监理机构应检查施工承包单位有无应对方案及有针对性的保证质量和安全的措施等。

10.2.3　施工作业运行过程的控制

1. 测量复核控制

凡涉及施工作业技术活动基准和依据的技术工作，都应该严格进行专人负责的复核性检查，以避免基准失误给整个工程质量带来难以弥补的或全局性的危害。例如工程的定位、轴线、标高，预留孔洞的位置和尺寸，混凝土配合比等。

技术复核是施工承包单位应履行的技术工作责任，其复核结果应报送项目监理机构复验确认后，才能进行后续相关工序的施工。

建筑工程施工测量复核的作业内容通常包括：

① 民用建筑：建筑物定位测量、基础施工测量、楼层轴线检测、楼层间高层传递检测等。

② 工业建筑：厂房控制网测量、桩基施工测量、柱模轴线与高程检测、厂房结构安装定位检测、动力设备基础与预埋螺栓检测等。

③ 高层建筑：建筑场地控制测量、基础以上的平面与高程控制、建筑物中垂准检测、建筑物施工过程中沉降变形观测等。

④ 管线工程：管网或输配电线路定位测量、地下管线施工检测、架空管线施工检测、多管线交汇点高程检测等。

2. 质量控制点的设置

质量控制点是为了保证施工质量，将施工中的关键部位与薄弱环节作为重点而进行控制的对象。项目监理机构在拟定施工质量控制工作计划时，应首先确定质量控制点，并分析其可能产生的质量问题，制订对策和有效措施加以预控。

承包单位在工程施工前应列出质量控制点的名称或控制内容、检验标准及方法等，提交项目监理机构审查批准后，在此基础上实施质量预控。

(1) 质量控制点的确定原则

凡对施工质量影响大的特殊工序、操作、施工顺序、技术、材料、机械、自然条件、施工环境等均可作为质量控制点来控制。确定质量控制点的原则是：

① 施工过程中的关键工序或环节以及隐蔽工程；

② 施工中的隐蔽环节或质量不稳定的工序、部位；

③ 对后续工程施工或对后续质量或安全有重大影响的工序、部位或对象；

④ 采用新技术、新工艺、新材料的部位或环节；

⑤ 施工上无足够把握的、施工条件困难的或技术难度大的工序或环节。

建筑工程质量控制点的设置位置见表10-7。

建筑工程质量控制点的设置位置 **表10-7**

分项工程	质量控制点
工程测量定位	标准轴线桩、水平桩、龙门板、定位轴线、标高
地基、基础（含设备基础）	基坑（槽）尺寸、标高、土质、地基承载力，基础垫层标高，基础位置、尺寸、标高，预留洞孔、预埋件的位置、规格、数量，基础标高、杯底弹线
砌　体	砌体轴线，皮数杆，砂浆配合比，预留洞孔、预埋件的位置、数量，砌块排列
模　板	位置、尺寸、标高，预埋件的位置，预留洞孔尺寸、位置，模板强度及稳定性，模板内部清理及润湿情况
钢筋混凝土	水泥品种、强度等级，砂石质量，混凝土配合比，外加剂比例，混凝土振捣，钢筋品种、规格、尺寸、搭接长度，钢筋焊接，预留洞、孔及预埋件规格、数量、尺寸、位置，预制构件吊装或出场（脱模）强度，吊装位置、标高、支承长度、焊接长度
吊　装	吊装设备起重能力、吊具、索具、地锚
钢结构	翻样图、放大样
焊　接	焊接条件、焊接工艺
装　修	视具体情况而定

(2) 质量控制点中的重点控制对象

① 人的行为；

② 施工设备、材料的性能与质量；

③ 关键过程、关键操作；

④ 施工技术参数；

⑤ 某些工序之间的作业顺序；

⑥ 有些作业之间的技术间歇时间；

⑦ 新工艺、新技术、新材料的应用；

⑧ 施工薄弱环节或质量不稳定工序；

⑨ 对工程质量产生重大影响的施工方法；

⑩ 特殊地基或特种结构。

3. 见证取样控制

见证取样是指在项目监理机构的见证下，由施工承包单位的现场试验人员对工程项目使用的材料、半成品、构配件及工序活动效果进行现场取样并送交试验室进行试验的过程。

为确保工程质量，房屋建筑工程项目中的工程材料、承重结构的混凝土试块，承重墙体的砂浆试块、结构工程的受力钢筋（包括接头）必须实行见证取样。

(1) 见证取样的工作程序

① 项目监理机构要督促施工承包单位尽快落实见证取样的送检试验室。对于施工承包单位提出的试验室，项目监理机构要进行实地考察。试验室一般是和施工承包单位没有

行政隶属关系的第三方。试验室要具有相应的资质，还应到负责本项目的质量监督机构备案并得到认可。

② 项目监理机构应事先明确工程见证人员名单，并在负责本项目的质量监督机构备案。

③ 施工承包单位取样人员在现场取样或制作试块时，见证人员必须在场见证。见证人员对试样有监护责任，并应与施工承包单位取样人员一起送样至检测单位，或采取有效封样措施送样。

④ 送样委托单位应有见证人员签字和填写见证员证书编号。

⑤ 当发现试样不合格时，检测单位应先通知质量监督机构和见证单位。

(2) 实施见证取样的基本要求

① 见证取样的频率，国家或地方主管部门有规定的，执行相关规定；施工承包合同中有明确规定的，执行施工承包合同的规定。见证取样的频率和数量，包括在施工承包单位自检范围内，所占比例一般为 30%。

② 见证取样的试验费用由施工承包单位支付。

③ 项目监理机构进行的见证取样，绝不能代替施工承包单位应对材料、构配件进场时必须进行的自检。自检频率和数量要按相关规范要求执行。

4. 工程变更控制

在工程施工过程中，无论是业主还是施工承包单位、设计单位均可提出工程变更。工程变更处理程序如图 10-2 所示。

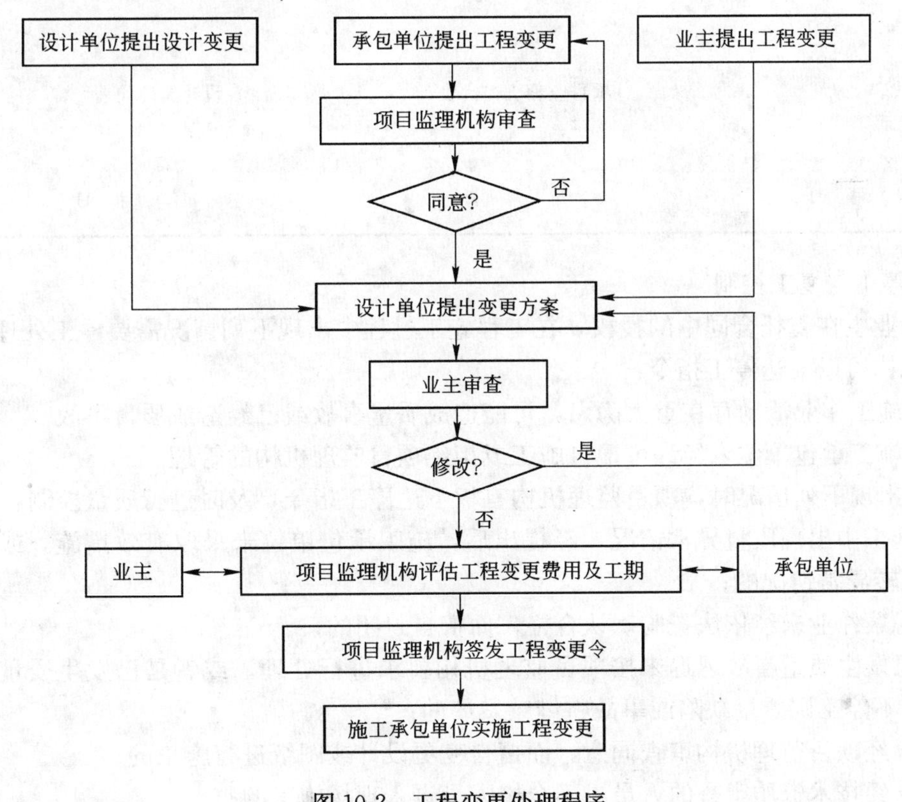

图 10-2　工程变更处理程序

工程变更应填写工程变更单，其格式参见表10-8。

工 程 变 更 单　　**表10-8**

工程名称：　　编号：

<table>
<tr><td colspan="3">致：　　（监理单位）
由于＿＿＿＿原因，兹提出＿＿＿＿工程变更（内容见附件），请予以审批。
附件：

提出单位＿＿＿＿
代 表 人＿＿＿＿
年　月　日</td></tr>
<tr><td colspan="3">一致意见：</td></tr>
<tr><td>业主代表
签字：

年　月　日</td><td>项目监理机构代表
签字：

年　月　日</td><td>设计单位代表
签字：

年　月　日</td></tr>
</table>

5. 停工与复工控制

根据业主在委托合同中的授权，在工程施工过程中出现下列情况需要停工处理时，项目监理机构可以下达停工指令：

（1）施工作业活动存在重大隐患，可能造成质量事故或已经造成质量事故。

（2）施工承包单位未经许可擅自施工或拒绝项目监理机构的管理。

（3）出现下列情况时，项目监理机构有权下达停工指令，及时进行质量控制：

① 施工中出现质量异常情况，经提出后，施工承包单位未采取有效措施，或措施不力未能扭转异常情况的；

② 隐蔽作业未经依法查验确认合格，而擅自封闭的；

③ 已发生质量事故迟迟未按项目监理机构要求进行处理，或者是已发生质量缺陷或事故，如不停工则质量缺陷或事故将继续发展的；

④ 未经项目监理机构审查同意，而擅自变更设计或图纸进行施工的；

⑤ 未经技术资质审查的人员或不合格人员进入现场施工的；

⑥ 使用的原材料、构配件不合格或未经检查确认的；或擅自采用未经审查认可的代用材料的；

⑦ 擅自使用未经项目监理机构审查认可的分包商进场施工的。

施工承包单位经过整改具备恢复施工的条件时，向项目监理机构报送工程复工申请及有关材料，证明造成停工的原因已经消失。项目监理机构现场复查后，认为具备复工的条件时，应及时签署工程复工报审表，指令施工承包单位继续施工。

项目监理机构下达工程停工龄及复工指令时，宜事先向项目管理机构及业主报告。

6. 质量资料控制

项目监理机构可以采用施工质量跟踪档案的方法，对承包单位所施工的分部分项工程的每道工序质量形成过程实施严密、细致和有效的监督控制。

施工质量跟踪档案是施工全过程期间实施质量控制活动的全景记录，包括各自的有关文件、图纸、试验报告、质量合格证、质量自检单、项目监理机构的质量验收单、各工序的质量记录、不符合项报告及处理情况等，还包括项目监理机构对质量控制活动的意见和承包单位对这些意见的答复与处理结果。施工质量跟踪档案不仅对工程施工期间的质量控制有重要作用，而且可以为查询工程施工过程质量情况以及工程维修管理提供大量有用的资料信息。

(1) 施工质量跟踪档案的主要内容

施工质量跟踪档案包括以下两方面内容：

1) 材料生产跟踪档案

① 有关的施工文件目录，如施工图、工作程序及其他文件；

② 不符合项的报告及其编号；

③ 各种试验报告，如力学性能试验、材料级配试验、化学成分试验等；

④ 各种合格证，如质量合格证、鉴定合格证等；

⑤ 各种维修记录等。

2) 建筑物施工或安装跟踪档案

① 各建筑物施工或安装工程可按分部、分项工程或单位工程建立各自的施工质量跟踪档案，如基础开挖，厂房土建施工，电气设备安装，油、气、水管道安装等。

② 每一分项工程又可分为若干子项建立施工质量跟踪档案，如基础开挖可按施工段建立施工质量跟踪档案。

(2) 施工质量跟踪档案的实施程序

① 项目监理机构在工程开工前，帮助施工承包单位列出各施工对象的质量跟踪档案清单；

② 施工承包单位在工程开工前按要求建立各级次施工质量跟踪档案，并公布相关资料；

③ 施工开始后，承包单位应连续不间断地填写关于材料、半成品生产和建筑物施工、安装的有关内容；

④ 当阶段性施工工作量完成后，相应的施工质量跟踪档案也应填写完成，承包单位在各自的施工质量跟踪档案上签字、存档后，送交项目监理机构一份。

10.2.4 施工作业运行结果的控制

1. 施工作业运行结果的控制内容

施工作业运行结果主要是指工序的产出品、已完分项分部工程及已完准备交验的单位工程。施工作业运行结果的控制是指施工过程中间产品及最终产品的控制。只有施工过程中间产品的质量均符合要求，才能保证最终单位工程产品的质量。

(1) 基槽(基坑)验收

由于基槽开挖质量状况对后续工程质量的影响较大，需要将其作为一个关键工序或一个检验批进行验收。基槽开挖质量验收的内容主要包括：

① 地基承载力的检查确认；

② 地质条件的检查确认；

③ 开挖边坡的稳定及支护状况的检查确认。

基槽开挖验收需要有勘察设计单位的有关人员和本工程质量监督管理机构参加。如果通过现场检查、测试确认地基承载力达到设计要求、地质条件与设计相符，则由项目监理机构同有关单位共同签署验收资料。如果达不到设计要求或与勘察设计资料不相符，则应采取措施进行处理或工程变更，由原设计单位提出处理方案，经施工承包单位实施完毕后重新检验。

(2) 工序交接验收

工序交接是指施工作业活动中一种必要的技术停顿、作业方式的转换及作业活动效果的中间确认。上道工序应该满足下道工序的施工条件和要求。每道工序完成后，施工承包单位应该按下列程序进行自检：

① 作业活动者在其作业结束后必须进行自检；

② 不同工序交接、转换时必须由相关人员进行交接检查；

③ 施工承包单位专职质量检查员进行检查。

经施工承包单位按上述程序进行自检确认合格后，再由项目监理机构进行复核确认。施工承包单位专职质量检查员没有检查或检查不合格的工序，项目监理机构拒绝进行检查确认。

(3) 隐蔽工程验收

隐蔽工程验收是在检查对象被覆盖之前对其质量进行的最后一道检查验收，是工程质量控制的一个关键过程。

1) 隐蔽工程质量控制要点

工业与民用建筑工程中隐蔽部位的质量控制要点包括：

① 基础施工之前对地基质量的检查，尤其是地基承载力；

② 基坑回填土之前对基础质量的检查；

③ 混凝土浇筑之前对钢筋的检查(包括模板的检查)；

④ 混凝土墙体施工之前对敷设在墙内的电线管质量检查；

⑤ 防水层施工之前对基层质量的检查；

⑥ 建筑幕墙施工挂板之前对龙骨系统的检查；

⑦ 屋面板与屋架(梁)埋件的焊接检查；

⑧ 避雷引下线及接地引下线的连接；

⑨ 覆盖之前对直埋于楼地面的电缆、封闭之前对敷设于暗井道、吊顶、楼板垫层内的设备管道的检查；

⑩ 易出现质量通病的部位。

2）隐蔽工程验收程序

① 隐蔽工程施工完毕，承包单位按有关技术规程、规范、施工图纸进行自检。自检合格后，填写报验申请表，并附有关证明材料、试验报告、复试报告等，报送项目监理机构。

② 项目监理机构收到报验申请表后首先应对质量证明材料进行审查，并在合同规定的时间内到现场进行检查(检测或核查)，施工承包单位的专职质量检查员及相关施工人员应随同一起到现场。

③ 经现场检查，如果符合质量要求，项目监理机构有关人员在报验申请表及隐蔽工程检查记录上签字确认，准予承包单位隐蔽、覆盖，进入下一道工序施工。

如经现场检查发现质量不合格，则项目监理机构指令承包单位进行整改，待整改完毕经自检合格后，再报项目监理机构进行复查。

(4) 检验批质量验收

1）检验批及其划分

检验批是指按同一的生产条件或按规定的方式汇总起来供检验用的、由一定数量样本组成的检验体。检验批可根据施工及质量控制和专业验收需要按楼层、施工段、变形缝等进行划分。建筑工程的地基基础分部工程中的分项工程，一般划分为一个检验批；有地下室的基础工程，可按不同地下室划分检验批；屋面分部工程中的分项工程，不同楼层屋面可划分为不同的检验批；单层建筑工程中的分项工程，可按变形缝等划分检验批，多层及高层建筑建筑工程中主体分部的分项工程，可按楼层或施工段来划分检验批；其他分部工程中的分项工程，一般按楼层划分检验批；对于工程量较少的分项工程，可统一化为一个检验批。安装工程一般按一个设计系统或组织划分为一个检验批。室外工程统一划分为一个检验批。散水、台阶、明沟等含在地面检验批中。

2）检验批合格质量规定

检验批合格质量应符合下列规定：

① 主控项目和一般项目的质量经抽样检验合格；

② 具有完整的施工操作依据、质量检查记录。

3）检验批验收内容

检验批的质量验收包括质量资料的检查和主控项目、一般项目的检验两个方面。

① 资料检查。质量控制资料反映了检验批从原材料到验收的各施工工序的施工操作依据、检查情况以及保证质量所必需的管理制度等。对其完整性的检查，实际是对过程控制的确认，这是检验批合格的前提。所要检查的资料主要包括：

a. 图纸会审、设计变更、洽商记录；

b. 建筑材料、成品、半成品、建筑构配件、器具和设备的质量证明书及进场检(试)验报告；

c. 工程测量、放线记录；

d. 按专业质量验收规范规定的抽样检验报告；

e. 隐蔽工程检查记录；

f. 施工过程记录和施工过程检查记录；

g. 新材料、新工艺的施工记录；

h. 质量管理资料和施工承包单位操作依据等。

② 主控项目和一般项目的检验。为确保工程质量，使检验批的质量符合安全和使用功能的基本要求，各专业质量验收规范对各检验批的主控项目和一般项目的子项合格质量都给予明确规定。检验批的合格质量主要取决于对主控项目和一般项目的检验结果。主控项目是对检验批的基本质量起决定性影响的检验项目，因此，必须全部符合有关专业工程验收规范的规定。这意味着主控项目不允许有不符合要求的检验结果，即主控项目的检查具有否决权。

一般项目的抽查结果允许有轻微缺陷，因为其对检验批的基本性能仅造成轻微影响；但不允许有严重缺陷，因为严重缺陷会显著降低检验批的基本性能，甚至引起失效，故必须加以限制。各专业工程质量验收规范均给出了抽样检验项目允许的偏差及极限偏差。检验合格条件为：检验结果偏差在允许偏差范围以内，但偏差不允许有超过极限偏差的情况。

4）检验批验收方法

① 检验批的抽样方案。合理抽样方案的制定对检验批的质量验收有十分重要的影响。在制定检验批的抽样方案时，应考虑合理分配生产方风险（或错判概率 α）和使用方风险（或漏判概率 β）。对于主控项目，对应于合格质量水平的 α 和 β 均不宜超过 5%；对于一般项目，对应于合格质量水平的 α 不宜过 5%，β 不宜超过 10%。检验批的质量检验，应根据检验项目的特点在下列抽样方案中进行选择：

a. 计量、计数或计量—计数等抽样方案；

b. 一次、二次或多次抽样方案；

c. 根据生产连续性和生产控制稳定性等情况，尚可采用调整型抽样方案；

d. 对重要的检验项目当可采用简易快速的检验方法时，可选用全数检验方案；

e. 经实践检验有效的抽样方案。如砂石料、构配件的分层抽样。

② 检验批的质量验收记录。检验批的质量验收记录由施工项目专业质量检查员填写，项目监理机构（或业主项目技术负责人）组织施工承包单位专业质量检查员等进行验收，并按表 10-9 记录。

（5）分项工程质量验收

① 分项工程及其质量合格规定。分项工程应按主要工种、材料、施工工艺、设备类别等进行划分。如混凝土结构工程中按主要工种分为模板工程、钢筋工程、混凝土工程等分项工程；按施工工艺又分为预应力、现浇结构、装配式结构等分项工程。

分项工程质量合格规定如下：

a. 分项工程所含的检验批均应符合合格质量规定；

b. 分项工程所含的检验批的质量验收记录应完整。

② 分项工程质量验收记录。分项工程质量应由项目监理机构（或业主项目技术负责人）组织施工承包单位专业技术负责人等进行验收，并按表 10-10 记录。

检验批的质量验收记录　　　　表 10-9

<table>
<tr><td>工程名称</td><td colspan="2"></td><td colspan="2">分项工程名称</td><td></td><td>验收部位</td><td></td></tr>
<tr><td>施工单位</td><td colspan="3"></td><td>专业工长</td><td></td><td>项目经理</td><td></td></tr>
<tr><td>施工执行标准名称及编号</td><td colspan="7"></td></tr>
<tr><td>分包单位</td><td colspan="2"></td><td colspan="2">分包项目经理</td><td></td><td>施工班组长</td><td></td></tr>
<tr><td rowspan="11">主控项目</td><td colspan="2">质量验收规范的规定</td><td colspan="2">施工单位检查评定记录</td><td colspan="3">项目监理机构验收记录</td></tr>
<tr><td>1</td><td></td><td colspan="2"></td><td colspan="3" rowspan="10"></td></tr>
<tr><td>2</td><td></td><td colspan="2"></td></tr>
<tr><td>3</td><td></td><td colspan="2"></td></tr>
<tr><td>4</td><td></td><td colspan="2"></td></tr>
<tr><td>5</td><td></td><td colspan="2"></td></tr>
<tr><td>6</td><td></td><td colspan="2"></td></tr>
<tr><td>7</td><td></td><td colspan="2"></td></tr>
<tr><td>8</td><td></td><td colspan="2"></td></tr>
<tr><td>9</td><td></td><td colspan="2"></td></tr>
<tr><td></td><td></td><td colspan="2"></td></tr>
<tr><td rowspan="4">一般项目</td><td>1</td><td></td><td colspan="2"></td><td colspan="3" rowspan="4"></td></tr>
<tr><td>2</td><td></td><td colspan="2"></td></tr>
<tr><td>3</td><td></td><td colspan="2"></td></tr>
<tr><td>4</td><td></td><td colspan="2"></td></tr>
<tr><td>施工单位检查评定结果</td><td colspan="7">项目专业质量检查员：　　　　年　　月　　日</td></tr>
<tr><td>项目监理机构验收结论</td><td colspan="7">监理工程师
（业主项目技术负责人）
年　　月　　日</td></tr>
</table>

______分项工程质量验收记录　　表 10-10

<table>
<tr><td>工程名称</td><td></td><td>结构类型</td><td></td><td>检验批数</td><td></td></tr>
<tr><td>施工单位</td><td></td><td>项目经理</td><td></td><td>项目技术负责人</td><td></td></tr>
<tr><td>分包单位</td><td></td><td>分包单位负责人</td><td></td><td>分包项目经理</td><td></td></tr>
</table>

序号	检验批部位、区段	施工单位检查评定结果	项目监理机构验收结论
1			
2			
3			
4			
5			
6			
7			
8			
9			
10			
11			
12			
13			
14			
15			
16			
17			

<table>
<tr><td>检查结论</td><td>项目专业
技术负责人

年　月　日</td><td>验收结论</td><td>监理工程师
（业主项目技术负责人）

年　月　日</td></tr>
</table>

(6) 分部(子分部)工程质量验收

1) 分部(子分部)工程质量合格规定

① 分部(子分部)工程所含分项工程的质量均应验收合格;

② 质量控制资料应完整;

③ 地基与基础、主体结构和设备安装等分部工程有关安全及功能的检验和抽样检测结果应符合有关规定;

④ 观感质量验收应符合要求。

2) 分部(子分部)工程质量验收

分部(子分部)工程的质量验收在其所含各分项工程质量验收的基础上进行。首先，分部工程的各分项工程必须已验收且相应的质量控制资料文件必须完整，这是验收的基本条件。此外，由于各分项工程的性质不尽相同，因此，作为分部工程不能简单地组合后加以验收，尚须增加以下两类检查:

① 涉及安全和使用功能的地基基础、主体结构、有关安全及重要使用功能的安装分部工程，应进行有关见证取样送样试验或抽样检测。如建筑物垂直度、标高、全高测量记录，建筑物沉降观测测量记录，给水管道通水试验记录，暖气管道、散热器压力试验记录，照明动力全负荷试验记录等;

② 观感质量验收往往难以定量，只能以观察、触摸或简单量测的方式进行，并由个人的主观印象判断，检查结果并不给出“合格”或“不合格”的结论，而是综合给出质量评价。评价的结论为“好”、“一般”和“差”三种。对于“差”的检查点应通过返修处理等进行补救。

分部(子分部)工程质量应由总监理工程师(或业主项目负责人)组织施工项目经理和有关勘察、设计单位项目负责人进行验收，并按表 10-11 记录。

2. 施工作业运行结果的检验方法

检验现场所用的原材料、半成品及工序过程、工程产品的质量所采用的方法，一般可分为三类，即：目测法、量测法和试验法。

(1) 目测法

主要凭感官进行检查，即采用看、摸、敲、照等手法进行检查。“看”就是根据质量标准要求进行外观检查;“摸”就是通过手感触摸进行检查、鉴别;“敲”就是运用敲击方法进行音感检查;“照”就是通过人工光源或反射光照射，仔细检查难以看清的部位。

(2) 量测法

就是利用量测工具或计量仪表进行实地测量，然后将所测量的结果与规定的质量标准或规范要求相对照，从而判断质量是否符合要求。量测的手法可以归纳为靠、吊、量、套四种。“靠”是指用直尺检查诸如地面、墙面的平整度等;“吊”是指用托线板线锤检查垂直度;“量”是指用量测工具或计量仪表等检查断面尺寸、轴线、标高、温度、湿度等数值并确定其偏差;“套”是指以方尺套方辅以塞尺，检查诸如踏角线的垂直度、预制构件的方正、门窗口及构件的对角线等。

(3) 试验法

是指通过现场试验或试验室试验等手段取得数据，分析判断质量情况。包括理化试验和无损测试或检验两种。

________分部(子分部)工程验收记录　　表 10-11

工程名称		结构类型		层数	
施工单位		技术部门负责人		质量部门负责人	
项目经理		项目技术负责人		项目质量检验员	
序号	分项工程名称	检验批数	施工单位检测评定		验收意见
1					
2					
3					
4					
5					
质量控制资料和文件					
安全和功能检验报告					
观感质量验收					
验收意见	施工单位	项目负责人　年　月　日			
	勘察单位	项目负责人　年　月　日			
	设计单位	项目负责人　年　月　日			
	项目监理机构（或业主）	总监理工程师（或业主项目负责人）　年　月　日			

① 理化试验。工程中常用的理化试验包括各种物理、力学性能方面的检验和化学成分及含量的测定。力学性能的检验有抗拉强度、抗压强度、抗弯强度、抗折强度、冲击韧性、硬度、承载力等；各种物理性能方面的测定包括密度、含水量、凝结时间、安定性、抗渗、耐磨、耐热等；各种化学方面的试验有钢筋中的磷、硫含量，混凝土粗骨料中活性氧化硅的成分测定，以及耐酸、耐碱、抗腐蚀等。此外，必要时还可在现场通过诸如对桩或地基的现场静载试验或打试桩，确定其承载力；对混凝土现场取样，通过试验室的抗压强度试验，确定混凝土达到的强度等级；通过管道压水试验，判断其耐压及渗漏情况等。

② 无损测试或检验。借助专门的仪器、仪表等在不损伤被测物的情况下探测结构物或材料、设备内部的组织结构或损伤状态。常用的检测仪器有超声波探伤仪、磁粉探伤仪、γ 射线探伤仪、渗透液探伤仪等。

10.2.5　工程质量问题和质量事故的处理

1. 工程质量问题及其处理

根据我国现行规定，凡是工程质量不合格，必须进行返修、加固或报废处理，由此造成直接经济损失低于 5000 元的称为工程质量问题；直接经济损失在 5000 元(含 5000 元)以上的称为工程质量事故。

（1）工程质量问题的处理方式

在各项工程的施工过程中或完工以后，项目监理机构如发现工程项目存在不合格项或质量问题，应根据其性质和严重程度按如下方式处理：

① 当施工而引起的质量问题在萌芽状态时应及时制止，并要求施工承包单位立即更换不合格材料、设备或不称职人员，或要求施工承包单位立即改变不正确的施工方法和操作工艺。

② 当因施工而引起的质量问题已出现时，应立即要求施工承包单位对质量问题进行补救处理，并采取足以保证施工质量的有效措施后，报告项目监理机构。

③ 当某道工序或分项工程完工以后出现不合格项时，项目监理机构应要求施工承包单位及时采取补救措施予以整改。项目监理机构应对其补救方案进行确认，跟踪处理过程，对处理结果进行验收，否则不允许进行下道工序或分项工程的施工。

④ 在交工使用后的保修期内发现施工质量问题时，项目监理机构应及时指令施工承包单位进行修补、加固或返工处理。

(2) 工程质量问题的处理程序

当发现工程质量问题时，项目监理机构应按图 10-3 所示程序进行处理。

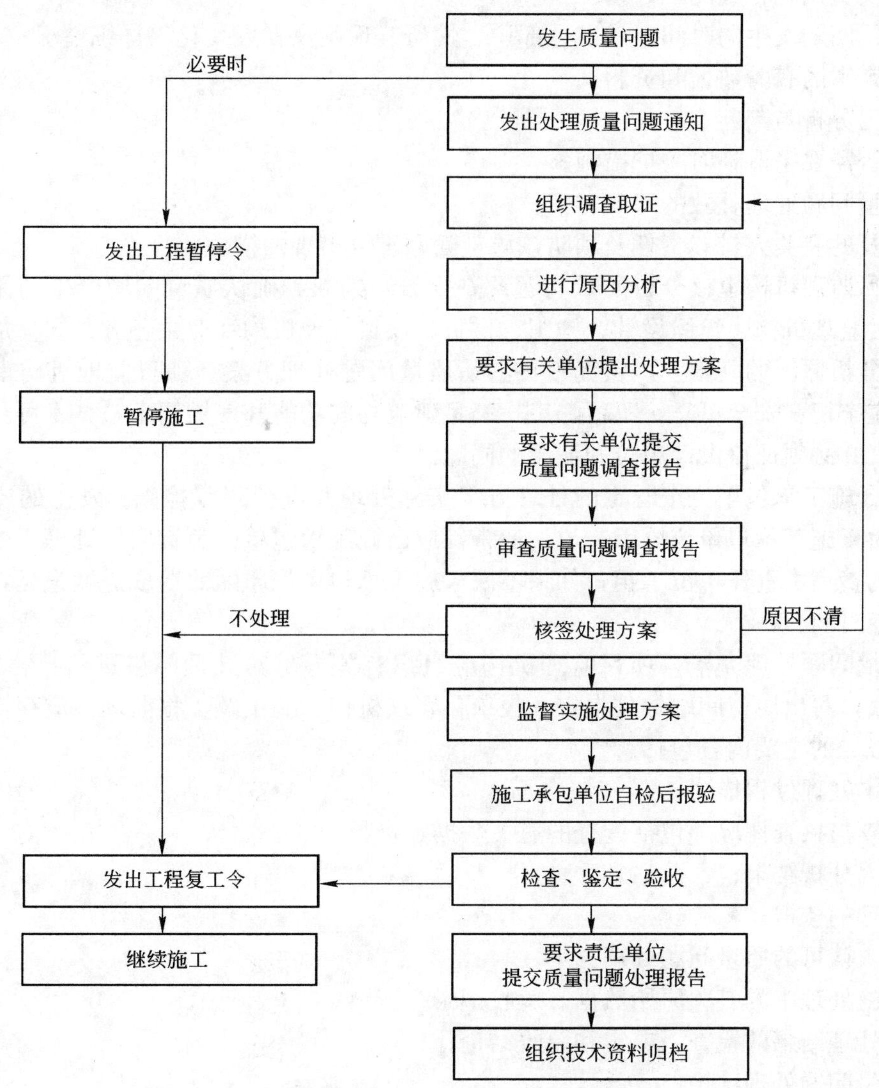

图 10-3 工程质量问题处理程序

1）当发生工程质量问题时，项目监理机构首先应判断其严重程度。对可以通过返修或返工弥补的质量问题可责成施工承包单位写出质量问题调查报告，提出处理方案，报项目监理机构审核后，由承包单位采取措施进行处理，必要时应经业主和设计单位认可，处理结果应重新进行验收。

2）对需要加固补强的质量问题，或质量问题的存在影响下道工序和分项工程的质量时，应签发工程暂停令，指令施工承包单位停止有质量问题部位和与其有关联部位及下道工序的施工。必要时，应要求施工承包单位采取防护措施，责成施工承包单位写出质量问题调查报告，由设计单位提出处理方案，并征得业主同意后，由承包单位进行处理。处理结果应重新进行验收。

3）施工承包单位接到项目监理机构通知后，应尽快进行的调查并编写质量问题调查报告。调查报告的主要内容应包括：

① 与质量问题相关的工程情况；

② 质量问题发生的时间、地点、部位、性质、现状及发展变化等详细情况；

③ 调查中的有关数据和资料；

④ 原因分析与判断；

⑤ 是否需要采取临时防护措施；

⑥ 质量问题处理补救的建议方案；

⑦ 涉及的有关人员和责任及预防该质量问题重复出现的措施。

4）项目监理机构审核分析质量问题调查报告，判断和确认质量问题产生的原因。必要时，项目监理机构应组织设计、施工、供货、项目管理机构和业主各方共同参加分析。

5）在分析原因的基础上，认真审核签认质量问题处理方案。项目监理机构审核确认处理方案应牢记：安全可靠，不留隐患，满足建筑物的功能和使用要求，技术可行，经济合理原则。并必须征得设计单位和业主的同意。

6）指令施工承包单位按既定的处理方案实施处理并进行跟踪检查。发生的质量问题不论是否由于施工承包单位原因造成，通常都应由施工承包单位负责实施处理。处理质量问题所需的费用由责任单位承担，如果不属于施工承包单位原因而造成进度拖延，则应批准工程延期时间。

7）质量问题处理完毕，项目监理机构应组织有关人员对处理结果进行严格的检查、鉴定和验收，写出质量问题处理报告，报项目管理机构、业主及工程监理单位存档。质量问题处理报告的主要内容包括：

① 基本处理过程描述；

② 调查与核查情况，包括调查的有关数据、资料；

③ 原因分析结果；

④ 处理的依据；

⑤ 审核认可的质量问题处理方案；

⑥ 实施处理中的有关原始数据、验收记录、资料；

⑦ 对处理结果的检查、鉴定和验收结论；

⑧ 质量问题处理结论。

2. 工程质量事故及其处理

（1）工程质量事故的分类

根据国家现行规定，工程质量事故的分类如下：

1）一般质量事故。凡具备下列条件之一者为一般质量事故：

① 直接经济损失在 5000 元（含 5000 元）以上，不满 50000 元的；

② 影响使用功能和工程结构安全，造成永久质量缺陷的。

2）严重质量事故。凡具备下列条件之一者为严重质量事故：

① 直接经济损失在 50000 元（含 50000 元）以上，不满 10 万元的；

② 严重影响使用功能或工程结构安全，存在重大质量隐患的；

③ 事故性质恶劣或造成 2 人以下重伤的。

3）重大质量事故。凡具备下列条件之一者为重大质量事故，属建设工程重大事故范畴：

① 工程倒塌或报废；

② 由于质量事故，造成人员死亡或重伤 3 人以上；

③ 直接经济损失 10 万元以上。

按国务院建设行政主管部门规定，建设工程重大事故分为四个等级：

① 凡造成死亡 30 人以上或直接经济损失 300 万元以上为一级；

② 凡造成死亡 10 人以上 29 人以下或直接经济损失 100 万元以上，不满 300 万元为二级；

③ 凡造成死亡 3 人以上，9 人以下或重伤 20 人以上或直接经济损失 30 万元以上，不满 100 万元为三级；

④ 凡造成死亡 2 人以下，或重伤 3 人以上，19 人以下或直接经济损失 10 万元以上，不满 30 万元为四级。

4）特别重大事故。凡具备国务院发布的《特别重大事故调查程序暂行规定》所列发生一次死亡 30 人及其以上，或直接经济损失达 500 万元及其以上，或其他性质特别严重，上述影响三个之一均属特别重大事故。

（2）工程质量事故处理程序

工程质量事故处理程序如图 10-4 所示。

1）工程质量事故发生后，项目监理机构应签发工程暂停令，要求停止进行质量缺陷部位和与其有关联部位及下道工序施工，并要求施工承包单位采取必要的措施，防止事故扩大并保护好现场。同时，要求质量事故发生单位迅速按类别和等级向相应的主管部门上报，并于 24 小时内写出书面报告。质量事故报告应包括以下主要内容：

① 事故发生的单位名称，工程（产品）名称、部位、时间、地点；

② 事故概况和初步估计的直接损失；

③ 事故发生原因的初步分析；

④ 事故发生后采取的措施；

⑤ 相关各种资料（有条件时）。

各级主管部门处理权限及组成调查组权限如下：

特别重大质量事故由国务院按有关程序和规定处理；重大质量事故由国务院建设行政主管部门归口管理；严重质量事故由省、自治区、直辖市建设行政主管部门归口管理；一

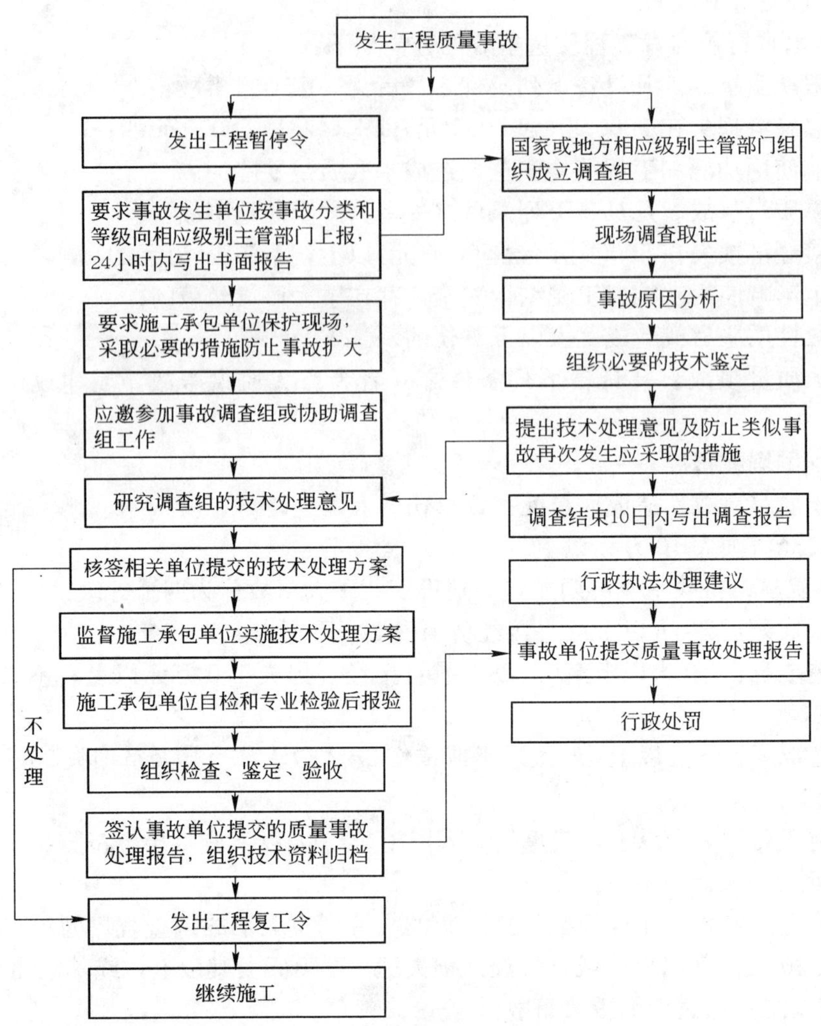

图 10-4　工程质量事故处理程序

般质量事故由市、县级建设行政主管部门归口管理。

工程质量事故调查组由事故发生地的市、县以上建设行政主管部门或国务院有关主管部门组织成立。特别重大质量事故调查组组成由国务院批准；一、二级重大质量事故由省、自治区、直辖市建设行政主管部门提出组成意见，人民政府批准；三、四级重大质量事故由市、县级行政主管部门提出组成意见，相应级别人民政府批准；严重质量事故调查组由省、自治区、直辖市建设行政主管部门组织；一般质量事故调查组由市、县级建设行政主管部门组织；事故发生单位属国务院部委的，由国务院有关主管部门或其授权部门会同当地建设行政主管部门组织调查组。

2）项目管理机构在事故调查组展开工作后，应积极协助，客观地提供相应证据，若项目管理方无责任，则项目管理机构有关人员可应邀参加调查组，参与事故调查；若项目管理方有责任，则应予以回避，但应配合调查组工作。

3）当项目管理机构接到质量事故调查组提出的技术处理意见后，可组织相关单位研究，并责成相关单位完成技术处理方案后予以审核签认。质量事故技术处理方案，一般应委托原设计单位提出。由其他单位提供的技术处理方案，应经原设计单位同意签认。技术处理方案的制定，应征求业主意见。

4）技术处理方案核签后，项目监理机构应要求施工承包单位制定详细的施工方案，应对技术处理过程中的关键部位和关键工序进行旁站，并会同设计单位、项目管理机构、业主等共同检查认可。

5）项目监理机构应组织有关各方对施工承包单位完工自检后的报验结果进行检查验收，必要时应进行处理结果鉴定。应要求事故单位整理编写质量事故处理报告，审核签认后组织将有关技术资料归档。

工程质量事故处理报告的主要内容包括：

① 工程质量事故情况、调查情况、原因分析(选自质量事故调查报告)；

② 质量事故处理的依据；

③ 质量事故技术处理方案；

④ 实施技术处理施工中有关问题和资料；

⑤ 对处理结果的检查鉴定和验收；

⑥ 质量事故处理结论。

（3）工程质量事故处理方案

① 修补处理。这是最常用的一类处理方案。当某个检验批、分项工程或分部工程的质量虽未达到规定的规范、标准或设计要求，存在一定缺陷，但通过修补或更换器具、设备后还可达到要求的标准，又不影响使用功能和外观要求时，可以进行修补处理。

对较严重的质量问题，可能影响结构的安全性和使用功能，必须按一定的技术方案进行加固补强处理，这样往往会造成一些永久性缺陷，如改变结构外形尺寸，影响一些次要的使用功能等。

② 返工处理。当工程质量未达到规定的标准和要求，存在的严重质量问题，对结构的使用和安全构成重大影响，且又无法通过修补进行时，可对检验批、分项工程、分部工程甚至整个工程返工处理。

对某些存在严重质量缺陷，且无法采用加固补强等修补处理或修补处理费用比原工程造价还高的工程，应进行整体拆除，全面返工。

③ 限制使用。当工程质量缺陷按修补方式处理无法保证达到规定的使用和安全要求，而又无法返工时，可以做出限制使用的决定。

④ 不作处理。某些工程质量问题虽然不符合规定的要求和标准构成质量事故，但视其严重情况，经过分析、论证、法定检测单位鉴定和设计等有关单位认可，对工程或结构使用及安全影响不大时，也可不做专门处理。

（4）工程质量事故处理的鉴定验收

质量事故的技术处理是否达到了预期目的，消除了工程质量不合格和工程质量问题，是否仍留有隐患，项目监理机构应通过组织检查和必要的鉴定，进行验收并予以最终确认。

1）检查验收

工程质量事故处理完成后，项目监理机构在施工承包单位自检合格报验的基础上，应严格按施工验收标准及有关规范的规定进行验收，并应办理交工验收文件。

2）必要的鉴定

为确保工程质量事故的处理结果，凡涉及结构承载力等使用安全和其他重要性能的处理工作，常需做必要的试验和检验鉴定工作。此外，质量事故处理施工过程中建筑材料及构配件保证资料严重缺乏或各参与单位对检查验收结果有争议时，也需要进行试验或检验鉴定工作。检验鉴定必须委托政府批准的有资质的法定检测单位进行。

3）验收结论

对所有质量事故，均应有明确的书面结论。若对后续工程施工有特定要求或对建筑物使用有一定限制条件的，应在结论中明确提出。验收结论通常有以下几种：

① 事故已排除，可以继续施工；

② 隐患已消除，结构安全有保证；

③ 经修补处理后，完全能够满足使用要求；

④ 基本上满足使用要求，但使用时应有附加限制条件，例如限制荷载等；

⑤ 对耐久性的结论；

⑥ 对建筑物外观影响的结论；

⑦ 对短期内难以做出结论的，可提出进一步观测检验意见。

对于处理后符合《建筑工程施工质量验收统一标准》规定的，项目监理机构应予以验收、确认，并应注明责任方主要承担的经济责任。对经加固补强或返工处理仍不能满足安全使用要求的分部工程、单位(子单位)工程，应拒绝验收。

10.3　工程进度管理

10.3.1　施工进度控制方案的编制

项目监理机构应依据施工合同有关条款、施工图及经过批准的施工组织设计制定施工进度控制方案，对进度目标进行风险分析，制定防范性对策，经总监理工程师审定后报送业主。

施工进度控制方案的主要内容包括：

① 施工进度控制目标分解图；

② 实现施工进度控制目标的风险分析；

③ 施工进度控制的主要工作内容和深度；

④ 项目管理机构中人员对进度控制的职责分工；

⑤ 与进度控制有关的各项工作的时间安排和工作流程；

⑥ 进度控制的方法(包括进度检查周期、数据采集方式、进度报表格式、统计分析方法等)；

⑦ 进度控制的具体措施(包括组织措施、技术措施、经济措施和合同措施等)；

⑧ 尚待解决的有关问题。

10.3.2　施工进度计划的审查

项目监理机构必须审查施工承包单位提交的施工进度计划，如发现问题应及时向承包单位提出书面整改通知，并协助承包单位修改。施工进度计划审查的主要内容包括：

① 计划工期及阶段工期目标是否符合合同规定的要求，计划工期完成的可行性，以及是否留有余地；

② 各施工过程的施工顺序是否符合施工技术与组织的要求；

③ 主导施工过程的起止时间及持续时间安排是否正确合理；

④ 应有的技术和组织间歇时间是否安排，并且是否符合有关规定的要求；

⑤ 平行、搭接、立体交叉作业的施工项目安排是否合理；

⑥ 业主提供的施工场地与进度计划所需的场地是否一致，各承包商施工场地的使用是否相互干扰、影响进度，运输路线的数量、距离及路况是否满足进度计划的要求；

⑦ 劳动力、材料、机械及气、水、电等的需要量是否落实和均衡利用；

⑧ 进度计划是否符合施工合同中的开工、竣工日期的规定；

⑨ 进度计划中的主要项目是否有遗漏，总承包单位与分包单位分别编制的各单位施工进度计划之间是否相协调；

⑩ 对由业主提供的施工条件(资金、图纸、施工场地、物资等)，承包单位在施工进度计划中所提出的供应时间和数量是否合理可行，是否有工程延期和费用索赔的可能。

应当说明，编制和实施施工进度计划是承包单位的责任。项目监理机构对施工进度计划的审查或批准，并不解除承包单位对施工进度计划的任何责任和义务。

10.3.3　施工进度计划实施中的动态监控

项目监理机构在施工进度计划实施过程中，要进行动态监督和控制，以确保工程能够如期完工。

1. 协助承包单位实施进度计划

项目监理机构要随时了解承包单位在施工进度计划执行过程中存在的问题，帮助承包单位予以解决，特别要关注承包单位难以解决的内外关系协调问题。

2. 及时掌握工程施工的实际进度

项目监理机构要及时检查承包单位报送的施工进度报表和分析资料，重点要对工程进度的里程碑点进行检查和控制，同时还要进行必要的现场实地调查，核实所报送的已完项目的时间和工程量，防止虚报现象。

3. 分析并控制施工进度偏差

项目监理机构应对工程实际进度资料进行认真分析，并将其与进度计划数据进行比较，判断实际施工进度是否出现偏差。如果施工进度出现偏差，项目监理机构应进一步分析该偏差产生的原因及对进度控制目标的影响程度，提出纠偏措施。

4. 组织现场协调会

项目监理机构应每月、每周组织召开不同层次的现场协调会议，以解决工程施工进度计划实施过程中的相互协调配合问题。

① 在每月召开的高级协调会上，通报项目建设的重大变更事项，协商其后果处理问题，解决项目监理机构与承包单位之间及各个承包单位之间的重大协调配合问题。

② 在每周召开的管理层协调会上，通报各自的进度状况、存在的问题、下周的工作安排、解决施工中需要协调配合的问题。

③ 在平行、交叉施工单位较多、工序交接频繁、工期紧迫的情况下，可能每日召开现场协调会，通报和检查当天的工程进度，明确薄弱环节，布置当天的赶工任务，以便为

次日正常施工创造条件。

④ 对于突发变故和预料之外出现的问题，可以召开临时紧急协调会，部署相关单位采取应急措施维护工程施工的正常秩序。

5. 及时处理工期延误和工程延期事件

造成工程进度拖延的原因有两个方面：一是由于承包单位自身的原因；一是由于承包单位以外的原因。前者所造成的进度拖延，称为工期延误；而后者所造成的进度拖延称为工程延期。

(1) 工期延误

当出现工期延误时，项目监理机构要督促承包单位采取有效措施加快施工进度。如果经过一段时间后，实际进度没有明显改进，仍然落后于计划进度，而且显然影响工程按期竣工时，项目监理机构应要求承包单位修改进度计划，并提交给项目监理机构重新确认。

项目监理机构对修改后的施工进度计划的确认，并不是对工程延期的批准，他只是要求承包单位在合理的状态下施工。因此，项目监理机构对进度计划的确认，并不能解除承包单位应负的一切责任，承包单位需要承担赶工的全部额外开支和误期损失赔偿。

(2) 工程延期

当出现工程延期时，项目监理机构要根据合同规定，合理批准工程延期。经项目监理机构核实批准的工程延期时间，应纳入合同工期，作为合同工期的一部分。即新的合同工期应等于原定的合同工期加上项目监理机构批准的工程延期时间。

6. 尽量控制施工过程中的工程变更

项目监理机构应尽量减少或避免工程施工过程中的变更。若发生工程变更，应在承包单位进行工序修改前提出，以减少费用损失和工程延期事件的发生。

10.3.4 工程延期的控制

1. 工程延期的申报与审批

(1) 申报工程延期的条件

在工程施工过程中，由于以下原因导致工程进度拖后，承包单位有权提出延长工期的申请：

① 监理工程师发出工程变更指令而导致工程量增加；

② 合同中所涉及的任何可能造成工期延期的原因，如延期交图、工程暂停、对合格工程的剥离检查及不利的外界条件等；

③ 异常恶劣的气候条件；

④ 由业主造成的任何延期、干扰或障碍，如未及时提供施工场地、未及时付款等；

⑤ 除承包单位自身以外的其他任何原因。

(2) 工程延期的审批程序

工程延期的审批程序如图 10-5 所示。当工程延期事件发生后，承包单位应在合同规定的有效期内以书面形式通知项目监理机构(即工程延期意向通知)，以便于项目监理机构尽早了解所发生的事件，及时做出一些减少延期损失的决定。随后，承包单位应在合同规定的有效期内(或项目管理或监理机构可能同意的合理期限内)向项目监理机构提交详细的申述报告(延期理由及依据)。项目监理机构收到该报告后应及时进行调查核实，准确地确定出工程延期时间。

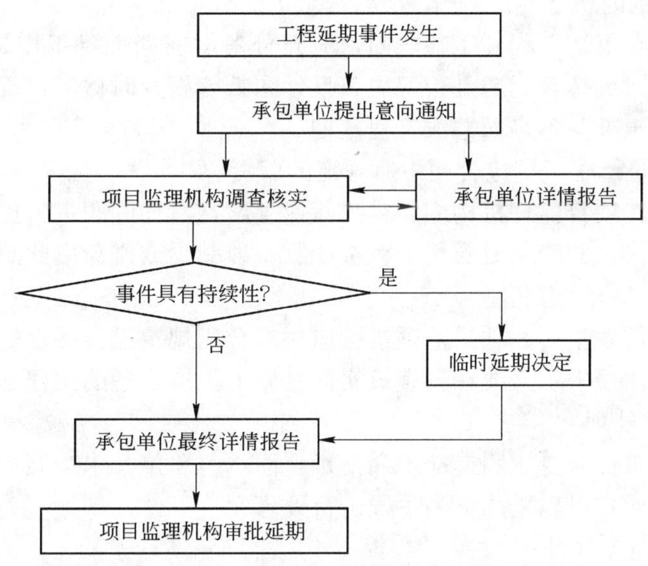

图 10-5　工程延期的审批程序

当延期事件具有持续性，承包单位在合同规定的有效期内不能提交最终详细的申述报告时，应先向项目监理机构提交阶段性的详情报告。项目监理机构应在调查核实阶段性报告的基础上，尽快做出延长工期的临时决定。待延期事件结束后，承包单位应在合同规定的期限内向项目监理机构提交最终的详情报告。项目监理机构应复查详情报告的全部内容，然后确定该延期事件的最终延期时间。

如果遇到比较复杂的延期事件，项目监理机构可以成立专门小组进行处理。对于一时难以做出结论的延期事件，即使不属于持续性的事件，也可以采用先做出临时延期的决定，然后再做出最后决定的办法。这样既可以保证有充足的时间处理延期事件，又可以避免由于处理不及时而造成的损失。

项目监理机构在做出临时工程延期批准或最终工程延期批准之前，均应与项目管理机构、业主和承包单位进行协商。

(3) 工程延期的审批原则

项目监理机构在审批工程延期时应遵循以下原则：

① 符合合同条件。确实不属于承包单位自身原因而导致工期拖延时，才能批准为工程延期。这是项目监理机构审批工程延期的一条根本原则。

② 影响合同工期。以承包单位提交的经审核后的进度计划为依据进行分析，发生延期事件的工程部位确实影响到合同工期时，才能批准为工程延期。

③ 符合实际情况。承包单位提交的延期事件详情报告必须与现场工序、部位等发生的实际情况相一致。为此，承包单位应对延期事件发生后的各类有关细节进行详细记载，并及时向项目监理机构提交详细报告。与此同时，项目监理机构也应对施工现场进行详细考察和分析，并做好有关记录，以便为合理确定工程延期时间提供可靠依据。

2. 工程延期的控制

项目监理机构应当做好以下工作，尽量避免或减少工程延期事件的发生。

(1) 选择适当的时机下达工程开工龄

项目监理机构在下达工程开工龄之前，应充分考虑前期准备工作是否满足开工要求，特别是征地、拆迁、民扰等问题是否解决，设计图纸能否及时提供，资金周转能否保证工程款支付，以免由于准备不足而造成工程延期。

(2) 提醒业主履行施工承包合同中所规定的职责

在施工过程中，项目监理机构应经常提醒业主履行自己的职责，提前做好施工场地及设计图纸的提供工作，并能及时支付工程进度款，以减少或避免由此而造成的工程延期。

(3) 妥善处理工程延期事件

当工程延期事件发生后，项目监理机构应根据合同规定进行妥善处理，既要尽量减少工程延期时间及费用损失，又要在调查核实的基础上批准合理的工程延期时间。

3. 工期延误的处理

如果由于承包单位自身原因造成工期拖延，而承包单位又未按照项目监理机构的指令改变延误状态时，通常可以采用下列手段进行处理：

(1) 停止签署付款凭证

当承包单位的施工进度达不到进度计划的要求而不能采取积极措施时，项目监理机构可以停止签署付款凭证，以敦促承包单位尽快改变进度拖后状况。

(2) 要求赔偿误期损失

当承包单位未能按合同规定的工期和条件完成工程时，项目监理机构应根据施工承包合同规定，要求承包单位向业主支付约定的违约损失赔偿费。

(3) 取消承包资格

如果承包单位严重违反合同规定或无理拖延工期，而又拒不及时采取补救措施，项目监理机构可以建议业主取消承包单位的承包资格，并将其清除出场。

10.4　工程造价管理

10.4.1　资金使用计划的编制

在建设项目施工过程中，通过资金使用计划的编制与执行，可以有效地控制工程造价。

1. 资金使用计划的编制方法

(1) 按项目组成编制资金使用计划

一个建筑工程项目通常由多个单项工程组成，每个单项工程由多个单位工程组成，每个单位工程又由若干个分部、分项工程组成。项目管理机构在编制资金使用计划时，可以按照工程项目的组成，按照单项工程、单位工程、分部工程、分项工程的逐级层次划分，将工程造价进行相应的切块分解。分块细化的程度应结合项目规模、管理水平等实际情况综合考虑确定。

(2) 按时间进度编制资金使用计划

就是在计划工期范围内将工程造价按照时间进行分解。通常需要利用工程项目的网络进度计划编制资金使用计划。即在拟定工程进度计划时，一方面要确定各项施工活动所需的时间，另一方面需要确定完成该施工活动时的资金支出。

2. 资金使用计划的表达形式

(1) 资金使用计划表

按项目组成编制资金使用计划时，可以利用资金使用计划表。资金使用计划表的内容一般包括：工程分项编码；工程内容；计量单位；工程数量；计划综合单价；本分项工程总计。

(2) 时间—投资累计曲线

首先根据工程进度计划确定每单位时间内所需投入的资金，然后通过逐步累计便可求得计划工期范围内各时点的累计投资额。由于绘制出来的累计投资曲线的形状通常像英文字母“S”，故通常也称时间—投资累计曲线为 S 曲线。S 曲线不仅能直观表达工程投资随时间的变化情况，而且是控制工程造价的重要依据。

10.4.2　工程计量与工程款支付

1. 工程计量

(1) 工程计量程序

按照建设工程施工合同(示范文本)规定，施工承包单位按约定的时间向项目监理机构提出已完工程量的报告，项目监理机构接到报告后在 7 天内按设计图纸核实已完工程量，并在计量前 24 小时通知承包单位，承包单位为计量提供条件并派人参加。承包单位不参加计量，项目监理机构可自行进行，计量结果有效，可作为工程价款支付的依据。若项目监理机构未在规定时间内进行计量，则承包单位报告中所列工程量视为已被确认，可作为工程价款支付的依据。

(2) 工程计量依据

① 质量合格证书。经项目监理机构检验达到合同规定的标准，并拥有质量合格证书的工程才能予以计量。

② 工程量清单前言和技术规范。工程量清单前言和技术规范中的条款规定了每一项工程的计量方法及其所确定的单价所包含的工作内容和范围。

③ 设计图纸。设计图纸是计量几何尺寸的依据，对承包单位超出设计图纸增加的工程量和自身原因增加的工程量不预计量。

2. 工程款支付

① 在双方确认计量结果后 14 天内，业主应向承包单位支付工程款。按约定业主应扣回的预付款，与工程款同期结算。

② 符合规定范围的工程变更调整的合同价款及约定的追加合同价款，应与工程款同期调整支付。

③ 业主如不能按期支付工程款，应与承包单位协商延期支付，承包单位同意后，业主应承担付款的贷款利息。

④ 业主如不按合同支付工程款导致承包单位停止施工的，由业主承担违约责任。

10.4.3　工程变更价款的确定

1. 工程变更价款的确定程序

承包单位应在工程变更确定后 14 天内，提出变更工程价款的报告，经项目监理机构确认后调整合同价格。承包单位未在规定时间内提出变更工程价款报告时，视为该项工程变更不涉及工程价款的调整。项目监理机构收到变更工程价款报告之日起 7 天内应予以确认。如项目监理机构无正当理由不确认时，变更价款报告自送达之日起 14 天后自行生效。

2. 工程变更价款的确定方法

① 如果合同中已有适用于变更工程的价格，按合同已有的价格计算并变更合同价款；

② 如果合同中只有类似于变更工程的价格，可以参照此价格确定变更价格，变更合同价格；

③ 如果合同中没有适用或类似于变更工程的价格，由承包单位提出适当的变更价格，经项目监理机构确认后执行。

10.4.4　工程投资偏差分析

1. 偏差与绩效指数

(1) 投资偏差与进度偏差

① 工程投资偏差是指已完工程计划投资与已完工程实际投资的差值。即：

投资偏差(CV)＝已完工程计划投资(BCWP)－已完工程实际投资(ACWP)

其中：

已完工程计划投资(BCWP)可根据逐月实际完成的工作量×工程计划综合单价累计求得；

已完工程实际投资(ACWP)可根据逐月实际完成的工作量×工程实际综合单价累计求得。

如果 CV＞0，表明工程投资节约；如果 CV＜0，表明工程投资超支。

② 工程进度偏差是指已完工程计划投资与拟完工程计划投资的差值。即：

进度偏差(SV)＝已完工程计划投资(BCWP)－拟完工程计划投资(BCWS)

其中：

拟完工程计划投资(BCWS)可根据逐月计划完成的工作量×工程计划综合单价累计求得。

如果 SV＞0，表明工程实际进度超前；如果 SV＜0，表明工程实际进度拖后。在实际应用时，为了便于调整进度计划，还需将用工程投资差额表示的进度偏差转换为所需要的时间。

(2) 投资绩效指数和进度绩效指数

① 工程投资绩效指数是指已完工程计划投资与已完工程实际投资的比值。即：

投资绩效指数(CPI)＝已完工程计划投资(BCWP)/已完工程实际投资(ACWP)

如果 CPI＞1，表明工程投资节约；如果 CPI＜1，表明工程投资超支。

② 工程进度绩效指数是指已完工程计划投资与拟完工程计划投资的比值。即：

工程进度绩效指数(SPI)＝已完工程计划投资(BCWP)/拟完工程计划投资(BCWS)

如果 SPI＞1，表明工程实际进度超前；如果 SPI＜1，表明工程实际进度拖后。

偏差属于绝对指标，绩效指数属于相对指标。偏差适用于项目内部自身的比较，绩效指数适用于项目之间的比较。实际工作中，也可用 CPI 和 SPI 乘积考察项目的综合完成情况。

2. 工程投资偏差的分析方法

(1) 横道图法

用不同的横道线标识已完工程计划投资、已完工程实际投资以及拟完工程计划投资，横道线的长度与其数额成正比。投资偏差和进度偏差数额可以用数字或横道线表示。

(2) 时标网络图法

在确定的施工进度时标网络计划图中的每道工序上标明单位时间的计划投资值，则在图上就可以清楚地表明全部工程计划投资额，再与实际完成的工程投资额相比较，就可以进行投资偏差分析和进度偏差分析。

(3) 表格法

可以根据项目的具体情况、数据来源、工程造价控制工作的要求等条件进行表格的设计。表格法的信息量大，适用性较强，可以反映各种偏差变量和指标。

(4) 曲线法

以纵向坐标表示投资额度、以横向坐标表示时间进度，绘制出已完工程计划投资累计曲线、已完工程实际投资累计曲线和拟完工程计划投资累计曲线，便可直观地进行投资偏差分析和进度偏差分析。

10.4.5 费用索赔的控制

1. 费用索赔的种类

在工程施工过程中，施工承包单位提出的费用索赔通常分为以下几类：

① 工程延期索赔。因业主项目监理机构未按合同要求提供施工条件、指令工程暂停、不可抗力事件等原因造成工程延期时，承包单位提出的索赔。

② 工程变更索赔。由于项目监理机构指令增加或减少工程量、修改设计、变更工程顺序等造成工期延长和费用增加时，承包单位提出的索赔。

③ 合同被迫终止的索赔。由于业主、项目监理机构违约以及不可抗力事件等原因造成合同非正常终止，承包单位因其蒙受经济损失而提出的索赔。

④ 工程赶工索赔。由于项目监理机构指令承包单位加快施工速度、缩短工期，引起承包单位人力、财力、物力的额外支出而提出的索赔。

⑤ 意外风险和不可预见因素索赔。因人力不可抗拒的自然灾害特殊风险以及一个有经验的承包单位通常不能合理预见的不利施工条件或外界障碍等引起的索赔。

⑥ 其他索赔。由于货币贬值、汇率变化、物价和工资的上涨、政策法令变化等原因引起的索赔。

2. 费用索赔的依据

提出和处理工程费用索赔的依据主要包括：

① 招标文件、施工合同文本及附件，备忘录、修正案等各类签约，经认可的工程实施计划、各种工程图纸、技术规范等；

② 双方往来的信函、各种会议纪要；

③ 进度计划和具体的进度安排、项目现场的有关文件；

④ 气象资料、工程检查验收报告和各种技术鉴定报告，工程中送停电、送停水、道路开通和封闭的记录及证明；

⑤ 国家有关法律法令、政策文件，政府有关部门公布的物价指数、工资指数，各种会计核算资料，材料的采购、订货、运输、进场、使用方面的凭证。

3. 费用索赔处理程序

按照我国建设工程施工合同(示范文本)规定，费用索赔处理程序如下：

① 承包单位在索赔事件发生28天内向项目监理机构提出索赔申请；

② 承包单位在发出索赔申请后28天内向项目监理机构提出补偿经济损失和/或延长工期的索赔报告及有关资料；

③ 项目监理机构审核承包单位的索赔报告和有关资料，并于28天内给予答复，或者要求承包单位进一步补充索赔理由和证据。项目监理机构未在28天内答复或未对承包单位提出新要求时，视为该项索赔已被认可；

④ 项目监理机构与承包单位谈判协商。如协商不成，项目监理机构有权确定一个其认为合理的单价或价格作为最终的处理意见。如承包单位不接受项目监理机构单方面的决定，可按合同约定仲裁或诉讼。

4. 工程索赔费用的计算

(1) 可索赔的费用

主要包括：人工费；设备费；材料费；保函手续费；贷款利息；保险费；利润；管理费。

(2) 费用索赔的计算方法

常用的索赔计算方法为实际费用法。即以承包单位为某项索赔工作所支付的实际开支为依据，确定索赔费用。计算时，将直接费的额外费用与应得的间接费和利润相加，即为承包单位应得的索赔金额。由于实际费用法所依据的是实际发生的成本记录或单据，因此在施工过程中，系统而准确地积累记录资料是非常重要的。

有时也可采用总费用法和修正的总费用法。总费用法是指在发生多次索赔事件以后，重新计算该工程的实际总费用。由实际总费用减去投标报价时的估算总费用，即为索赔金额。但实际发生的总费用总价额中可能包括承包单位的原因(如施工组织不善)而增加费用。此外，投标报价时估算的总费用也可能为了中标而过低。因此，总费用法只有在难以采用实际费用法时才采用。

修正总费用法是对总费用法的改进，即在总费用计算的原则上，去掉一些不合理的因素，使其更趋合理。修正的内容如下：

① 将计算索赔额的时段局限于受到外界影响的时间范围内，而不是整个施工期；

② 只计算受影响时段内的某项工作所受影响的损失，而不是计算该时段内所有工作所承受的损失；

③ 与该项工作无关的费用不列入总费用中；

④ 重新核算投标报价费用：按受影响时段内该项工作的实际单价进行核算，然后乘以该项工作的实际完成量，得出调整后的报价费用。

按修正后的总费用计算索赔金额的公式如下：

索赔金额＝某项工作调整后的实际总费用－该项工作的报价费用

修正总费用法与总费用法相比，有了实质性的改进，其准确程度已接近于实际费用法。

10.4.6　工程结算

1. 工程价款的结算方式

按工程结算的时间和对象不同，我国工程价款的结算方式可分为以下几种：

① 按月结算。实行旬末或月中预支，月终结算，竣工后清算的办法。跨年度竣工的

工程，在年终进行工程盘点，办理年度结算。我国现行建筑安装工程价款结算中，相当一部分工程是按月结算的。

② 竣工后一次结算。工期在 12 个月以内或者工程承包合同价值在 100 万元以下的工程，可以实行工程价款每月月中预支，竣工后一次结算的方式。

③ 分段结算。即当年开工、当年不能竣工的单项工程或单位工程按照工程形象进度，划分不同阶段进行结算。分段结算可以按月预支工程款。

④ 目标结算。将合同中的工程内容分解成不同的验收单元，当承包单位完成单元工程内容并经验收后，支付该单元工程内容的价款。

2. 工程预付款

(1) 工程预付款数额的确定与支付

工程预付款是建设工程施工合同订立后由业主按照合同约定，在正式开工前预先支付给承包单位的工程款。建设工程施工合同(示范文本)规定："实行工程预付款的，双方应当在专用条款内约定发包人向承包人预付工程款的时间和数额，开工后按约定的时间和比例逐次扣回。预付时间应不迟于约定的开工日期前 7 天。发包人不按约定预付，承包人在约定预付时间 7 天后向发包人发出要求预付的通知，发包人收到通知后仍不能按要求预付，承包人可在发出通知后 7 天停止施工，发包人应从约定应付之日起向承包人支付应付款的贷款利息，并承担违约责任。"

工程预付款一般是根据施工工期、建安工作量、主要材料和构件费用占建安工作量的比例以及材料储备周期等因素经测算来确定。一般建筑工程不应超过当年建筑工作量(包括水、电、暖)的 30%；安装工程按年安装工作量的 10%；材料比重较大的安装工程按年计划产值的 15%左右拨付。

工程预付款的数额可以采用以下两种方法确定：

① 在合同条件中约定。发包人根据工程的特点、工期长短、市场行情、供求规律等因素，招标时在合同条件中约定工程预付款的百分比。

② 公式计算法。根据主要材料(含结构件等)占年度承包工程总价的比重，材料储备定额天数和年度施工天数等因素，通过公式计算预付备料款的额度。

(2) 工程预付款数额的扣回

工程预付款的扣回方法需要双方当事人在合同中约定，主要有：

① 等比率或等额扣款方式。也可针对工程实际情况具体处理，如有些工程工期较短、造价较低，就无需分期扣还；有些工期较长，如跨年度工程，预计次年承包工程价值大于或相当于当年承包工程价值时，可以不扣回当年的预付备料款；如小于当年承包工程价值时，应按实际承包工程价值进行调整，在当年扣回部分预付备料款，并将未扣回部分转入次年，直到竣工年度，再按上述办法扣回。

② 起扣点扣款方式。从未施工工程尚需的主要材料及构件的价值相当于工程预付款数额时起扣，从每次中间结算工程价款中，按材料及构件比重扣抵工程价款，至竣工之前全部扣清。因此，确定起扣点是工程预付款起扣的关键。

工程预付款开始扣还时的工程进度状态称为工程预付款的起扣点。确定工程预付款起扣点的依据是：未完施工工程所需主要材料和构件的费用，等于工程预付款的数额。累计完工建筑安装工作量达到起扣点的数额时，开始扣回工程预付款。此时，未完工程的工作量应等于年度建筑安装工作量与其之差，未完工程的材料和构件费等于未完工作量乘以材料比例。

3. 工程款结算程序

(1) 工程进度款的支付程序

对于已经预支工程价款或已经开始扣还工程预付款的工程项目，在进行工程进度款结算时，要从工程价款中冲减预收工程价款和当月应扣还的工程预付款。工程进度款的支付程序如图 10-6 所示。

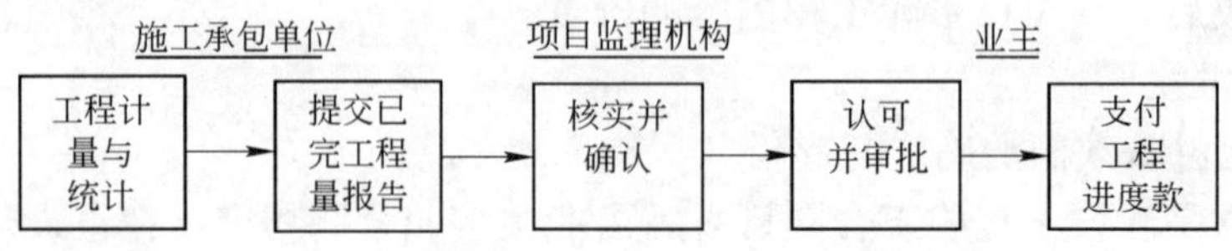

图 10-6 工程进度款支付程序

(2) 工程保修金的预留

按照有关规定，工程项目总造价中应预留出一定比例的尾留款作为质量保修费用，待工程项目保修期结束后最后拨付。工程保修金的预留一般有两种做法：

① 当工程进度款拨付累计额达到该建筑安装工程造价的一定比例(一般为 95%～97%)时，停止支付，预留造价部分作为保修金。

② 保留金的扣除，可以从业主向承包单位第一次支付的工程进度款开始，在每次承包单位应得的工程款中扣留投标书附录中规定金额作为保修金，直至保修金总额达到投标书附录中规定的限额为止。

(3) 其他费用的支付

其他费用按照合同约定及发生事件的责任方承担的原则支付：

① 安全施工方面的费用由责任方承担费用；

② 专利技术及特殊工艺涉及的费用由提出使用方承担费用；

③ 文物和地下障碍物涉及的费用由业主承担费用。

(4) 工程竣工结算

全部工程完工后，经验收质量合格，符合合同要求，承包单位与项目监理机构进行最终工程价款结算。

当年开工、当年竣工的工程，只需办理一次性结算。跨年度的工程，在年终办理一次年终结算，将未完工程转到下一年度，此时竣工结算等于各年度结算的综合。

办理工程竣工结算的一般计算公式为：

$$\text{竣工结算工程价款} = \text{预算(或概算)或合同价款} + \text{施工过程中预算或合同价款调整数额} - \text{预付及已结算工程价款} - \text{保修金}$$

我国建设工程施工合同(示范文本)中对竣工结算的规定如下：

① 工程竣工验收报告经发包人认可后 28 天内，承包人向发包人递交竣工结算报告及完整的结算资料，双方按照协议书约定的合同价款及专用条款约定的合同价款调整内容，进行工程竣工结算；

② 发包人收到承包人递交的竣工结算报告及结算资料后 28 天内进行核实，给予确认

或者提出修改意见。发包人确认竣工结算报告后通知经办银行向承包人支付工程竣工结算价款。承包人收到竣工结算价款后 14 天内将竣工工程交付发包人；

③ 发包人收到竣工结算报告及结算资料后 28 天内无正当理由不支付工程竣工结算价款，从第 29 天起按承包人同期向银行贷款利率支付拖欠工程价款的利息，并承担违约责任；

④ 发包人收到竣工结算报告及结算资料后 28 天内不支付工程竣工结算价款，承包人可以催告发包人支付结算价款。发包人在收到竣工结算报告及结算资料后 56 天内仍不支付的，承包人可以与发包人协议将该工程折价，也可以由承包人申请人民法院将该工程依法拍卖，承包人就该工程折价或者拍卖的价款优先受偿；

⑤ 工程竣工验收报告经发包人认可后 28 天内，承包人未能向发包人递交竣工结算报告及完整的结算资料，造成工程竣工结算不能正常进行或工程竣工结算价款不能及时支付，发包人要求交付工程的，承包人应当交付；发包人不要求交付工程的，承包人承担保管责任；

⑥ 发包人和承包人对工程竣工结算价款发生争议时，按约定的争议处理方式处理。

10.5　健康安全与环境(HSE)管理

10.5.1　职业健康安全管理

1. 职业健康安全管理体系的审查

项目监理机构对承包单位职业健康安全管理体系审查的内容主要包括以下几方面：

① 职业健康安全管理体系是否已建立；

② 职业健康安全管理体系的组织机构与职责分工；

③ 职业健康安全管理体系的管理制度；

④ 职业健康安全管理体系的内部和外部审核报告和结论。

2. 职业健康安全管理体系实施的监督

对承包单位职业健康安全管理体系实施的监督要点：

1）承包单位是否按类别进行危害辨别。这些类别主要可分为：

① 管理类。包括设备、材料、劳动保护用品、危险化学品、施工组织设计、事故调查、培训等。

② 建筑施工类。主要包括基础施工；脚手架作业、井字架与龙门架搭设；临边与洞口防护；木工作业；油漆工程；塔吊及电梯拆装；防水作业；高处作业。

③ 职业健康、消防、交通安全类。

④ 其他类。

2）承包单位是否用定性和定量方法对风险进行评价。

3）承包单位是否根据实际情况确定重大风险，列出风险清单。

4）承包单位是否对风险采取措施控制。

5）承包单位是否对职业健康安全运行状况进行实时监测，包括安全防护、临时用电、机械设备安全防护、噪声防护、卫生防护、文明施工、火灾预防等，以及对职业健康安全事故、事件、不符合项的监测。应检查承包单位的监测记录。

6）承包单位是否按规定频次进行职业健康安全绩效监测，并对监测结果进行记录和分析，监测设备是否处于校验状态。

3. 施工安全生产监督

（1）项目监理机构在安全生产管理工作中的责任和义务

① 不得批准使用不符合安全生产施工要求的材料、设备及用品；

② 在工程开工报告批准之日起15日内，将保证施工安全的措施报送工程所在地县级以上人民政府建设行政主管部门或其他有关部门备案；

③ 如果有拆除工程，应将其发包给具有相应资质等级的施工单位，并在工程所在地县级以上人民政府建设行政主管部门或其他有关部门备案；

④ 应与各承包单位签订安全生产管理协议；

⑤ 如果合同中有明文规定办理保险，应为相关人员办理保险。

（2）监理工程师在施工安全生产管理中的责任和义务

① 应当按照法律法规和工程建设强制性标准实施工程施工安全监督，并对建设工程安全生产承担监理责任；

② 应当审查承包单位在施工组织设计中的安全技术措施或者专项施工方案是否符合工程建设强制性标准；

③ 对在监理过程中发现的安全事故隐患，应当要求承包单位整改，情况严重的，应当要求承包单位暂时停止施工，并及时向有关单位报告。承包单位拒不整改或不停止施工的，监理工程师应当及时向主管部门报告；

④ 应审查承包单位编制的下列危险性较大的分部分项工程专项施工方案，签字确认后方可进行施工：基坑支护与降水工程；土方开挖工程；模板工程；起重吊装工程；脚手架工程；拆除、爆破工程；国家建设行政主管部门或者其他部门规定的危险性较大的工程。

4. 施工现场劳动保护监管

项目监理机构对承包单位施工现场作业人员劳动保护的监督管理主要包括以下内容：

① 承包单位对施工现场作业人员的劳动保护是否有足够的资金投入和物资投入；

② 承包单位的施工现场作业人员是否配备和穿戴与施工现场条件和环境的要求相符合的劳动防护用品；

③ 承包单位对特种作业人员上岗前是否进行安全教育，并保证持证上岗；

④ 承包单位是否执行了严禁使用未成年人参加劳动的规定；

⑤ 承包单位是否执行了相关的女工劳动保护政策。

5. 安全事故处理

① 项目监理机构应当参与施工现场安全生产事故的处理，协助政府安全生产主管部门查清安全生产事故的原因和责任；

② 项目监理机构应当严格审查承包单位制定的安全生产事故整改技术方案和措施；

③ 项目监理机构应当验证承包单位安全生产事故的整改结果，并对是否复工提出意见。

10.5.2　环境管理

1. 环境管理体系的审查

项目监理机构对承包单位环境管理体系审查的内容主要包括：

① 环境管理体系是否已建立；

② 环境管理体系的组织机构与职责分工；

③ 环境管理体系的管理制度；

④ 环境管理体系的内部和外部审核报告和结论。

2. 环境管理体系实施的监督

对承包单位的环境管理体系实施的监督中的要点：

1）承包单位是否进行环境因素识别，承包单位在进行环境因素识别时是否对工程项目的施工作业活动、办公区、生活区的活动综合考虑以下三方面：

① 考虑过去(如以往遗留的环境问题)、现在(现场的现有的污染及环境问题)、未来(工程交付使用后可能会产生的环境问题)三种时态以及正常、异常、紧急(如火灾、爆炸等)三种状态下的重大环境问题；

② 考虑物资供应方、工程分包方、劳务分包方、废弃物处理者等相关方的活动产生的环境影响；

③ 考虑本单位的管理活动、施工过程、服务过程中所排放出的水、气、声、固体废物等，以及资源、能源的消耗给本单位、周围地区和居民造成的影响。

2）承包单位填写的环境因素识别排查表中的输入、输出、环境影响因子是否与实际情况相一致。

3）审查承包单位编制的环境管理方案。方案中应包括：

① 明确应实现的指标目标；

② 规定切实可行的技术措施；

③ 确定完成的时间和进度；

④ 规定责任部门和人员；

⑤ 所需要的资源条件。

4）承包单位是否对环境运行状况进行实时的监测，包括噪声排放、污水排放、扬尘排放、固体废物、建筑工程有害气体的管理等，以及对环境违章、环境事故的监测，并检查其监测记录。

5）承包单位是否按规定频次进行环境绩效的监测，并对监测结果进行记录和分析，监测设备是否处于校验状态。

3. 监督施工现场环境保护的重点措施

项目监理机构应当督促承包单位落实施工现场环境保护的五项重点措施，主要有：

① 落实施工现场防止大气污染的措施；

② 落实施工现场防止水污染的措施；

③ 落实施工现场防止危险化学品污染的措施；

④ 落实施工现场防止噪声污染及扰民的措施；

⑤ 落实施工现场环境卫生管理的措施。

10.5.3　应急预案与响应管理

1. 应急预案管理工作的审查

项目监理机构应审查承包单位应急预案与响应的管理体系，其要点包括：

1）承包单位是否制定应急预案与响应的管理程序或管理办法。

2）承包单位是否有明确的应急预案与响应管理的组织机构和工作职责。

3）承包单位是否提供应急预案与响应管理的设备、设施、器材、救援力量等资源条件保证。

4）承包单位的应急管理内容是否覆盖可能出现的潜在事件和紧急情况，主要包括：

① 施工现场。火灾、爆炸，油料、油漆或化学品大面积（量）泄漏，施工现场突然停电、停水，坍塌事故，急性作业中毒或食物中毒，挖出文物或挖断水、气、热管线或电缆、电信、电视光缆等，倒塔、坠笼等机械事故，高处坠落、物体打击、触电、机械伤害等生产安全事故。

② 办公区域。火灾，公共卫生灾患。

③ 自然灾害。地震、洪水、大风、暴雨、雷击等。

2. 应急措施落实的监督

项目监理机构应当监督承包单位落实施工现场的应急措施，主要内容有：

① 承包单位施工现场是否成立应急救援组织，明确领导责任和执行责任，以及内部紧急联系方式；

② 承包单位是否制定应急实施时的作业指导书，组织应急救援的培训或演练；

③ 承包单位是否贯彻预防为主的方针，加强防范和管理，消除各类危险患；

④ 承包单位是否在施工现场和办公区域配备足够的应急物资；

⑤ 承包单位是否对从事关键作业岗位的人员进行应急防护知识的教育培训，提高自防自救的能力。

3. 应急预案的审核

项目监理机构应审核承包单位编制的应急预案，包括可能的事故性质、后果；与外部救援的联系（消防、医院等）；内外部报告、联络步骤和联系方式；应急救援组织和人员的职责分工；人员疏散和应急处置措施、救援措施等。

第四篇 项目竣工验收与后评价

第11章　项目竣工验收

11.1　竣工验收的内容和程序

11.1.1　施工质量验收统一标准及规范体系

建筑工程施工质量验收统一标准、规范体系由《建筑工程施工质量验收统一标准》(GB 50300—2001)和各专业验收规范共同组成。验收建筑工程施工质量时，应依据《建筑工程施工质量验收统一标准》和专业验收规范所规定的程序、方法、内容和质量标准。

各专业验收规范主要包括：

①《建筑地基基础工程施工质量验收规范》(GB 50202—2002)；

②《砌体工程施工质量验收规范》(GB 50203—2002)；

③《混凝土结构工程施工质量验收规范》(GB 50204—2002)；

④《钢结构工程施工质量验收规范》(GB 50205—2001)；

⑤《木结构工程施工质量验收规范》(GB 50206—2002)；

⑥《屋面工程质量验收规范》(GB 50207—2002)；

⑦《地下防水工程质量验收规范》(GB 50208—2002)；

⑧《建筑地面工程施工质量验收规范》(GB 50209—2002)；

⑨《建筑装饰装修工程质量验收规范》(GB 50210—2001)；

⑩《建筑给水排水及采暖工程施工质量验收规范》(GB 50242—2002)；

⑪《通风与空调工程施工质量验收规范》(GB 50243—2002)；

⑫《建筑电气工程施工质量验收规范》(GB 50303—2002)；

⑬《电梯工程施工质量验收规范》(GB 50310—2002)。

11.1.2　施工质量验收层次及内容

根据《建筑工程施工质量验收统一标准》，建筑工程质量验收的层次划分为：检验批、分项工程、分部(子分部)工程、单位(子单位)工程。其中检验批和分项工程是质量验收的基本单元，分部工程是在所含全部分项工程验收的基础上进行验收的，它们是施工过程中随完工随验收；而单位工程是完整的具有独立使用功能的建筑产品，需要进行最终的竣工验收。

1. 单位(子单位)工程质量验收

(1) 单位(子单位)工程质量合格规定

① 单位(子单位)工程所含分部(子分部)工程的质量应验收合格；

② 质量控制资料应完整；

③ 单位(子单位)工程所含分部工程有关安全和功能的检验资料应完整；

④ 主要功能项目的抽查结果应符合相关专业质量验收规范的规定；

⑤ 观感质量验收应符合要求。

(2) 单位(子单位)工程质量验收程序

1) 单位(子单位)工程质量验收程序

当单位(子单位)工程完工后，施工承包单位应进行自检。自检合格后，向项目监理机构提交工程竣工报验单，由项目监理机构进行工程初验。工程竣工报验单格式参见表11-1。

工程竣工报验单 **表11-1**

工程名称： **编号：**

致：　　　　　　　　　　　　(监理单位) 我方已按合同要求完成了__________工程，经自检合格，请予以检查和验收。 附件： 承包单位(章)__________ 项目经理　　__________ 年　月　日
审查意见： 经初步验收，该工程 1. 符合/不符合我国现行法律、法规要求； 2. 符合/不符合我国现行工程建设标准； 3. 符合/不符合设计文件要求； 4. 符合/不符合施工合同要求。 综上所述，该工程初步验收合格/不合格，可以/不可以组织正式验收。 项目监理机构__________ 总监理工程师__________ 年　月　日

项目监理机构验收单位工程的程序如下：

① 审查施工承包单位提交的验收资料，包括各种质量控制资料、试验报告以及各种有关的技术性文件等。若所提交的文件资料不齐全或有相互矛盾和不符之处，应指令施工

承包单位补充、核实及改正。

② 审核施工承包单位提交的竣工图，并与已完工程、有关的技术文件（如设计图纸、工程变更文件、施工记录等）对照进行核查。

③ 进行现场检查。如发现质量问题，应指令施工承包单位进行处理。

④ 初验合格后，签认施工承包单位提交的工程竣工报验单并通过项目管理机构上报业主，同时提出工程质量评估报告。

2）质量评估报告的主要内容

工程质量评估报告主要包括以下内容：

① 工程项目建设情况概述，参建各方的单位名称、负责人；

② 工程检验批、分项工程、分部工程、单位工程的划分情况；

③ 工程质量验收标准，各检验批、分项工程、分部工程的质量验收情况；

④ 地基与基础分部工程中，涉及桩基工程的质量检测结论，基槽承载力检测结论；涉及结构安全及使用功能的检测结论；建筑物沉降观测资料；

⑤ 施工过程中出现的质量事故及处理情况，验收结论；

⑥ 结论。本单位工程是否达到合同约定；是否满足设计文件要求；是否符合国家强制性标准规定等。

（3）单位（子单位）工程质量竣工验收内容

单位工程质量验收也称质量竣工验收，是建筑工程投入使用前的最后一次验收，也是最重要的一次验收。验收合格的条件有五个：除构成单位工程的各分部工程应该合格，并且有关的资料文件应完整以外，还应进行以下三方面的检查：

① 对涉及安全和使用功能的分部工程进行检验资料的复查。不仅要全面检查其完整性（不得有漏检缺项），而且对分部工程验收时补充进行的见证抽样检验报告也要进行复核。这种强化验收的手段体现了对安全和主要使用功能的重视。

② 对主要使用功能进行抽查。使用功能的检查是对建筑工程和设备安装工程最终质量的综合检查，也是用户最为关心的内容。因此，在分项、分部工程验收合格的基础上，竣工验收时须再作全面检查。抽查项目是在检查资料文件的基础上由参加验收的各方人员商定，并用计量、计数的抽样方法确定检查部位。检查时按有关专业工程施工质量验收标准的要求进行。

③ 由参加验收的各方人员共同进行观感质量检查。检查的方法、内容、结论等应在分部工程的相应部分中阐述，最后共同确定是否通过验收。

（4）单位（子单位）工程质量竣工验收记录

表 11-2 为单位工程质量验收的汇总表，单位（子单位）工程质量验收应按表 11-2 记录。本表与表 10-11 分部（子分部）工程验收记录和表 11-3 单位（子单位）工程质量控制资料核查记录、表 11-4 单位（子单位）工程安全和功能检验资料核查及主要功能抽查记录、表 11-5 单位（子单位）工程观感质量检查记录配合使用。

表 11-2 验收纪录由施工承包单位填写，验收结论由项目监理单位或业主填写。综合验收结论由参加验收各方共同商定，业主填写，应对工程质量是否符合设计和规范要求及总体质量水平做出评价。

单位(子单位)工程质量竣工验收记录　　　　**表 11-2**

<table>
<tr><td colspan="2">工程名称</td><td></td><td>结构类型</td><td colspan="2"></td><td>层数/建筑面积</td><td></td></tr>
<tr><td colspan="2">施工单位</td><td></td><td>技术负责人</td><td colspan="2"></td><td>开工日期</td><td></td></tr>
<tr><td colspan="2">项目经理</td><td></td><td>项目技术负责人</td><td colspan="2"></td><td>竣工日期</td><td></td></tr>
<tr><td>序号</td><td colspan="2">项　　目</td><td colspan="3">验 收 记 录</td><td colspan="2">验 收 结 论</td></tr>
<tr><td>1</td><td colspan="2">分部工程</td><td colspan="3">共　分部，经查　　分部，
符合标准及设计要求　　分部</td><td colspan="2"></td></tr>
<tr><td>2</td><td colspan="2">质量控制资料核查</td><td colspan="3">共　项，经审查符合要求　项，
经核定符合规范要求　　项</td><td colspan="2"></td></tr>
<tr><td>3</td><td colspan="2">安全和主要使用功能核查及抽查结果</td><td colspan="3">共核查　项，符合要求　项，
共抽查　项，符合要求　项，
经返工处理符合要求　项</td><td colspan="2"></td></tr>
<tr><td>4</td><td colspan="2">观感质量验收</td><td colspan="3">共抽查　项，符合要求　项，
不符合要求　项</td><td colspan="2"></td></tr>
<tr><td>5</td><td colspan="2">综合验收结论</td><td colspan="3"></td><td colspan="2"></td></tr>
<tr><td rowspan="2">参加验收单位</td><td colspan="2">业主</td><td colspan="2">项目监理单位</td><td colspan="2">施工单位</td><td>设计单位</td></tr>
<tr><td colspan="2">(公章)

单位(项目)负责人
年　月　日</td><td colspan="2">(公章)

总监理工程师
年　月　日</td><td colspan="2">(公章)

单位负责人
年　月　日</td><td>(公章)

单位(项目)负责人
年　月　日</td></tr>
</table>

单位(子单位)工程质量控制资料核查记录　　　　**表 11-3**

<table>
<tr><td colspan="2">工程名称</td><td></td><td>施工单位</td><td colspan="3"></td></tr>
<tr><td>序号</td><td>项目</td><td colspan="2">资　料　名　称</td><td>份数</td><td>核查意见</td><td>核查人</td></tr>
<tr><td>1</td><td rowspan="12">建筑
与
结构</td><td colspan="2">图纸会审、设计变更、洽商记录</td><td></td><td></td><td rowspan="12"></td></tr>
<tr><td>2</td><td colspan="2">工程定位测量、放线记录</td><td></td><td></td></tr>
<tr><td>3</td><td colspan="2">原材料出厂合格证书及进场检(试)验报告</td><td></td><td></td></tr>
<tr><td>4</td><td colspan="2">施工试验报告及见证检测报告</td><td></td><td></td></tr>
<tr><td>5</td><td colspan="2">隐蔽工程验收记录</td><td></td><td></td></tr>
<tr><td>6</td><td colspan="2">施工记录</td><td></td><td></td></tr>
<tr><td>7</td><td colspan="2">预制构件、预拌混凝土合格证</td><td></td><td></td></tr>
<tr><td>8</td><td colspan="2">地基基础、主体结构检验及抽样检测资料</td><td></td><td></td></tr>
<tr><td>9</td><td colspan="2">分项、分部工程质量验收记录</td><td></td><td></td></tr>
<tr><td>10</td><td colspan="2">工程质量事故及事故调查处理资料</td><td></td><td></td></tr>
<tr><td>11</td><td colspan="2">新材料、新工艺施工记录</td><td></td><td></td></tr>
<tr><td>12</td><td colspan="2"></td><td></td><td></td></tr>
</table>

续表

工程名称			施工单位			
序号	项目	资　料　名　称		份数	核查意见	核查人
1	给排水与采暖	图纸会审、设计变更、洽商记录				
2		材料、配件出厂合格证书及进场检(试)验报告				
3		管道、设备强度试验、严密性试验记录				
4		隐藏工程验收记录				
5		系统清洗、灌水、通水、通球试验记录				
6		施工记录				
7		分项、分部工程质量验收记录				
8						
1	建筑电气	图纸会审、设计变更、洽商记录				
2		材料、设备出厂合格证书及进场检(试)验报告				
3		设备调试记录				
4		接地、绝缘电阻测试记录				
5		隐蔽工程验收记录				
6		施工记录				
7		分项、分部工程质量验收记录				
8						
1	通风与空调	图纸会审、设计变更、洽商记录				
2		材料、设备出厂合格证书及进场检(试)验报告				
3		制冷、空调、水管道强度试验、严密性试验记录				
4		隐蔽工程验收记录				
5		制冷设备运行调试记录				
6		通风、空调系统调试记录				
7		施工记录				
8		分项、分部工程质量验收记录				
9						
1	电梯	土建布置图纸会审、设计变更、洽商记录				
2		设备出厂合格证书及开箱检验记录				
3		隐蔽工程验收记录				
4		施工记录				
5		接地、绝缘电阻测试记录				
6		负荷试验、安全装置检查记录				
7		分项、分部工程质量验收记录				
8						

续表

工程名称			施工单位			
序号	项目	资料名称		份数	核查意见	核查人
1	建筑智能化	图纸会审、设计变更、洽商记录、竣工图及设计说明				
2		材料、设备出场合格证及技术文件及进场检(试)验报告				
3		隐蔽工程验收记录				
4		系统功能测定及设备调试记录				
5		系统技术、操作和维护手册				
6		系统管理、操作人员培训记录				
7		系统检测报告				
8		分项、分部工程质量验收记录				
结论： 施工单位项目经理　　年　月　日　　总监理工程师（业主项目负责人）　　年　月　日						

单位(子单位)工程安全和功能检验资料核查及主要功能抽查记录　　**表 11-4**

工程名称			施工单位			
序号	项目	安全和功能检查项目	份数	核查意见	抽查结果	核查(抽查)人
1	建筑与结构	屋面淋水试验记录				
2		地下室防水效果检查记录				
3		有防水要求的地面蓄水试验记录				
4		建筑物垂直度、标高、全高测量记录				
5		抽气(风)道检查记录				
6		幕墙及外墙气密性、水密性、耐风压检测报告				
7		建筑物沉降观测测量记录				
8		节能、保温测试记录				
9		室内环境检测报告				
10						
1	给排水与采暖	给水管道通水试验记录				
2		暖气管道、散热器压力试验记录				
3		卫生器具满水试验记录				
4		消防管道、燃气管道压力试验记录				
5		排水干管通球试验记录				
6						

续表

工程名称			施工单位			
序号	项目	安全和功能检查项目	份数	核查意见	抽查结果	核查(抽查)人
1	电气	照明全负荷试验记录				
2		大型灯具牢固性试验记录				
3		避雷接地电阻测试记录				
4		线路、插座、开关接地检验记录				
5						
1	通风与空调	通风、空调系统试运行记录				
2		风量、温度测试记录				
3		洁净室洁净度测试记录				
4		制冷机组试运行记录				
5						
1	电梯智能建筑	电梯运行记录				
2		电梯安全装置检测报告				
3		系统运行记录				
4		系统电源及接地检测报告				
5						

结论：

总监理工程师

施工单位项目经理　　　年　月　日　　（业主项目负责人）　　年　月　日

单位(子单位)工程观感质量检查记录　　**表 11-5**

工程名称			施工单位												
序号	项目		抽查质量状况										质量评价		
													好	一般	差
1	建筑与结构	室外墙面													
2		变形缝													
3		水落管，屋面													
4		室内墙面													
5		室内顶棚													
6		室内地面													
7		楼梯、踏步、护栏													
8		门窗													

续表

工程名称				施工单位			
序号	项目		抽查质量状况		质量评价		
					好	一般	差
1	给排水与采暖	管道接口、坡度、支架					
2		卫生器具、支架、阀门					
3		检查口、扫除口、地漏					
4		散热器、支架					
1	建筑电气	配电箱、盘、板、接线盒					
2		设备器具、开关、插座、					
3		防雷、接地					
1	通风与空调	风管、支架					
2		风口、风阀					
3		风机、空调设备					
4		阀门、支架					
5		水泵、冷却塔					
6		绝热					
1	电梯智能建筑	运行、平层、开关厂					
2		层门、信号系统					
3		机房					
4		机房设备安装及布局					
5		现场设备安装					
6							
观感质量综合评价							
检查结论	施工单位项目经理　　年　月　日			总监理工程师（业主项目负责人）　　年　月　日			

2. 工程施工质量不符合要求时的处理

一般情况下，不合格现象在检验批的验收时就应发现并及时处理，所有质量隐患必须尽快消灭在萌芽状态，否则将影响后续检验批和相关的分项工程、分部工程的验收。但非正常情况可按下述规定进行处理：

① 经返工重做或更换器具、设备的检验批，应重新进行验收。这种情况是指主控项目不能满足验收规范规定或一般项目超过偏差限制的子项不符合检验规定的要求时，应及时进行处理的检验批。其中，严重的缺陷应推倒重来；一般的缺陷通过返修或更换器具、设备予以解决，应允许施工承包单位在采取相应的措施后重新验收。如能够符合相应的专业工程质量验收规范，则应认为该检验批合格。

② 经有资质的检测单位鉴定达到设计要求的检验批，应予以验收。这种情况是指个

别检验批发现试块强度等不满足要求等问题，难以确定是否验收时，应请具有资质的法定检测单位检测，当鉴定结果能够达到设计要求时，该检验批应允许通过验收。

③ 经有资质的检测单位鉴定达不到设计要求但经原设计单位核算认可能满足结构安全和使用功能的检验批，可予以验收。

一般情况下，规范标准给出了满足安全和功能的最低限度要求，而设计往往在此基础上留有一些余量。不满足设计要求和符合相应规范标准的要求，两者并不矛盾。

④ 经返修或加固的分项、分部工程，虽然改变外形尺寸但仍能满足安全使用要求，可按技术处理方案和协商文件进行验收。

这种情况是指更为严重缺陷或范围超过检验批的更大范围内的缺陷可能影响结构的安全性和使用功能。如经法定检测单位检测鉴定以后认为达不到规范标准的相应要求，即不能满足最低限度的安全储备和使用功能，则必须按一定的技术方案进行加固处理，使之能保证其满足安全使用的基本要求。这样会造成一些永久性的缺陷，如改变结构的外形尺寸，影响一些次要的使用功能等。为了避免社会财富更大的损失，在不影响安全和主要使用功能的条件下，可按处理技术方案和协商文件进行验收，但不能作为轻视质量而回避责任的一种出路，这是应该特别注意的。

⑤ 通过返修或加固仍不能满足安全使用要求的分部工程、单位(子单位)工程，严禁验收。

11.1.3　竣工验收程序和组织

1. 竣工预验收

当单位工程达到竣工验收条件后，施工承包单位应在自查、自评工作完成后，填写工程竣工报验单，并将全部竣工资料报送项目监理机构，申请竣工验收。总监理工程师应组织各专业监理工程师对竣工资料及各专业工程的质量情况进行全面检查，对检查出的问题，应督促施工承包单位及时整改。对需要进行功能试验的项目(包括单机试车和无负荷试车)，项目监理机构应督促施工承包单位及时进行试验，并对重要项目进行监督、检查，必要时请业主和设计单位参加；项目监理机构应认真审查试验报告单并督促施工承包单位搞好成品保护和现场清理。

经项目监理机构对竣工资料及实物全面检查、验收合格后，由总监理工程师签署工程竣工报验单，并通过项目管理机构向业主提出质量评估报告。

2. 正式验收

业主收到工程竣工验收报告后，应由业主项目负责人组织施工(含分包单位)、设计、项目管理、监理等单位(项目)负责人进行单位(子单位)工程验收。单位工程由分包单位施工时，分包单位对所承包的工程项目应按规定的程序检查评定，总承包单位应派人参加。分包工程完成后，应将工程有关资料交总承包单位。建筑工程经验收合格的，方可交付使用。

建筑工程竣工验收应当具备下列条件：

① 完成建筑工程设计和合同约定的各项内容；

② 有完整的技术档案和施工管理资料；

③ 有工程使用的主要建筑材料、建筑构配件和设备的进场试验报告；

④ 有勘察、设计、施工、监理等单位分别签署的质量合格文件；

⑤ 有施工单位签署的工程质量保修书。

在一个单位工程中，对满足生产要求或具备使用条件，施工承包单位已预验，项目监理机构已初验通过的子单位工程，业主可组织进行验收。有几个施工承包单位负责施工的单位工程，当其中的施工承包单位所负责的子单位工程已按设计完成，并经自行检验，也可组织正式验收，办理交工手续。在整个单位工程进行全部验收时，已验收的子单位工程验收资料应作为单位工程验收的附件。

在竣工验收时，对某些剩余工程和缺陷工程，在不影响交付的前提下，经业主、设计单位、施工单位和项目管理或监理单位协商，施工承包单位应在竣工验收后的限定时间内完成。

参加验收各方对工程质量验收意见不一致时，可请当地建设行政主管部门或工程质量监督机构协调处理。

工程竣工验收报告格式参见表 11-6。

工程竣工验收报告　　**表 11-6**

<table>
<tr><td rowspan="9">工程概况</td><td>工程名称</td><td></td><td>建筑面积</td><td></td></tr>
<tr><td>工程地址</td><td></td><td>结构类型</td><td></td></tr>
<tr><td>层　数</td><td>地上　层；地下　层</td><td>总　高</td><td></td></tr>
<tr><td>电　梯</td><td>台</td><td>自动扶梯</td><td></td></tr>
<tr><td>开工日期</td><td></td><td>竣工日期</td><td></td></tr>
<tr><td>建设单位</td><td></td><td>施工单位</td><td></td></tr>
<tr><td>勘察单位</td><td></td><td>监理单位</td><td></td></tr>
<tr><td>设计单位</td><td></td><td>质量监督</td><td></td></tr>
<tr><td>完成设计与合同约定内容情况</td><td colspan="3"></td></tr>
<tr><td>验收组织形式</td><td colspan="4"></td></tr>
<tr><td rowspan="8">验收组组成情况</td><td colspan="2">专　业</td><td colspan="2"></td></tr>
<tr><td colspan="2">建筑工程</td><td colspan="2"></td></tr>
<tr><td colspan="2">建筑给排水与采暖工程</td><td colspan="2"></td></tr>
<tr><td colspan="2">建筑电气安装工程</td><td colspan="2"></td></tr>
<tr><td colspan="2">通风与空调工程</td><td colspan="2"></td></tr>
<tr><td colspan="2">电梯安装工程</td><td colspan="2"></td></tr>
<tr><td colspan="2">建筑智能化工程</td><td colspan="2"></td></tr>
<tr><td colspan="2">工程竣工资料审查</td><td colspan="2"></td></tr>
<tr><td>竣工验收程序</td><td colspan="4"></td></tr>
</table>

续表

<table>
<tr><td rowspan="5">工程竣工验收意见</td><td>建设单位执行基本建设程序情况：</td></tr>
<tr><td>对工程勘察方面的评价：</td></tr>
<tr><td>对工程设计方面的评价：</td></tr>
<tr><td>对工程施工方面的评价：</td></tr>
<tr><td>对工程监理及项目管理方面的评价：</td></tr>
<tr><td>建设单位</td><td>项目负责人：　　（单位公章）
年　月　日</td></tr>
<tr><td>勘察单位</td><td>勘察负责人：　　（单位公章）
年　月　日</td></tr>
<tr><td>设计单位</td><td>设计负责人：　　（单位公章）
年　月　日</td></tr>
<tr><td>施工单位</td><td>项目经理：
企业技术负责人：　　（单位公章）
年　月　日</td></tr>
<tr><td>监理单位</td><td>总监理工程师：　　（单位公章）
年　月　日</td></tr>
<tr><td>项目管理单位</td><td>项目经理：　　（单位公章）
年　月　日</td></tr>
</table>

续表

竣工验收报告附件： 1. 施工许可证； 2. 施工图设计文件审查意见； 3. 勘察单位对工程勘察文件的质量检查报告； 4. 设计单位对工程设计文件的质量检查报告； 5. 施工单位对工程施工质量的检查报告，包括工程竣工资料明细、分类目录、汇总表； 6. 监理单位对工程质量的评估报告； 7. 地基与基础、主体结构分部工程及单位工程质量验收记录； 8. 工程有关质量检测和功能性试验资料； 9. 建设行政主管部门、质量监督机构责令整改问题的整改结果； 10. 验收人员签署的竣工验收原始文件； 11. 竣工验收遗留问题处理结果； 12. 施工单位签署的工程质量保修书； 13. 法律、行政法规规定必须提供的其他文件。

3. 竣工验收备案

单位工程质量验收合格后，业主应在规定时间内将工程竣工验收报告和有关文件，报建设行政主管部门备案。

① 凡在中华人民共和国境内新建、扩建、改建各类房屋建筑工程和市政基础设施工程的竣工验收，均应按有关规定进行备案；

② 国务院建设行政主管部门和有关专业部门负责全国工程竣工验收的监督管理工作。县级以上地方人民政府建设行政主管部门负责本行政区域内工程的竣工验收备案管理工作。

11.2 竣 工 决 算

11.2.1 竣工决算及其编制程序

1. 竣工决算的内容

竣工决算是指建筑工程项目竣工后，由业主按照国家有关规定编制的综合反映该工程从筹建到竣工投产全过程中各项资金的实际运用情况、建设成果及全部建设费用的总结性经济文件。竣工决算是竣工验收报告的重要组成部分，是正确核定新增固定资产价值，考核分析投资效果，建立健全经济责任制的依据，是反映建筑工程项目实际造价和投资效果的文件。

竣工决算由编制说明和竣工财务决算报表两部分组成。编制说明主要包括：工程概况、设计概算和项目计划的执行情况，各项技术经济指标完成情况，各项投资资金使用情况，建设成本的投资效益分析，以及建设过程中的主要经验、存在问题和解决意见等。竣工财务决算报表要根据大、中型项目和小型项目分别制定。大、中型工程项目竣工决算报表包括：工程项目竣工财务决算审批表，大、中型工程项目概况表，大、中型工程项目竣工财务决算表，大、中型工程项目交付使用资产总表；小型工程项目竣工财务决算报表包括：工程项目竣工财务决算审批表，竣工财务决算总表，工程项目交付使用资产明细表。

2. 竣工决算的编制依据和程序

（1）竣工决算的编制依据

① 可行性研究报告、投资估算书、初步设计或扩大初步设计、修正总概算及其批复文件；

② 设计变更记录、施工记录或施工签证单及其他施工发生的费用记录；

③ 经批准的施工图预算或标底造价、承包合同、工程结算等有关资料；

④ 历年基建计划、历年财务决算及批复文件；

⑤ 设备、材料调价文件和调价记录；

⑥ 其他有关资料。

（2）竣工决算的编制程序

① 收集、整理和分析有关依据资料。完整、齐全的资料，是准确而迅速编制竣工决算的必要条件。在编制竣工决算文件之前，就应系统地整理所有的技术资料、工料结算的经济文件、施工图纸和各种变更与签证资料，并检查其准确性。

② 清理各项财务、债务和结余物资。在收集、整理和分析有关资料中，要特别注意建筑工程从筹建到竣工投产或使用的全部费用的各项账务，债权和债务的清理，做到工程完毕账目清晰，既要核对账目，又要查点库有实物的数量，做到账与物相等，账与账相符，对结余的各种材料、工器具和设备，要逐项清点核实，妥善管理，并按规定及时处理，收回资金。对各种往来款项要及时进行全面清理，为编制竣工决算提供准确的数据和结果。

③ 填写竣工决算报表。按照建设工程决算表格中的内容，根据编制依据中的有关资料进行统计或计算各个项目和数量，并将其结果填到相应表格的栏目内，完成所有报表的填写。

④ 编制竣工决算说明。按照建设工程竣工决算说明的内容要求，根据编制依据材料填写在报表中的结果，编写文字说明。

⑤ 做好工程造价对比分析。

⑥ 清理、装订好竣工图。

⑦ 上报主管部门审查。将上述编写的文字说明和填写的表格经核对无误，装订成册，即为建设工程竣工决算文件。将其上报主管部门审查，并把其中财务成本部分送交开户银行签证。竣工决算在上报主管部门的同时，抄送有关设计单位。大、中型建设项目的竣工决算还应抄送财政部、建设银行总行和省、市、自治区的财政局和建设银行分行各一份。建设工程竣工决算的文件，由业主负责组织人员编写，在竣工建设项目办理验收使用一个月之内完成。

11.2.2　新增资产价值的确定

按照现行财务制度和企业会计准则，新增资产按其性质可分为固定资产、无形资产、流动资产和其他资产四类。

1. 新增固定资产

（1）新增固定资产价值的构成

① 工程费用。包括设备及工器具费用、建筑工程费、安装工程费；

② 固定资产其他费用。主要包括建设单位管理费、勘察设计费、研究试验费、工程监理费、工程保险费、联合试运转费、办公和生活家具购置费及引进技术和进口设备的其

他费用等；

③ 预备费；

④ 融资费用。包括建设期利息及其他融资费用。

(2) 新增固定资产价值的确定

新增固定资产价值是以独立发挥生产能力的单项工程为对象的。单项工程建成经有关部门验收鉴定合格，正式移交生产或使用，即应计算新增固定资产价值。一次交付生产或使用的工程一次计算新增固定资产价值；分期分批交付生产或使用的工程，应分期分批计算新增固定资产价值。在计算时应注意以下几种情况：

① 对于为了提高产品质量、改善劳动条件、节约材料消耗、保护环境而建设的附属辅助工程，只要全部建成，正式验收交付使用后就要计入新增固定资产价值。

② 对于单项工程中不构成生产系统，但能独立发挥效益的非生产性项目，如住宅、食堂、医务所、托儿所、生活服务网点等，在建成并交付使用后，也要计算新增固定资产价值。

③ 凡购置达到固定资产标准不需安装的设备、工具、器具，应在交付使用后计入新增固定资产价值。

④ 属于新增固定资产价值的其他投资，应随同受益工程交付使用的同时一并计入。

⑤ 交付使用财产的成本，应按下列内容计算：

a. 房屋、建筑物、管道、线路等固定资产的成本包括建筑工程成本和应分摊的待摊投资；

b. 动力设备和生产设备等固定资产的成本包括需要安装设备的采购成本、安装工程成本、设备基础支柱等建筑工程成本或砌筑锅炉及各种特殊炉的建筑工程成本、应分摊的待摊投资；

c. 运输设备及其他不需要安装的设备、工具、器具、家具等固定资产一般仅计算采购成本，不计分摊的"待摊投资"。

⑥ 共同费用的分摊方法。新增固定资产的其他费用，如果是属于整个建筑工程项目或两个以上单项工程的，在计算新增固定资产价值时，应在各单项工程中按比例分摊。一般情况下，建设单位管理费按建筑工程、安装工程、需安装设备价值总额按比例分摊，而土地征用费、勘察设计费等费用则按建筑工程造价分摊。

2. 新增无形资产

无形资产是指特定主体所控制的，不具有实物形态，对生产经营长期发挥作用且能带来经济利益的资产。主要包括专利权、商标权、专有技术、著作权、土地使用权、商誉等。

新增无形资产的计价原则如下：

① 投资者按无形资产作为资本金或者合作条件投入时，按评估确认或合同协议约定的金额计价；

② 购入的无形资产，按照实际支付的价款计价；

③ 企业自创并依法申请取得的，按开发过程中的实际支出计价；

④ 企业接受捐赠的无形资产，按照发票账单所持金额或者同类无形资产市价作价。

无形资产计价入账后，应在其有效使用期内分期摊销。

3. 新增流动资产

依据投资概算核拨的项目铺底流动资金，由建设单位直接移交使用单位。

4. 新增其他资产

其他资产是指除固定资产、无形资产、流动资产以外的资产。形成其他资产原值的费用主要是生产准备费(含职工提前进厂费和培训费)，样品样机购置费等。

11.2.3　竣工财务决算报表的编制

竣工财务决算报表要根据大、中型项目和小型项目分别编制。共有 6 种表。

1. 工程项目竣工财务决算审批表

该表在竣工决算上报有关部门审批时使用，大、中、小型项目均应按下列要求填报此表。其格式见表 11-7。

工程项目竣工财务决算审批表　　**表 11-7**

<table>
<tr><td>项目法人(业主)</td><td></td><td>建设性质</td><td></td></tr>
<tr><td>工程项目名称</td><td></td><td>主管部门</td><td></td></tr>
<tr><td colspan="4">开户银行意见：
(盖章)
年　月　日</td></tr>
<tr><td colspan="4">专员办审批意见：
(盖章)
年　月　日</td></tr>
<tr><td colspan="4">主管部门或地方财政部门审批意见：
(盖章)
年　月　日</td></tr>
</table>

① 表中“建设性质”按照新建、改建、扩建、迁建和恢复项目等分类填列。

② 表中“主管部门”是指建设单位的主管部门。

③ 所有工程项目均须经过开户银行签署意见后，按照有关要求进行报批：中央级小型项目由主管部门签署审批意见；中央级大、中型工程项目报所在地财政监察专员办事机构签署意见后，再由主管部门签署意见报国务院财政主管部门审批；地方级项目由同级财政主管部门签署审批意见。

④ 已具备竣工验收条件的项目，3 个月内应及时填报审批表，如 3 个月内不办理竣工验收和固定资产移交手续的视同项目已正式投产，其费用不得从工程建设投资中支付，所实现的收入作为经营收入，不再作为工程建设收入管理。

2. 大、中型工程项目概况表

该表综合反映大、中型工程项目的基本概况，内容包括该项目总投资、建设起止时间、新增生产能力、主要材料消耗、建设成本、完成主要工程量和主要技术经济指标及基本建设支出情况，为全面考核和分析投资效果提供依据。大、中型工程项目概况表格式见表 11-8，可按下列要求填写：

大、中型工程项目概况表　　　　**表 11-8**

工程项目（单项工程）名称			建设地址					基建支出	项目		概算	实际	主要指标
主要设计单位			主要施工企业						建筑安装工程				
占地面积	计划	实际	总投资（万元）	设计		实际			设备、工具器具				
				固定资产	流动资产	固定资产	流动资产		待摊投资 其中：建设单位管理费				
									其他投资				
新增生产能力	能力（效益）		设计	实际					待核销基建支出				
									非经营项目转出投资				
建设起、止时间	设计		从　年　月开工至　年　月竣工						合计				
	实际		从　年　月开工至　年　月竣工										
设计概算批准文号								主要材料消耗	名称	单位	概算	实际	
完成主要工程量	建筑面积（m^2）		设备（台、套、t）						钢材	t			
	设计	实际	设计	实际					木材	m^3			
									水泥	t			
收尾工程	工程内容		投资额	完成时间				主要技术经济指标					

1）工程项目名称、建设地址、主要设计单位和主要施工单位，要按全称填列。

2）表中各项目的设计、概算、计划等指标，根据批准的设计文件和概算、计划等确定的数字填列。

3）表中所列新增生产能力、完成主要工程量、主要材料消耗的实际数据，根据业主统计资料和施工单位提供的有关成本核算资料填列。

4）表中“主要技术经济指标”包括单位面积造价、单位生产能力投资、单位投资增加的生产能力、单位生产成本和投资回收年限等反映投资效果的综合性指标，根据概算和主管部门规定的内容分别按概算和实际填列。

5）表中基建支出是指建设项目从开工起至竣工为止发生的全部基本建设支出，包括形成资产价值的交付使用资产，如固定资产、无形资产、流动资产支出，还包括不形成资产价值按照规定应核销的非经营项目的待核销基建支出和转出投资。上述支出，应根据财政部门历年批准的“基建投资表”中的有关数据填列。按照财政部印发财基字［1998］4号关于《基本建设财务管理若干规定》的通知，需要注意以下几点：

① 建筑安装工程投资支出、设备工器具投资支出、待摊投资支出和其他投资支出构成建设项目的建设成本。建筑安装工程投资支出是指建设单位按项目概算发生的建筑安装工程的实际成本，不包括被安装设备本身的价值以及按合同规定支付给施工单位的预付备料款和预付工程款；设备工器具投资支出是指建设单位按照项目概算内容发生的各种设备的实际成本和为生产准备的不够固定资产标准的工具、器具的实际成本；待摊投资支出是指建设单位按项目概算内容发生的，按规定应分摊计入交付使用资产价值的各项费用支出。内容包括：建设单位管理费、土地征用及迁移补偿费、勘察设计费、研究试验费、可行性研究费、临时设施费、设备检验费、负荷联动试运转费、包干结余、坏账损失、借款利息、合同公证及工程监理费、土地使用税、汇兑损益、国外借款手续费及承诺费、施工机构迁移费、报废工程损失、耕地占用税、土地复耕及补偿费、投资方向调节税（目前暂停征收）、固定资产损失、器具处理亏损、设备盘亏毁损、调整器具调拨价格折价、企业债券发行费、概预算审查费、贷款项目评估费、社会中介机构审计费、车船使用税、其他待摊投资支出等。建设单位发生单项工程报废时，按规定程序报批并经批准以单项工程的净损失，按增加建设成本处理，计入待摊投资支出；其他投资支出是指建设单位按项目概算内容发生的构成建设项目实际支出的房屋购置和基本畜禽、林木等购置、饲养、培养支出以及取得各种无形资产发生的支出。

② 待核销基建支出是指非经营性项目发生的江河清障、补助群众造林、水土保持、城市绿化、取消项目的可行性研究费、项目报废等不能形成资产部分的投资。对于能够形成资产部分的投资，应计入交付使用资产价值。

③ 非经营性项目转出投资支出是指非经营项目为项目配套的专用设施投资，包括专用道路、专用通讯设施、送变电站、地下管道等，其产权不属于本单位的投资支出，对于产权归属本单位的，应计入交付使用资产价值。

6）表中“初步设计和概算批准日期、文号”，按最后经批准的日期和文件号填列。

7）表中收尾工程是指全部工程项目验收后尚遗留的少量收尾工程，在表中应明确填写收尾工程内容、完成时间，这部分工程的实际成本可根据实际情况进行估算并加以说明，完工后不再编制竣工决算。

3. 大、中型工程项目竣工财务决算表

该表反映竣工的大中型工程项目从开工到竣工为止全部资金来源和资金运用的情况，它是考核和分析投资效果，落实节余资金，并作为报告上级核销基本建设支出和基本建设拨款的依据。在编制该表前，应先编制出项目竣工年度财务决算，根据编制出的竣工年度财务决算和历年财务决算编制项目的竣工财务决算。此表采用平衡表形式，即资金来源合计等于资金支出合计。大、中型工程项目竣工财务决算表格式见表 11-9。

大、中型工程项目竣工财务决算表　单位：元　**表 11-9**

资金来源	金额	资金占用	金额	补充资料
一、基建拨款		一、基本建设支出		1. 基建投资借款期末余额
1. 预算拨款		1. 交付使用资产		
2. 基建基金拨款		2. 在建工程		2. 应收生产单位投资借款期末余额
3. 进口设备转账拨款		3. 待核销基建支出		

续表

资金来源	金额	资金占用	金额	补充资料
4. 器材转账拨款		4. 非经营项目转出投资		3. 基建结余资金
5. 煤代油专用基金拨款		二、应收生产单位投资借款		
6. 自筹资金拨款		三、拨款所属投资借款		
7. 其他拨款		四、器材		
二、项目资本金		其中：待处理器材损失		
1. 国家资本		五、货币资金		
2. 法人资本		六、预付及应收款		
3. 个人资本		七、有价证券		
三、项目资本公积金		八、固定资产		
四、基建借款		固定资产原值		
五、上级拨入投资借款		减：累计折旧		
六、企业债券资金		固定资产净值		
七、待冲基建支出		固定资产清理		
八、应付款		待处理固定资产损失		
九、未交款				
1. 未交税金				
2. 未交基建收入				
3. 未交基建包干节余				
4. 其他未交款				
十、上级拨入资金				
十一、留成收入				
合计		合计		

具体编制方法：

1）资金来源包括基建拨款、项目资本金、项目资本公积金、基建借款、上级拨入投资借款、企业债券资金、待冲基建支出、应付款和未交款、上级拨入资金和企业留成收入等。

① 项目资本金是指经营性项目投资者按国家有关项目资本金的规定，筹集并投入项目的非负债资金，在项目竣工后，相应转为生产经营企业的国家资本金、法人资本金、个人资本金和外商资本金；

② 项目资本公积金是指经营性项目对投资者实际缴付的出资额超过其资金的差额（包括发行股票的溢价净收入）、资产评估确认价值或者合同、协议约定价值与原账面净值的差额、接收捐赠的财产、资本汇率折算差额，在项目建设期间作为资本公积金、项目建成交付使用并办理竣工决算后，转为生产经营企业的资本公积金；

③ 基建收入是基建过程中形成的各项工程建设副产品变价净收入、负荷试车的试运行收入以及其他收入，在表中基建收入以实际销售收入扣除销售过程中所发生的费用和税后的实际纯收入填写。

2）表中“交付使用资产”、“预算拨款”、“自筹资金拨款”、“其他拨款”、“项目资本”、“基建投资借款”、“其他借款”等项目，是指自开工建设至竣工止的累计数，上述有关指标应根据历年批复的年度基本建设财务决算和竣工年度的基本建设财务决算中资金平衡表相应项目的数字进行汇总填写。

3）表中其余项目费用办理竣工验收时的结余数，根据竣工年度财务决算中资金平衡表的有关项目期末数填写。

4）资金支出反映建设项目从开工准备到竣工全过程资金支出的情况，内容包括基建支出、应收生产单位投资借款、库存器材、货币资金、有价证券、预付及应收款、拨付所属投资借款和库存固定资产等，资金支出总额应等于资金来源总额。

5）补充材料的“基建投资借款期末余额”反映竣工时尚未偿还的基本投资借款额，应根据竣工年度资金平衡表内的“基建投资借款”项目期末数填写；“应收生产单位投资借款期末数”，根据竣工年度资金平衡表内的“应收生产单位投资借款”项目的期末数填写；“基建结余资金”反映竣工的结余资金，根据竣工决算表中有关项目计算填写。

6）基建结余资金可以按下列公式计算：

基建结余资金＝基建拨款＋项目资本＋项目资本公积金＋基建投资借款＋企业债券基金＋待冲基建支出－基本建设支出－应收生产单位投资借款

4. 大、中型工程项目交付使用资产总表

该表反映建设项目建成后新增固定资产、流动资产、无形资产和其他资产价值的情况和价值，作为财产交接、检查投资计划完成情况和分析投资效果的依据。小型项目不编制“交付使用资产总表”，直接编制“交付使用资产明细表”；大、中型项目在编制“交付使用资产总表”的同时，还需编制“交付使用资产明细表”。大、中型工程项目交付使用资产总表格式见表11-10。

大、中型工程项目交付使用资产总表　　单位：元　　**表11-10**

单项工程项目名称	总计	固定资产					流动资产	无形资产	其他资产
		建筑工程	安装工程	设备	其他	合计			
1	2	3	4	5	6	7	8	9	10

支付单位盖章　　年　月　日　　　接收单位盖章　　年　月　日

具体编制方法：

1）表中各栏目数据根据“交付使用资产明细表”的固定资产、流动资产、无形资产、其他资产的各相应项目的汇总数分别填写，表中总计栏的总计数应与竣工财务决算表中的交付使用资产的金额一致。

2）表中第2、6、7、8、9栏的合计数，应分别与竣工财务决算表交付使用的固定资产、流动资产、无形资产、其他资产的数据相符。

5. 工程项目交付使用资产明细表

该表反映交付使用的固定资产、流动资产、无形资产和其他资产及其价值的明细情况，是办理资产交接和接收单位登记资产账目的依据，是使用单位建立资产明细账和登记新增资产价值的依据。大、中型和小型工程项目均需编制此表。编制时要做到齐全完整，数字准确，各栏目价值应与会计账目中相应科目的数据保持一致。工程项目交付使用资产明细表格式见表 11-11。

工程项目交付使用资产明细表　　　　**表 11-11**

<table>
<tr><td rowspan="2">单项工程项目名称</td><td colspan="3">建筑工程</td><td colspan="5">设备、工具、器具、家具</td><td colspan="2">流动资产</td><td colspan="2">无形资产</td><td colspan="2">其他资产</td></tr>
<tr><td>结构</td><td>面积（m²）</td><td>价值（元）</td><td>规格型号</td><td>单位</td><td>数量</td><td>价值（元）</td><td>设备安装费（元）</td><td>名称</td><td>价值（元）</td><td>名称</td><td>价值（元）</td><td>名称</td><td>价值（元）</td></tr>
<tr><td></td><td></td><td></td><td></td><td></td><td></td><td></td><td></td><td></td><td></td><td></td><td></td><td></td><td></td><td></td></tr>
<tr><td></td><td></td><td></td><td></td><td></td><td></td><td></td><td></td><td></td><td></td><td></td><td></td><td></td><td></td><td></td></tr>
<tr><td></td><td></td><td></td><td></td><td></td><td></td><td></td><td></td><td></td><td></td><td></td><td></td><td></td><td></td><td></td></tr>
<tr><td></td><td></td><td></td><td></td><td></td><td></td><td></td><td></td><td></td><td></td><td></td><td></td><td></td><td></td><td></td></tr>
<tr><td>合计</td><td></td><td></td><td></td><td></td><td></td><td></td><td></td><td></td><td></td><td></td><td></td><td></td><td></td><td></td></tr>
</table>

支付单位盖章　　　　年　月　日　　　　接收单位盖章　　　　年　月　日

具体编制方法：

1）表中“建筑工程”项目应按单项工程名称填列其结构、面积和价值。其中“结构”是指项目按钢结构、钢筋混凝土结构、混合结构等结构形式填写；面积则按各项目实际完成面积填列；价值按交付使用资产的实际价值填写。

2）表中“固定资产”部分要在逐项盘点后，根据盘点实际情况填写，工具、器具和家具等低值易耗品可分类填写。

3）表中“流动资产”、“无形资产”、“其他资产”项目应根据建设单位实际交付的名称和价值分别填列。

6. 小型工程项目竣工财务决算总表

由于小型工程项目内容比较简单，因此可将工程概况与财务情况合并编制一张“竣工财务决算总表”，该表主要反映小型工程项目的全部工程和财务情况。具体编制时可参照大、中型工程项目概况表指标和大、中型工程项目竣工财务决算表指标口径填写，其格式见表 11-12。

小型工程项目竣工财务决算总表　　　　**表 11-12**

<table>
<tr><td>工程项目名称</td><td colspan="2"></td><td colspan="2">建设地址</td><td colspan="3"></td><td colspan="2">资金来源</td><td colspan="2">资金运用</td></tr>
<tr><td rowspan="2">初步设计概算批准文号</td><td colspan="7" rowspan="2"></td><td>项　目</td><td>金额（元）</td><td>项　目</td><td>金额（元）</td></tr>
<tr><td rowspan="3">一、基建拨款
其中：预算拨款</td><td rowspan="3"></td><td rowspan="2">一、交付使用资产</td><td rowspan="2"></td></tr>
<tr><td rowspan="4">占地面积</td><td>计划</td><td>实际</td><td rowspan="4">总投资（万元）</td><td colspan="2">计　划</td><td colspan="2">实　际</td></tr>
<tr><td rowspan="3"></td><td rowspan="3"></td><td rowspan="2">固定资产</td><td rowspan="2">流动资金</td><td rowspan="2">固定资产</td><td rowspan="2">流动资金</td><td>二、待核销基建支出</td><td></td></tr>
<tr><td>二、项目资本</td><td></td><td rowspan="2">三、非经营项目转出投资</td><td rowspan="2"></td></tr>
<tr><td></td><td></td><td></td><td></td><td>三、项目资本公积金</td><td></td></tr>
</table>

续表

工程项目名称		建设地址		资金来源		资金运用	
新增生产能力	能力(效益)	设计	实　际	四、基建借款		四、应收生产单位投资借款	
				五、上级拨入借款			
建设起止时间	计　划	从　年　月开工 至　年　月竣工		六、企业债券资金		五、拨付所属投资借款	
	实　际	从　年　月开工 至　年　月竣工		七、待冲基建支出		六、器材	
基建支出	项　目	概算(元)	实际(元)	八、应付款		七、货币资金	
	建筑安装工程			九、未付款 其中：未交基建收入 未交包干收入		八、预付及应收款	
	设备、工具、器具					九、有价证券	
	待摊投资 其中：建设单位管理费					十、原有固定资产	
				十、上级拨入资金			
	其他投资			十一、留成收入			
	待核销基建支出						
	非经营性项目转出投资						
	合　计			合　计		合　计	

11.3　工　程　保　修

在工程保修阶段，项目管理单位应依据与业主签订的委托项目管理合同中约定的工程质量保修期项目管理工作的时间、范围、内容及有关质量保修规定开展工作。在承担质量保修期管理工作时，项目管理单位应安排项目管理人员对业主提出的工程质量缺陷进行检查和记录，对承包单位进行修复的工程质量进行验收，合格后予以签认。项目管理人员应对工程质量缺陷原因进行调查分析，并确定责任归属，对非承包单位原因造成的工程质量缺陷，项目管理人员应核实修复工程的费用和签署工程款支付证书，并报业主。

11.3.1　关于工程保修期限的有关规定

根据《建设工程质量管理条例》第 40 条，在正常使用条件下，建设工程的最低保修期限为：

① 基础设施工程、房屋建筑的地基基础工程和主体结构工程，为设计文件规定的该工程的合理使用年限；

② 屋面防水工程、有防水要求的卫生间、房间和外墙面的防渗漏，为 5 年；

③ 供热与供冷系统，为 2 个采暖期、供冷期；

④ 电气管线、给排水管道、设备安装为 2 年；

⑤ 装修工程为 2 年。

其他项目的保修期限由发包方与承包方约定。房屋建筑工程的保修期，自竣工验收合格之日起计算。

11.3.2　工程质量保修书的签订

《建设工程质量管理条例》第六章对建设工程的质量保修制度做了规定。建设工程实行质量保修制度。建设工程承包单位在向业主提交工程竣工验收报告时，应当向业主出具质量保修书。质量保修书中应当明确建设工程的保修范围、保修期限和保修责任等。一旦出现质量问题，业主即可依据此质量保证书，请求施工承包单位履行保修义务。

建设部、国家工商行政管理局联合颁发《房屋建筑工程质量保修书(示范文本)》(建建［2000］185 号)，规定与《建设工程施工合同(示范文本)》一并推行，该文本内容如下：

房屋建筑工程质量保修书

(示范文本)

发包人(全称)：______________________

承包人(全称)：______________________

发包人、承包人根据《中华人民共和国建筑法》、《建设工程质量管理条例》和《房屋建筑工程质量保修办法》，经协商一致，对__________(工程全称)签定工程质量保修书。

一、工程质量保修范围和内容

承包人在质量保修期内，按照有关法律、法规、规章的管理规定和双方约定，承担本工程质量保修责任。

质量保修范围包括地基基础工程、主体结构工程，屋面防水工程、有防水要求的卫生间、房间和外墙面的防渗漏，供热与供冷系统，电气管线、给排水管道、设备安装和装修工程，以及双方约定的其他项目。具体保修的内容，双方约定如下：

____

____。

二、质量保修期

双方根据《建设工程质量管理条例》及有关规定，约定本工程的质量保修期如下：

1. 地基基础工程和主体结构工程为设计文件规定的该工程合理使用年限；

2. 屋面防水工程、有防水要求的卫生间、房间和外墙面的防渗漏为__________年；

3. 装修工程为__________年；

4. 电气管线、给排水管道、设备安装工程为__________年；

5. 供热与供冷系统为__________个采暖期、供冷期；

6. 住宅小区内的给排水设施、道路等配套工程为__________年；

7. 其他项目保修期限约定如下：

____

____。

质量保修期自工程竣工验收合格之日起计算。

三、质量保修责任

1. 属于保修范围、内容的项目，承包人应当在接到保修通知之日起7天内派人保修。承包人不在约定期限内派人保修的，发包人可以委托他人修理。

2. 发生紧急抢修事故的，承包人在接到事故通知后，应当立即到达事故现场抢修。

3. 对于涉及结构安全的质量问题，应当按照《房屋建筑工程质量保修办法》的规定，立即向当地建设行政主管部门报告，采取安全防范措施；由原设计单位或者具有相应资质等级的设计单位提出保修方案，承包人实施保修。

4. 质量保修完成后，由发包人组织验收。

四、保修费用

保修费用由造成质量缺陷的责任方承担。

五、其他

双方约定的其他工程质量保修事项：

____

________________________________。

本工程质量保修书，由施工合同发包人、承包人双方在竣工验收前共同签署，作为施工合同附件，其有效期限至保修期满。

发包人(公章)：　　　　　　　　　　承包人(公章)：

法定代表人(签字)：　　　　　　　　法定代表人(签字)：

年　　月　　日　　　　　　　　　　年　　月　　日

11.3.3　工程保修期质量问题的处理

根据《房屋建筑工程质量保修办法》规定，房屋建筑工程在保修期限内出现质量缺陷，建设单位或者房屋建筑所有人应当向施工承包单位发出保修通知，见表11-13。施工承包单位接到保修通知后，应当到现场核查情况，在保修书约定的时间内予以保修。发生涉及结构安全或者严重影响使用功能的紧急抢修事故，施工承包单位接到保修通知后，应当立即到达现场抢修。

工程质量修理通知书　　　　**表11-13**

工程名称：	使用单位(用户)名称：
施工单位名称： 本工程于　　年　　月　　日发生质量问题，根据《房屋建筑工程质量保修办法》(试行)有关规定，请你单位派人检查修理为盼。	
质量问题及部位：	
承建单位： 使用单位(用户)对修理结果的意见：	
使用单位： (用户)地址： 电　话： 联系人姓名： 通知书发出日期：　　年　　月　　日	

注：此表在修理项目完成后，由施工承包单位保存。

发生涉及结构安全的质量缺陷，建设单位或者房屋建筑所有人应当立即向当地建设行政主管部门报告，采取安全防范措施；由原设计单位或者具有相应资质等级的设计单位提出保修方案，施工承包单位实施保修，原工程质量监督机构负责监督。

保修完成后，由建设单位或者房屋建筑所有人组织验收。涉及结构安全的，应当报当地建设行政主管部门备案。

施工单位不按工程质量保修书约定保修的，建设单位可以另行委托其他单位保修，由原施工承包单位承担相应责任。

根据《房屋建筑工程质量保修办法》规定，保修费用由质量缺陷的责任方承担。

在保修期内，因房屋建筑工程质量缺陷造成房屋所有人、使用人或者第三方人身、财产损害的，房屋所有人、使用人或者第三方可以向建设单位提出赔偿要求。建设单位向造成房屋建筑工程质量缺陷的责任方追偿。

因保修不及时造成新的人身、财产损害，由造成拖延的责任方承担赔偿责任。

房地产开发企业售出的商品房保修，还应当执行《城市房地产开发经营管理条例》和其他有关规定。

第12章 项目后评价

12.1 项目后评价的内容和方法

12.1.1 项目后评价的基本内容

工程项目后评价是工程项目实施阶段管理的延伸。工程项目竣工验收或通过销售交付使用，只是工程建设完成的标志，而不是工程项目管理的终结。工程项目建设和运营是否达到投资决策时所确定的目标，只有经过生产经营或销售取得实际投资效果后，才能进行正确的判断；也只有在这时，才能对工程项目进行总结和评估，才能综合反映工程项目建设和工程项目管理各环节工作的成效和存在的问题，并为以后改进工程项目管理、提高工程项目管理水平、制定科学的工程项目建设计划提供依据。因此，工程项目后评价是工程项目管理工作的重要环节和不可或缺的组成部分。

工程项目评估与工程项目后评价，既有联系又有区别。它们属同一对象不同阶段的工作内容，既在评估内容上前后呼应，互相兼顾；又在评估的作用、时间和方法上存在明显的区别。工程项目评估是在工程项目决策阶段进行的，为工程项目决策服务，主要运用预测方法对工程项目的前景进行全面的技术经济预测和分析；而工程项目后评价是在工程项目建成交付使用之后进行。对于生产性项目来说，在工程项目建成后的若干年，并且投产达到设计能力时才进行后评价，依据项目施工及投产后的实际数据和项目后续年限的预测数据，对其技术、设计、施工、产品市场、成本和效益进行系统的调查、分析和评估，并与前评估中的相应内容进行对比分析，找出两者的差距及其原因和影响因素。通过对比分析，不仅可以就工程项目提出相应的补救措施，以提高工程项目的经济效益；而且可以对工程项目前评估和其他各项管理工作提出建议，以完善工程项目前评估的方法和其他各项管理工作。

在实际工作中，可从以下两方面对工程项目进行后评价。

1. 效益后评价

项目效益后评价是项目后评价的重要组成部分。它以项目投产后实际取得的效益(经济、社会、环境等)及其隐含在其中的技术影响为基础，重新测算项目的各项经济数据，得到相关的投资效果指标，然后将它们与项目前评估时预测的有关经济效果值(如净现值NPV、内部收益率IRR、投资回收期T等)、社会环境影响值(如环境质量值IEQ等)进行对比，评价和分析其偏差情况以及原因，吸取经验教训，从而为提高项目的投资管理水平和投资决策服务。具体包括经济效益后评价、环境效益和社会效益后评价、项目可持续性后评价及项目综合效益后评价。

2. 过程后评价

对工程项目的立项决策、设计施工、竣工投产、生产运营等全过程进行系统分析，找出项目后评价与原预期效益之间的差异及其产生的原因，使后评价结论有根有据，同时针对问题提出解决办法。

以上两方面的评价有着密切的联系，必须全面理解和运用，才能对后评价项目做出客观、公正、科学的结论。

12.1.2　项目后评价的方法

国际上通用的后评价方法有统计预测法、有无比较法、逻辑框架法(LFA)、定性和定量相结合的分析法等。

1. 统计预测法

(1) 预测因素分析

根据预测目的，明确需要研究的主要变量，然后分析影响这些主要变量的因素。

(2) 搜集和审核资料

统计资料是预测的基础。可以通过直接观察、报告、采访和调查问卷等方法进行统计调查，并认真审核资料，保证其具有完整性和可比性。

(3) 选择数学模型和预测方法

根据审核后的资料绘制散点图，然后通过分析散点图变化规律，确定统计预测模型。

(4) 预测并选定预测值

在检验预测技术适用性的基础上，进行预测并最终选定预测值。

2. 有无比较法

项目后评价的基本原则是对比，包括前后对比、预测值和实际发生值的对比、有无项目的对比等。对比的目的是要找出变化和差距，为分析问题及其产生的原因提供依据。

(1) 前后对比和有无对比

在项目后评价中，前后对比是指将项目可行性研究和评估的预测结论与项目实际运行的结果进行比较，以发现变化和分析原因。这种对比法适用于揭示计划、决策和实施的质量，是项目过程后评价应采用的方法。

有无对比是指将项目实际发生的情况与无项目时可能发生的情况进行对比，以度量项目的真实效益、影响和作用。对比的重点是要分清项目作用的影响与项目以外作用的影响。这种对比法适用于项目效益后评价。

(2) 有无对比法的基本原理

项目效益后评价的任务就是要剔除那些非项目因素，对归因于项目的效果加以正确地定义和度量。由于无项目时可能发生的情况往往无法确切地描述，项目后评价中只能采用一些方法去近似地度量项目的作用。

通常情况下，项目效益后评价所需要的数据和资料包括：项目前期预测效果、项目实际效果、无项目时可能实现的效果、无项目时实际效果等。图 12-1 为有无对比示意图。

如图 12-1 所示，项目的有无对比不是前后对比(B/A_1 或 B/E)，也不是项目实际效果与项目前预测效果的对比(B/C)，而是项目实际效果与无项目时实际效果的比较(B/D)。有无对比需要大量可靠的数据，最好能有系统的项目监测资料，也可引用项目所在地有效的统计资料。在进行对比时，先要确定评价内容和主要指标，选择可比的对象，然后通过建立比较指标的对比表收集相关资料。

3. 逻辑框架法

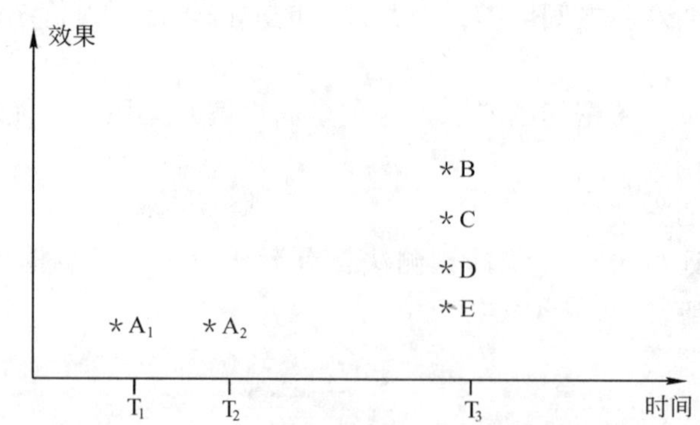

A_1—项目开工时预测效果；A_2—项目完工时预测效果；
B—项目实际效果；C—项目前期预测效果；D—无项目时实际效果；
E—无项目、外部条件与开工时相同可能实现的效果；
T_1—项目开工时间；T_2—项目完工时间；T_3—项目后评价时间

图 12-1　项目有无对比示意图

逻辑框架法(LFA，Logical framework approach)是一种设计、计划和评价的工具。逻辑框架(LFA)不是一种机械的方法程序，而是一种综合和系统地研究和分析问题的思维框架。在项目后评价中采用 LFA，有助于对关键因素和问题进行系统而合乎逻辑的分析。

(1) LFA 及其基本模式

LFA 是将几个内容相关、必须同步考虑的动态因素组合起来，通过分析其间的相互关系，从设计策划到目的、目标等方面来评价一项活动或工作。LFA 为项目计划者和评价者提供了一种分析框架，用以确定工作的范围和任务，并通过对项目目标和达到目标所需的手段进行逻辑关系的分析。

LFA 的核心是事物的因果逻辑关系，即“如果”提供了某种条件，“那么”就会产生某种结果。这些条件包括事物内在的因素和事物所需要的外部因素。

LFA 的基本模式是一张 4×4 的矩阵，如表 12-1 所示。

LFA 的基本模式　　**表 12-1**

层次描述	客观验证标准	验证方法	重要外部条件
目　标	目的指标	监测和监督手段及方法	实现目标的主要条件
目　的	目的指标	监测和监督手段及方法	实现目标的主要条件
产　出	产出物定量指标	监测和监督手段及方法	实现目标的主要条件
投　入	投入物定量指标	监测和监督手段及方法	实现目标的主要条件

① 目标(goal)。通常是指高层次的目标，即宏观计划、规划、政策和方针等，该目标可由几个方面的因素来实现。宏观目标一般超越了项目的范畴，是指国家、地区、部门或投资组织的整体目标。这个层次目标的确定和指标的选择一般由国家或行业部门负责。

② 目的(objectives or purposes)。是指“为什么”要实施该项目，即项目直接的效果和作用。一般应考虑项目为受益目标群带来什么，主要是社会和经济方面的成果和作用。这个层次的目标由项目和独立的评价机构来确定，指标由项目确定。

③ 产出(outputs)。是指项目“干了些什么”，即项目的建设内容或投入的产出物。一般要提供项目可计量的直接结果。

④ 投入和活动(inputs and activities)。是指项目的实施过程及内容，主要包括资源的投入量和时间等。

(2) LFA的逻辑关系

1) 垂直逻辑关系

LFA基本模式中的四个层次由下而上形成了三个逻辑关系。第一级是如果保证一定的资源投入，并加以很好地管理，则预计有怎样的产出；第二级是项目的产出与社会或经济的变化之间的关系；第三级是项目的目的对整个地区甚至整个国家更高层次目标的贡献关联性。

LFA中的“垂直逻辑(vertical logic)”可用来阐述各层次的目标内容及其上下间的因果关系，如图12-2所示。

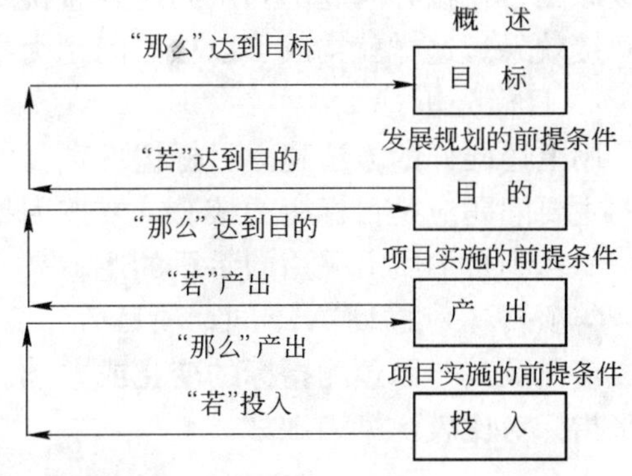

图12-2 垂直逻辑中的因果关系图

2) 水平逻辑关系

LFA的垂直逻辑分清了评价项目的层次关系。每个层次的目标水平方向的逻辑关系则由验证指标、验证方法和重要的假定条件所构成，从而形成了LFA的4×4的逻辑框架。水平逻辑的三项内容主要包括：

① 客观验证指标。各层次目标应尽可能地有客观、可度量的验证指标。包括数量、质量、时间及人员。在进行后评价时，每项指标一般应具有三个数据，即原始预测值、实际完成值、预测和实际间的变化和差距值。

② 验证方法。包括主要资料来源(监测和监督)和验证所采用的方法。

③ 重要的假定条件。重要的假定条件主要是指可能对项目的进展或成果产生影响，而项目管理者又无法控制的外部条件，即风险。这种失控的发生有多方面原因：首先，是项目所在地的特定自然环境及其变化；其次，是政府在政策、计划、发展战略等方面的失误或变化给项目带来的严重影响；第三，是管理部门体制所造成的问题，使项目的投入产出与其目的、目标分离。

项目的假定条件有很多，一般应选定其中几个最主要的因素作为假定的前提条件。通常项目的原始背景和投入/产出层次的假定条件较少；而产出/目的层次间所提出的不确定因素往往会对目的/目标层次产生重要影响；由于宏观目标的成败取决于一个或多个项目的成败，因此，最高层次的前提条件是十分重要的。

(3) 问题树与目标树

为了建立LFA中的目标层次，可用“问题树”和“目标树”的方法来进行分析。在后评价中建立目标树的目的是为了分析问题，找出问题间的因果关系；分清各目标的层次关系，确定项目的主要目标。一般应采用头脑风暴技术对目标问题进行分析，以确定问题的产生原因和后果。对问题的分析可以用一棵树的模型来图示，称为问题树，其基本结构是项目所要解决的问题及原因。与问题树一一对应，提出相应措施，同样可建立一棵树的模型，称为目标树。

问题树和目标树的建立是编制 LFA 结构的基础。目标树的建立可分为两步，即问题分析和目标分析。

1）问题分析

问题分析的步骤包括：记录下所有的问题、选择核心问题、在核心问题下列出问题的直接原因、在核心问题下列出问题的直接效果、在直接原因下和直接效果下列出间接原因和间接效果。这样就构成了以核心问题为中心的“树”和“树枝”。

2）目标分析

用上述同样的方法建立目标树。项目的目的一般应在设计文件中有所表述。项目要解决的主要问题应是目标树的核心，要按因果关系来确定目标的层次。在目标树中，应以目的——达到目的所需采用的手段的逻辑来表示其因果关系。

与项目计划的 LFA 不同，项目后评价 LFA 的客观验证指标一般应能反映出项目实际完成情况及其与原预测指标的变化或差别。因此，在编制项目后评价的 LFA 之前应设立一张指标对比表，见表 12-2。

项目后评价 LFA 指标对比表　　**表 12-2**

	原预测指标	实际实现指标	变化和差距
宏观目标和影响			
效果和作用			
产　出			
投　入			

建立项目后评价 LFA 的目的是依据其中的资料，确立目标层次间的逻辑关系，用以分析项目的效率、效果、影响和持续性。

① 效率。主要反映项目投入与产出的关系，即反映项目将投入转换为产出的程度，也反映项目管理的水平。效率分析的主要依据是项目监测报表和项目完成报告或项目竣工报告。

② 效果。主要反映项目的产出对目的和目标的贡献程度。项目的效果主要取决于项目对象群对项目活动的反映。对象群对项目的行为是分析的关键，在用 LFA 进行项目效果性分析时，要找出并查清产出与效果间的主要因素，特别是重要的外部条件。效果分析是项目后评价的主要任务之一。

③ 影响。项目的影响评价主要反映项目的目的与最终目标间的关系。影响分析应评价项目对外部经济、环境和社会的作用和效益。应用 LFA 进行影响分析时，应能分清并反映出项目对当地社区的影响和项目以外因素对社区的影响。一般项目的影响分析应在项目的效率和效果评价的基础上进行。

④ 持续性。主要通过项目产出、效果、影响的关联性，找出影响项目持续发展的主要因素，分析满足这些因素的条件和可能性，提出相应的措施和建议。一般在后评价 LFA 的基础上，需更新建立一个项目持续性评价的 LFA。在新的条件下对各种逻辑关系进行重新预测。在持续性分析中，风险分析是其中一项重要的内容，LFA 是风险分析的一种常用方法。它可把影响发展的项目内在因素与外部条件区分开来，明确项目持续发展

的必要政策环境和外部条件。

12.2　建设过程后评价

12.2.1　立项决策评价

根据已建项目的情况，主要从以下几方面对项目立项决策进行后评价：

(1) 决策依据分析。根据工程实际资料，论证立项条件的正确程度。对项目建议书和可行性研究报告中有关工业布局、资源、厂址、生产规模、工艺设备、产品性能等方面的预测和项目评估资料进行比较和评价。

(2) 投资方向分析。根据国情国力现状，分析投资方向的适应程度。从产业政策、城乡建设和社会经济发展的前景，评价其对提高行业的生产能力和技术水平，以及对繁荣区域经济和文化生活的促进作用。

(3) 建设方案分析。对项目的原建设方案进行分析，并与最终实施方案进行比较，评价重大修改变更情况。

(4) 技术水平分析。分析项目的技术状况，与国家的技术经济政策和国内外同类项目的技术水平相比，评价其先进、合理、经济、适用、高效、可靠、耐久程度，以及所采用的工艺、设备标准、规程等的成熟程度。

(5) 引进效果分析。对于涉外项目，还应对引进技术、引进设备的必要性和消化吸收情况、签约程序、合同条款的变更、索赔事项、外资筹措和支付等方面的情况进行评价。

(6) 协作条件分析。评价项目所在地外部协作配合条件，包括供电、供热、供气、供水、排水、防洪、通讯、交通、气象、劳务等方面的落实程度。

(7) 土地使用分析。对土地占用情况的评价，主要评价是否遵守国家有关土地规划、城市规划以及文物保护等方面的法令法规，说明土地征用、建筑物拆迁、人员安置情况。

(8) 咨询意见评价。对项目前期咨询评估报告内容和意见的评价，主要是评价咨询单位的选定，咨询评估内容和意见是否具有公正性、可靠性和科学性，以及评估的意见是否得到贯彻执行。

(9) 决策程序评价。评价决策过程的效率和决策科学化、民主化程度。按照项目管理的要求，评价筹建机构的组织指挥能力。

12.2.2　勘察设计与采购工作评价

1. 勘察设计评价

(1) 选择勘察设计单位及监理单位方式的评价

是否通过招标方式选择勘察设计单位和工程监理单位，效果如何。还要对勘察设计单位和工程监理单位的能力及资信情况进行评价。

(2) 勘察工作质量的评价

应结合工程实践说明以下问题：

① 地形地貌测绘图纸对工程总平面图布置的满足程度，特别是防止洪涝灾害、减少土石方工程量、清除施工障碍等方面的精确程度；

② 水文地质和工程地质等方面的勘察工作深度。根据实际情况，对钻孔布置、勘察精度等与工程实际状况进行对比；

③ 结合资源勘探结论，根据实际投产后的数据分析，对原来提供的资源分布情况、储量、开采年限、采掘条件等进行评价；

④ 对特殊项目，要说明所提供的气象勘察资料在建设过程中的验证情况。

(3) 设计方案的评价

要从总体设计上说明：

① 设计的指导思想是否充分体现了技术上先进、经济上合理、方案可行、规模适度的要求；

② 设计方案的优选方法是经过设计招标或多方案评比优化，还是套用国内外同类项目模式；

③ 最终确定的设计方案在工程实践中的修改和变更情况。

(4) 设计水平的评价

主要评价以下内容：

① 总体设计规划和总图质量水平，主要设计技术指标的先进程度和达标要求，工程总概算的控制能力；

② 设计采用的新工艺、新技术、新材料、新结构情况，安装设备和建筑设备的选型定型情况和国产化程度；

③ 设计单位的图纸和预算质量，包括出图计划执行情况，图纸差错、设计变更、预算漏项等，以及由此造成的投资增减、工期调整、环境影响等方面的情况；

④ 设计单位的服务质量，主要评价是否能为业主节约投资，全面安排好配套设施和预留发展或技术改造条件。还要评价设计人员深入工程现场进行技术交底和提供咨询服务、指导施工的情况。

2. 采购工作评价

采购工作评价的主要内容包括：

① 在设备采购准备阶段，主要评价项目是否具有批准的初步设计文件或设计单位确认的设备清单及详细技术规格书；大型专用设备预安排是否具有批准的可行性研究报告；

② 项目采购的设备和材料是否经过招标方式进行；招投标文件和有关证明文件是否规范和满足要求；对于参加投标及中标的供货商或承包商是否进行过资信调查；

③ 项目采购的设备和材料是否符合国家的技术政策，是否先进、适用、可靠；采用的国内科研成果是否经过工业实验和技术鉴定；

④ 引进的国外设备和技术是否符合国家有关规定和国情，是否成熟，有无盲目、重复引进现象，消化吸收如何；引进的专利技术制造的设备是否有其先进性和适用性；

⑤ 采购合同执行阶段，主要评价采购合同是否完善，设备到场后保管是否妥善，检验手续是否完备；

⑥ 评价设备的运行情况是否达到设计能力。

12.2.3　施工评价

1. 施工准备工作评价

① 进行施工招标时，资金是否已经到位，主要材料、设备的来源是否已经落实；初步设计及概算是否已经批准，是否有能满足标价计算要求的设计文件；

② 施工招标是否通过公平竞争择优选择施工承包单位，达到了使项目质量优、工期

短、造价合理的目的；

③ 施工组织方式是否科学合理，施工承包单位人员素质和技术装备情况是否达到规定要求，施工现场的“三通一平”和大型临时设施准备情况，施工物资的供应、验收和使用情况；

④ 施工技术准备情况，包括施工组织设计的编制，施工技术组织措施的落实以及现场的技术交底和技术培训工作等。

2. 施工管理工作评价

主要评价施工过程中工期目标、质量目标、成本目标完成的情况和特点。

(1) 工期目标评价

主要评价合同工期履约情况和各单位工程进度计划执行情况；核实单位工程实际开、竣工日期，计算实际工期和实际工期变化率；分析施工进度提前或拖后的原因。

(2) 质量目标评价

主要评价单位工程的合格率和综合质量情况：

① 计算实际工程质量合格品率，将实际工程质量指标与合同文件中规定的或设计规定的或其他同类工程的质量状况进行比较，分析变化的原因；

② 评价设备质量，分析设备及其安装工程质量能否保证投产后正常生产的需要；

③ 计算和分析工程质量事故的经济损失。包括计算返工损失率，因质量事故拖延工期所造成的实际损失，以及分析无法补救的工程质量事故对项目投产后投资效益的影响程度；

④ 工程安全情况评价，分析有无重大安全事故发生，分析其原因和所带来的实际影响。

(3) 造价目标评价

主要评价投资计划与实际支出情况，评价项目造价控制方法是否科学合理，分析实际投资高于或低于计划投资的原因：

① 主要实物工程量变化及其范围；

② 主要材料消耗变化情况，分析造成超耗的原因；

③ 各项工时定额和管理费用标准是否符合有关规定。

12.2.4　生产运营评价

项目生产运营评价是将项目实际经营状况、投资效果与预测情况或其他同类项目的经营状况相比较，分析和研究偏离程度及其原因，系统地总结项目投资经验教训，为进一步提高项目实际运营效益献计献策。

1. 生产运行准备工作评价

项目的生产运行准备工作是充分发挥投资效益的重要组成部分，后评价时要分析以下内容：

① 原设计方案的定员标准和实有职工人数情况，机构设置是否科学合理；

② 生产和管理人员的熟练程度，培训和考核上岗情况；

③ 生产性项目的产、供、销渠道和生产资金的准备情况；

④ 生产运行的外部条件调整和改善措施。

2. 生产管理系统评价

大型项目应当建立相应的现代化管理系统，后评价时要根据项目性质和特点，分析为保证产品质量和提高经济效益的生产技术和经营管理系统的完善程度。

3. 项目使用功能评价

项目建成投产后的使用功能评价包括：

① 生产性项目的达产达标情况；

② 非生产性项目的使用效果；

③ 原材料消耗和能源消耗与国内外同类项目的水平对比；

④ 对可靠性、耐久性的分析和长期使用效果的预测。

12.3　项目效益后评价

12.3.1　效益后评价的主要内容

项目效益后评价有别于可行性研究中的效益评估。它不是以预期效益目标为基础的预测分析，而是在对已投产项目所取得的实际效益进行统计分析的基础上所进行的一种重新测算分析。

项目建成投产后，对当时的社会、经济、政治、技术、环境等各个方面必然产生不同程度的影响。凡是有利的影响，都可视为项目产生的一种效益。项目效益后评价的内容主要包括：项目投产和执行情况的后评价；项目经营达产和实际效益的后评价；项目财务效益后评价；项目国民经济效益后评价；项目社会效益后评价；项目技术进步和规模效益后评价；项目可行性研究深度的后评价。

（1）项目投资和执行情况的后评价

① 复核项目竣工决算的正确性。将项目实际固定资产总投资额与项目可行性研究报告中固定资产总投资额估算数和最初批准的概算总投资额进行比较，计算出项目实际建设成本的变化率，分析偏差产生的原因。

② 评价固定资产实际投资范围、构成比例是否合理，工程概预算是否准确，分析引起超概算的原因。如因价格、汇率、利率、税目、税率和费用标准的变化对总投资的影响；因设计方案变更、设计漏项、自行改变建设规模、提高建设标准、预留投资缺口、损失浪费等对总投资的影响。计算各类因素引起超支占总超支额的比例。

③ 认真总结超概算、无效投资和损失浪费的教训以及降低费用和节约投资的成功经验。

④ 对建设资金的实际来源渠道、数额、到位时间和对工程进度的满足程度进行说明，同时要分析流动资金实际占用是否合理，总结资金筹措的经验。

⑤ 利用外资(含港、澳、台及侨资)项目还应评价外资利用方向、范围、规模及内外比例是否合理；前期工作中对国际金融市场变化趋势、利率、汇率和通货膨胀等风险因素预测是否准确；总结不同外贷类型、外贷方式的利弊得失和争取优惠贷款的经验。

（2）项目经营达产和实际效益的后评价

① 计算项目从投产到后评价时点止各年的销售额利润率和销售额利税率，结合当年生产负荷情况，考察项目生产效益状况。

② 分析产品生产成本、销售收入、利润水平与前期决策阶段的预测值相比的变化率

大小和产生原因，对涨价因素进行客观处理，对企业管理费和主要产品能源及原材料消耗的超标原因进行深入分析，并提出改进措施。

③ 对未能如期达到生产能力的项目，要分别从产品销售市场、工艺技术及设备、原材料、燃料、动力、资金供应及管理等方面分析影响和制约生产能力利用率的原因，提出相应对策。

生产能力和实际效益状况是项目立项决策及建设实施效果的综合反映，也是重新测算后评价时点后计算期剩余年份内各项经济数据的基础和依据，是项目效益后评价的关键环节，要求各项实际数据翔实可靠，分析判断真实准确。

(3) 项目财务效益后评价

① 在对项目投产后的产品市场、成本、价格和利税进行统计分析的基础上，以后评价时间为起始点，预测项目计算期内未来时间将要发生的投入和产出，重新测算财务后评价的主要效益指标和变化率，据以考察整个项目的财务盈利能力、清偿能力及外汇效果等财务状况。

② 编制基本财务报告，将后评价时点前的统计数字和后评价时点的预测数字填入表中，据此计算项目效益后评价的各项财务评价指标。

③ 通过后评价计算出的各项财务评价指标，与可行性研究报告预测值或行业基准参数进行对比分析，着重从项目固定资产投资、流动资金、建设工期、达产年限、达产率、产品销售量、销售价格、产品成本、汇率、利率等方面分析变化的原因和产生的影响，抓住主要影响因素和深层次诱因，提出进一步改进和提高项目财务效益的主要对策和措施。

④ 通过财务后评价外汇流量表与可行性研究时所编制的外汇流量表对比，分析变化原因，对外汇平衡、节汇创汇和外贷偿还的现状、前景及改善措施进行评价。

⑤ 总结如何提高项目财务分析、经营管理和投资决策水平的规律和经验。

(4) 项目国民经济效益后评价

① 编制国民经济后评价基本报表，计算整个项目的国民经济后评价指标。从国民经济整体角度考察项目的效益和费用，在计算时要采用不同时期的影子价格、影子工资、影子汇率和社会折现率等国家参数，对后评价时点前的各年项目实际发生的和计算期未来时间各年预测的财务费用、效益进行调整。

② 通过国民经济的评价指标与可行性研究预测的相关指标对比，对项目进行评价。例如，将国民经济后评价内部收益率分别与国家最新发布的社会折现率和可行性研究确定的经济内部收益率或投资者期望的目标收益率进行比较，分析产生的差异及其原因。

③ 从国家整体角度评价项目经济效益决策的正确性，并在改善项目投资环境、优化产业产品结构、制定倾斜政策、合理调整价格、深化体制改革等方面，提出以提高经济效益为重点的政策性建议或具体措施。

(5) 项目社会效益后评价

① 评价项目建成投产后在就业、居民生活条件改善，收入和生活水平提高，文教、卫生、体育、商业等公用设施增加和质量提高等方面带来的影响。

② 评价项目建成后为本地区经济发展、社会繁荣、城市建设、交通便利等方面产生的实际影响，以及对改善生态平衡、环境保护、促进水矿产资源综合利用、开发自然风光、名胜古迹等旅游事业方面所产生的影响。

③ 评价在产业结构的增量或存量调整和改善生产力布局、资源优化配置等方面产生的作用和影响。

④ 将项目投产后所产生的效果与可行性研究预期达到的社会效益目标进行对比，分析项目投产后是否产生了负效果或公害，提出具体的解决措施、办法和期限。

(6) 技术进步和规模效益后评价

① 对项目采用先进技术的含量以及由于推进科技进步、增加科技投入或智力投资而产生的技术进步效益，采用“有无对比”的方法进行评价。

② 评价项目引进的技术、设备或标准对行业技术进步、国产化、推广应用和提高国家的科技水平、装备水平所产生的实际影响。

③ 大中型项目尤其是国家重点项目，应根据达产后的实际效益状况，对比国内中小型项目或参照国外同等规模项目，评价其是否达到了应有的规模经济效益水平。

④ 通过与可行性研究预期效益的对比，提出成功和不足的经验教训，进一步向技术进步和规模经济要效益。

(7) 可行性研究深度的后评价

① 评价项目在前期立项和决策阶段对项目效益预期目标的论证和认定是否严肃认真地进行了可行性研究工作，对项目内部收益率或其他主要效益指标的确定是否有高估冒算的情况。

② 综合计算项目后评价效益指标与前期决策阶段预期效益指标的变化率大小，考核对项目效益进行可行性研究工作的深度。

当综合效益变化率＜±15％时，视为研究深度合格；

当综合效益变化率＞±35％时，视为研究深度不合格；

当±15％≤综合效益变化率≤±35％时，视为相当于初步可行性研究水平。

在实际评价工作中，由于计算后评价综合效益的权数不易确定，常用内部收益率的变化率指标从效益角度对前期工作深度进行评定。

12.3.2　效益后评价指标体系

在工程项目后评价指标体系中，既要有反映经济效果的指标，又要有反映社会效果和环境效果的指标；既要有反映时间效果的指标，又要有反映质量效果和使用效果的指标；既要有反映策划、实施和运营等不同阶段的效果指标，又要有反映工程项目全寿命期的效果指标。

1. 反映工程项目前期和实施阶段效果的后评价指标

(1) 项目决策(设计)周期变化率

$$\text{项目决策周期变化率}=\frac{\text{实际项目决策周期}-\text{预计项目决策周期}}{\text{预计项目决策周期}}\times 100\%$$

该指标反映项目实际决策(设计)周期与预计决策(设计)周期相比的变化程度。

(2) 建设工期变化率

$$\text{竣工项目定额工期率}=\frac{\text{竣工项目实际工期}}{\text{竣工项目定额(计划)工期}}\times 100\%$$

该指标反映实际建设工期与计划建设工期的偏离程度。

(3) 工程合格(优良)品率

$$工程合格品率=\frac{实际单位工程合格品数量}{验收鉴定的单位工程总数}\times 100\%$$

该指标反映工程项目的质量状况。

(4) 总投资变化率

$$投资总额变化率=\frac{静态(动态)实际投资总额-预计静态(动态)投资总额}{预计静态(动态)投资总额}\times 100\%$$

该指标反映实际总投资与项目前评估时预计总投资的偏离程度，包括静态比较与动态比较。

(5) 单位生产能力(或效益)投资及其变化率

$$单位生产能力(效益)投资=\frac{工程项目总投资}{新增生产能力(效益)}$$

该指标反映竣工项目每增加单位生产能力(或效益)所花费的投资，它将投资与投资效果联系起来分析，能够反映投资的比较效果。

$$单位生产能力(效益)投资变化率=\frac{\begin{matrix}实际单位生产\\能力(效益)投资\end{matrix}-\begin{matrix}设计单位生产\\能力(效益)投资\end{matrix}}{设计单位生产能力(效益)投资}\times 100\%$$

该指标反映实际单位生产能力(或效益)投资与设计单位生产能力(或效益)投资的偏离(节约)程度。

2. 反映工程项目运营阶段效果的后评价指标

(1) 达产年限变化率

$$达产年限变化率=\frac{实际达产年限-设计达产年限}{设计达产年限}\times 100\%$$

该指标反映实际达产年限与设计达产年限的偏离程度。

(2) 产品价格(成本)变化率

该指标可以反映前评估中对产品价格(成本)的预测水平，也可以部分地解释实际投资效益与预期投资效益产生偏差的原因，还可以作为重新预测项目寿命期内产品价格(成本)变化情况的依据。该指标的计算可分三步进行：

① 计算各年各主要产品的价格(成本)变化率

$$主要产品价格(成本)变化率=\frac{该年实际产品价格(成本)-预测产品价格(成本)}{预测产品价格(成本)}\times 100\%$$

② 计算各年主要产品价格(成本)平均变化率

$$\begin{matrix}各年主要产品价格\\(成本)平均变化率\end{matrix}=\Sigma\begin{matrix}该年产品价格\\(成本)变化率\end{matrix}\times\begin{matrix}该产品产值(成本)占\\总产值(总成本)的比例\end{matrix}$$

③ 计算考核期内的产品价格(成本)变化率

$$产品价格(成本)变化率=\frac{\Sigma 各年主要产品价格(成本)平均变化率}{考核期年数}$$

(3) 实际投资利润(利税)率及其变化率

$$实际投资利润(利税)率=\frac{年实际利润(利税)}{实际总投资}\times 100\%$$

该指标是反映工程项目投资效果的一个重要指标，其中年实际利润(利税)是指项目达到设计生产能力后的实际年利润(利税)或实际平均利润(利税)。

$$\text{实际投资利润(利税)变化率}=\frac{\begin{matrix}\text{实际投资}\\\text{利润(利税)率}\end{matrix}-\begin{matrix}\text{预计投资}\\\text{利润(利税)率}\end{matrix}}{\text{预计投资利润(利税)率}}\times 100\%$$

该指标反映实际投资利润(利税)率与预计投资利润(利税)率的偏离程度。

3. 反映工程项目全寿命期效果的后评价指标

(1) 实际净现值(*RNPV*)及其变化率

$$PNPV=\sum_{t=1}^{n}(RCI-RCO)_{\mathrm{t}}\times(1+i_{\mathrm{K}})^{-\mathrm{t}}$$

式中，*RNPV* 为实际净现值；*RCI* 为工程项目实际或根据实际情况重新预测的年现金流入量；*RCO* 为工程项目实际或根据实际情况重新预测的年现金流出量；i_{K} 为根据实际情况重新选定的行业基推投资收益率；n 为重新预测的工程项目寿命期；t 为工程项目寿命期中的某一年份，$t=1$，2，……，n。

该指标反映工程项目寿命期内的动态获利能力。

$$\text{净现值变化率}=\frac{PNPV-NPV}{NPV}\times 100\%$$

式中，*RNPV* 为实际(后评价)净现值；*NPV* 为预计(前评估)净现值。

该指标反映实际净现值与预计净现值的偏差程度。

(2) 实际内部收益率(*RIRR*)

$$\sum_{t=1}^{n}(RCI-RCO)_{\mathrm{t}}\times(1+RIRR)^{-\mathrm{t}}=0$$

式中，*RIRR* 为实际内部收益率；其他符号同前。

实际内部收益率(*RIRR*)是工程项目在后评价前实际发生的各年净现金流量和后评价时重新预测的项目寿命期内的各年净现金流量的现值之和为零时的折现率。用后评价时计算得到的实际内部收益率(*RIRR*)与前评估时预测计算的内部收益率(*IRR*)或行业基准投资收益率(i_{K})进行比较，能清楚地反映工程项目的实际投资效益。若 $RIRR>i_K$ 或 $RIRR>IRR$，则说明工程项目的实际投资经济效益已达到或超过行业平均水平或预测的目标水平，有较好的投资经济效益。

(3) 实际投资回收期

该指标反映用项目实际产生的净收益或根据实际情况重新预测的净收益来抵偿总投资所需的时间。

① 实际静态投资回收期(P_{Rt})

$$\sum_{t=1}^{P_{\mathrm{Rt}}}(RCI-RCO)_{\mathrm{t}}=0$$

式中，P_{Rt} 为实际静态投资回收期；其他符号同前。

② 实际动态投资回收期(P'_{Rt})

$$\sum_{t=1}^{P'_{\mathrm{Rt}}}(RCI-RCO)_{\mathrm{t}}/(1+i_{\mathrm{k}})^{\mathrm{t}}=0$$

式中，P'_{Rt} 为实际动态投资回收期；其他符号同前。

(4) 实际借款偿还期(P_{Rd})

$$I_{Rd} = \sum_{t=1}^{P_{Rd}} (R_{RP} + D'_R + R_{RO} - R_{Rt})_t$$

式中，I_{Rd}为固定资产投资借款本金和建设期利息之和；P_{Rd}为实际借款偿还期；R_{RP}为实际或重新预测的年税后利润；D'_R为实际用于还款的折旧；R_{RO}为实际用于还款的其他收益；R_{Rt}为还款期内的企业留利。

该指标反映，用项目实际产生的用于还款的折旧和部分税后利润，来抵偿固定资产投资借款本金和建设期利息所需的时间。它反映工程项目的实际偿债能力。

(5) 实际经济净现值(RENPV)和实际经济内部收益率(REIRR)

实际经济净现值(RENPV)和实际经济内部收益率(REIRR)是国民经济后评价中的两个重要指标，其计算方法与实际净现值(RNPV))和实际内部收益率(RIRR)相同。但在计算这两个指标时必须认真考虑以下两个问题：一是工程项目投入物和产出物的影子价格的确定；二是工程项目的间接效益和间接费用的计算。由于后评价是在工程项目竣工投产若干年后进行的，在此期间由于经济发展、产业结构调整和汇率变化，前评估时的影子价格已不适用，必须重新计算。对于工程项目的间接效益和间接费用，也会随时间的推移，随其他工程项目建成投产等原因，使预期的间接效益随之消失，间接费用也会有所变化。因此，在后评价时均应重新加以考虑，做出新的符合实际的评价。

4. 反映工程项目社会效益和环境效益的后评价指标

反映工程项目社会效益和环境效益的后评价指标有定性效益指标和定量效益指标两大类。

(1) 定性效益指标

反映社会效益和环境效益的定性指标有：对资源的有效利用、先进技术的扩散、生产力布局的改善、工业产业结构的调整、地区经济平衡发展的促进以及有利于生态平衡和环境保护等方面产生影响的描述。

(2) 定量效益指标

反映社会效益和环境效益的定量指标有劳动就业效益、收入分配效益和综合能耗等。

① 劳动就业效益的后评价指标

工程项目的劳动就业效益，可分为直接劳动就业效益、间接劳动就业效益和总劳动就业效益三种。

$$直接劳动就业效益 = \frac{工程项目新增就业人数}{工程项目投资支出}$$

$$间接劳动就业效益 = \frac{配套项目新增就业人数}{配套项目投资支出}$$

$$总劳动就业效益 = \frac{工程项目新增就业人数 + 配套项目新增就业人数}{工程项目投资支出 + 配套项目投资支出}$$

劳动就业效益指标是指单位投资所创造的就业机会。在劳动力过剩、有较多失业人员存在的情况下，为了社会安定，分析工程项目的劳动就业机会，评价其对社会的贡献具有十分重要的意义。但是，劳动就业效益与技术进步和劳动生产率提高是有矛盾的。工程项目的自动化程度愈高，工人的劳动生产率愈高，所需要的劳动力就愈少，工程项目的劳动就业效益也就愈低。因此，劳动就业效益的评价应与项目的目标联系起来。

② 收入分配效益的后评价指标

收入分配效益就是考察工程项目的国民收入净增值在职工、投资者、企业和国家等各利益主体之间的分配情况，并评价其公平性和合理性。

$$职工分配比重=\frac{年职工工资收入+年职工福利费}{项目年国民收入净增值}\times 100\%$$

$$投资者分配比重=\frac{年投资者分配的利润}{项目年国民收入净增值}\times 100\%$$

$$企业留用比重=\frac{年提取法定盈余公积金和公益金+未分配利润}{项目年国民收入净增值}\times 100\%$$

$$国家分配比重=\frac{年上交国家财政税金+保险费+利息}{项目年国民收入净增值}\times 100\%$$

上述四项指标之和应等于1。

国民收入净增值，是指从事物质资料生产的劳动者在一定时期内所创造的价值，也就是从社会总产值中扣除生产过程中消耗掉的生产资料价值后的净产值。所以，项目年国民收入净增值应等于项目物质生产部门在正常生产经营年度的职工工资、职工福利费、税金、保险费、利息和税后利润的总和。

③ 综合能耗指标

$$国民收入综合能耗=\frac{年度能源消耗量}{年度国民收入净增值}$$

式中，能源消耗量是指生产时耗用的煤、油、气等折合成标准煤的吨数。该指标反映工程项目能源利用状况和对社会效益带来的影响。

在工程项目后评价中，还可以视具体项目和后评价的要求，设置一些其他评估指标。通过对这些指标的计算和对比，可以寻找并发现项目实际运行情况和与预期目标的偏差及其偏离程度。在对这些偏差进行分析的基础上，可以对产生偏差的各种因素采取具有针对性的措施，以保证工程项目正常运营并取得更大效益。

第五篇 项目风险管理与信息管理

第13章 项目风险管理

13.1 项目风险及其管理程序

13.1.1 项目风险及其分类

项目风险是指在项目决策和实施过程中，造成项目实际结果与预期目标的差异性及其发生的概率。项目风险的差异性包括损失的不确定性和收益的不确定性。本章中的项目风险是指损失的不确定性。

1. 项目风险的分类

工程项目的风险因素有很多，可以从不同的角度进行分类。

(1) 按照风险来源划分

包括自然风险、社会风险、经济风险、法律风险、政治风险、技术风险、组织管理风险和信用风险。

(2) 按风险后果的承担者划分

包括投资方风险、业主风险、承包商风险、供应商风险、担保方风险等。

(3) 按风险可否管理划分

① 可管理风险。是指用人的智慧、知识等可以预测、可以控制的风险。

② 不可管理风险。是指用人的智慧、知识等无法预测和无法控制的风险。

风险可否管理不仅取决于风险自身的特点，还取决于所收集资料的多少和掌握管理技术的水平。

(4) 按风险影响范围划分

① 局部风险。是指由于某个特定因素导致的风险，其损失的影响范围较小。

② 总体风险。总体风险影响的范围大，其风险因素往往无法加以控制，如经济、政治等因素。

2. 业主方的风险

(1) 项目决策阶段业主方的风险因素

从提高项目的效益、避免和减少失误来看，项目决策阶段的风险管理比实施阶段更为重要。业主方在项目决策阶段一般可能遇到下列风险因素：

① 投资环境风险。包括：项目所在地政府的投资导向、有关法规政策、基础设施环境等。

在国外投资时，还包括投资所在国政治环境稳定与否；当地政府有关外国投资的法律和法规，各项政策的健全与否以及稳定性；投资导向意图；当地政府是否腐化；投资国基础设施是否落后等。

② 市场风险。包括：项目建成后的效益，影响效益的因素；国际和国内市场发展趋

势，产品销售前景；同类产品的竞争。

③ 融资风险。包括：投资估算不准确；融资方案不可靠，资金不落实；融资方案中的外汇风险，包括汇率变化，项目所在国外汇政策变化(如汇出限制等)；物价上涨引起投资膨胀。

④ 设计与技术风险。包括：设计单位的水平、能否达到所要求的技术水平；要求采用的新技术、新工艺、新设备是否与项目所在地(或所在国)的生产和管理水平相匹配；当地的原材料供应(包括数量和质量)是否能满足新技术和新工艺的要求。如果必须采用进口原料，相应带来的各种风险。

⑤ 资源风险。包括：地质资源储量未探明；地质资源的质量达不到设计要求。

⑥ 地质风险。包括：地质勘探的面积和取样不足；地质情况复杂地区的各种意外变化。

⑦ 布局安全风险。包括：项目本身防火、防尘、防毒、防辐射、防噪音、防污染、防爆炸等方面的风险；项目周围环境的不安全和干扰因素。

⑧ 不可抗力风险。包括：天灾；战争、入侵、禁运等；革命、暴动、军事政变等；核爆炸暴乱、骚乱等。

(2) 项目实施阶段业主方的风险因素

① 业主方管理水平低、不能按照合同及时、恰当地处理工程实施过程中发生的各类问题。如不能及时办理批准手续、不能按时征地拆迁及做好开工前的准备工作等，均将导致承包单位索赔。

② 业主方选择为其进行咨询和管理服务的公司的失误，包括：项目管理人员或监理工程师不胜任项目管理工作，不能按照合同及时、恰当地处理工程实施中发生的各类问题；赎职、不负责任造成的各种损失；以权谋私、行为腐败、或被承包单位拉拢腐蚀所造成的损失和风险。

③ 设计引起的各种风险。包括：设计依据的有关基础资料(包括地质、水文、气象等方面)不正确，引起开工后的大量变更，导致承包单位的大量索赔；设计图纸(包括图纸变更)供应不及时，使工程实施停工等待图纸，导致承包单位的工期及其他索赔，使工程竣工延期。

虽然上述管理方或设计方造成重大失误时，业主方可根据协议要求补偿或事先进行责任保险，但补偿和保险都很难弥补对业主方所造成的损失。

④ 融资风险。包括：在项目实施阶段资金不落实、原承诺贷款单位或上级单位由于各种原因不能及时提供资金；在国外投资时。手中外汇贬值；贷款后不能及时归还引起的问题。

⑤ 业主方负责供应的设备和材料的风险。包括：设备、材料质量不合格；设备、材料未能按计划运达工地；设备未能及时配套供应。

⑥ 承包商水平低引起的风险。包括：不能保证工程质量；工期延误。

虽然业主可采取没收履约保证、驱逐承包单位的项目经理以至按承包单位违约驱逐承包单位、另找一家承包单位施工等措施，但业主方将在工期和费用方面蒙受重大损失。

⑦ 承包单位及供货商的各种索赔。具体的索赔内容应包括在业主与承包单位签订的合同文件中，特别是合同条件中。

⑧ 通货膨胀的风险。

⑨ 不可抗力风险。

3. 不同承包模式下业主方的风险因素

不同承包模式下业主方的风险因素见表 13-1。

不同承包模式下业主方风险因素一览表　　表 13-1

序号	风险因素	传统模式	工程总承包模式	EPC 承包模式	管理承包模式	
					管理型	风险型
1	资金不到位	√	√	√	√	√
2	未做好开工前准备	√	√	√	√	×
3	专业咨询公司项目前期可行性研究不深入，立项不正确	√	√	√	√	√
4	业主方不能自由控制设计	×	√	√	×	×
5	招标文件（即合同草案）拟定得不好	√	√	√	√	√
6	业主方（含监理工程师）管理水平不高	√	√	√	×	×
7	设计风险	√	×	×	√	√
8	承包单位水平低，不能保证质量和工期	√	√	√	√	×
9	业主方供应材料和设备	√	√	×	√	√
10	承包单位、供货商的索赔	√	√	×	√	×
11	通货膨胀	√	√	×	√	×
12	立法变更	√	√	√	√	√
13	不可抗力（含政治风险）	√	√	√	√	√
14	投标价可能提高	×	√	√	×	√

注：表中打“√”表明存在此风险，打“×”表明不存在此风险。

13.1.2　项目风险管理程序

项目风险管理是指风险管理主体通过风险识别、风险评价去认识项目的风险，并以此为基础，合理地使用风险回避、风险控制、风险自留、风险转移等管理方法、技术和手段对项目的风险进行有效地控制，妥善处理风险事件造成的不利后果，以合理的成本保证项目总体目标实现的管理过程。

项目风险管理程序是指对项目风险进行管理的一个系统的、循环的工作流程，包括风险识别、风险分析与评估、风险应对策略的决策、风险对策的实施和风险对策实施的监控五个阶段。

1. 风险识别

风险识别是风险管理中的首要步骤，是指通过一定的方式，系统而全面地识别影响项目目标实现的风险事件并加以适当归类，并记录每个风险因素所具有的特点的过程。必要时，还需对风险事件的后果进行定性估计。

2. 风险分析与评估

风险分析与评估是将项目风险事件发生的可能性和损失后果进行定量化的过程。该过程在系统地识别项目风险与合理地做出风险应对策略的决策之间起着重要的桥梁作用。风险分析与评估的结果主要在于确定各种风险事件发生的概率及其对项目目标影响的严重程度，如项目投资增加的数额、工期延误的天数等。

3. 风险应对策略的决策

风险应对策略的决策是确定项目风险事件最佳对策组合的过程。一般来说，风险管理中所运用的对策有以下四种：风险回避、风险控制、风险自留和风险转移。这些风险对策的适用对象各不相同，需要根据风险评价的结果，对不同的风险事件选择最适宜的风险对策，从而形成最佳的风险对策组合。

4. 风险对策的实施

对风险应对策略所做出的决策还需要进一步落实到具体的计划和措施。例如，在决定进行风险控制时，要制定预防计划、灾难计划、应急计划等；在决定购买工程保险时，要选择保险公司，确定恰当的保险险种、保险范围、免赔额、保险费等。这些都是实施风险对策决策的重要内容。

5. 风险对策实施的监控

在项目实施过程中，要不断地跟踪检查各项风险应对策略的执行情况，并评价各项风险对策的执行效果。当项目实施条件发生变化时，要确定是否需要提出不同的风险应对策略。因为随着项目的不断进展和相关措施的实施，影响项目目标实现的各种因素都在发生变化，只有适时地对风险对策的实施进行监控，才能发现新的风险因素，并及时对风险管理计划和措施进行修改和完善。

13.2 项目风险的识别与分析

13.2.1 项目风险识别

风险识别是风险管理的基础。风险识别是指风险管理人员在收集资料和调查研究之后，运用各种方法对尚未发生的潜在风险以及客观存在的各种风险进行系统归类和全面识别。风险识别的主要内容是：识别引起风险的主要因素，识别风险的性质，识别风险可能引起的后果。

1. 风险识别方法

(1) 专家调查法

① 头脑风暴法。头脑风暴法是最常用的风险识别方法，它借助于专家的经验，通过会议方式去分析和识别项目的风险。会议的领导者要善于发挥专家和分析人员的创造性思维，让他们畅所欲言发表自己的看法，对风险源进行识别，然后根据风险类型进行风险分类。

② 德尔菲法。德尔菲法是邀请专家匿名参加项目风险分析，主要通过信函方式来进行。调查员使用问卷方式征询专家对项目风险方面的意见，再将问卷意见整理、归纳，并匿名反馈给专家，以便进行进一步的讨论。这个过程经过几个回合后，可以在主要的项目风险上达成一致意见。

应用德尔菲法时应注意：一是专家人数不宜太少，一般 10～50 人为宜；二是在调查表中，首先应该对调查的目的和方法做出简要说明，因为并非每一个被调查的对象都对德尔菲法有具体的了解；三是问题要集中，用词要确切，排列要合理，问句的内容要具体，以引起专家回答问题的兴趣；四是预测分析的时间不宜过长，时间越长准确性越差。风险识别调查表格式参见表 13-2。

风险识别调查表 **表 13-2**

<table>
<tr><td>风 险 问 卷</td><td>编号：</td></tr>
<tr><td>项目名称：</td><td>日期：</td></tr>
<tr><td>风险描述：对所列作风险的简短描述</td><td>审核：</td></tr>
<tr><td colspan="2">对项目目标影响的评估：风险对预算、进度、质量、安全、环境等方面的影响</td></tr>
<tr><td colspan="2">活动范围的描述：风险活动范围的描述</td></tr>
<tr><td colspan="2">对风险进行详细地描述：对风险的来源、风险出现的方式和风险的主要后果的描述</td></tr>
<tr><td colspan="2">对风险归属权的分析：谁受损失？谁承担损失？谁能管理风险</td></tr>
</table>

③ 访谈法。访谈法是通过对相关领域的专家或资深项目经理进行访谈来识别风险。负责访谈的人员首先要选择合适的访谈对象；其次，应向访谈对象提供项目内外部环境、假设条件和约束条件的信息。访谈对象依据自己的丰富经验，掌握的项目信息，对项目风险进行识别。

（2）财务报表法

财务报表有助于确定一个特定企业或特定的项目可能遭受哪些损失以及在何种情况下遭受这些损失。通过分析资产负债表、现金流量表、损益表及有关补充资料，可以识别企业当前的所有资产、负债、责任及人身损失风险。将这些报表与财务预测、预算结合起来，可以发现企业或项目未来的风险。

（3）初始风险清单法

如果对每一个项目风险的识别都从头做起，至少有以下三方面缺陷：一是耗费时间和精力多，风险识别工作的效率低；二是由于风险识别的主观性，可能导致风险识别的随意性，其结果缺乏规范性；三是风险识别成果资料不便积累，对今后的风险识别工作缺乏指导作用。因此，为了避免以上缺陷，有必要建立初始风险清单。

初始风险清单法是指有关人员利用他们所掌握的丰富知识设计而成的初始风险清单表，尽可能详细地列举项目所有的风险类别，按照系统化、规范化的要求去识别风险。建立项目的初始风险清单有两种途径：一是参照保险公司或风险管理机构公布的潜在损失一览表，再结合某项目所面临的潜在损失，对一览表中的损失予以具体化，从而建立特定工程的风险一览表；二是通过适当的风险分解方式来识别风险。对于大型、复杂的项目，首先将其按单项工程、单位工程分解，再对各单项工程、单位工程分别从时间维、目标维和因素维进行分解，可以较容易地识别出项目主要的、常见的风险。项目初始风险清单参见表13-3。

项目初始风险清单　　**表 13-3**

风险因素		典型风险事件
技术风险	设计	设计内容不全，设计缺陷，错误和遗漏，应用规范不恰当，未考虑地质条件，未考虑施工可能性等
	施工	施工工艺落后，施工技术和方案不合理，施工安全措施不恰当，应用新技术新方案失败，未考虑场地情况等
	其他	工艺设计未达到先进性指标，工艺流程不合理，未考虑操作安全性等
非技术风险	自然与环境	洪水、地震、火灾、台风、雷电等不可抗拒自然力，不明的水文气象条件，复杂的工程地质条件，恶劣的气候，施工对环境的影响等
	政治法律	法律法规的变化，战争、骚乱、罢工、经济制裁或禁运等
	经济	通货膨胀或紧缩，汇率变化，市场动荡，社会各种摊派，资金不到位，资金短缺等
	组织协调	业主、项目管理咨询方、设计方、施工方、监理方内部的不协调以及他们之间的不协调等
	合同	合同条款遗漏，表达有误，合同类型选择不当，承发包模式选择不当，索赔管理不力，合同纠纷等
	人员	业主人员、项目管理咨询人员、设计人员、监理人员、施工人员的素质不高、业务能力不强等
	材料设备	原材料、半成品、产品或设备供货不足或拖延，数量误差或质量规格问题，特殊材料和新材料的使用问题，过度损耗和浪费，施工设备供应不足、类型不配套、故障、安装失误、选型不当等

初始风险清单只是为了便于人们较全面地认识风险的存在，而不至于遗漏重要的项目风险，但并不是风险识别的最终结论。在初始风险清单建立后，还需要结合特定项目的具体情况进一步识别风险，从而对初始风险清单作一些必要的补充和修正。为此，需要参照同类项目风险的经验数据，或者针对具体项目的特点进行风险调查。

(4) 流程图法

流程图是将项目实施的全过程，按其内在的逻辑关系制成流程图，针对流程图中的关键环节和薄弱环节进行调查和分析，找出风险存在的原因，从中发现潜在的风险威胁，分析风险发生后可能造成的损失和对项目全过程造成的影响有多大。

运用流程图分析，项目管理人员可以明确地发现项目所面临的风险。但流程图分析仅着重于流程本身，而无法显示发生问题的损失值或损失发生的概率。

(5) 风险调查法

由工程项目的特殊性可知，两个不同的项目不可能有完全一致的项目风险。因此，在项目风险识别过程中，花费人力、物力、财力进行风险调查是必不可少的，这既是一项非常重要的工作，也是项目风险识别的重要方法。

风险调查应当从分析具体项目的特点入手，一方面对通过其他方法已识别出的风险(如初始风险清单所列出的风险)进行鉴别和确认；另一方面，通过风险调查有可能发现此前尚未识别出的重要的项目风险。通常，风险调查可以从组织、技术、自然及环境、经济、合同等方面分析拟建项目的特点以及相应的潜在风险。

2. 风险识别的成果

风险识别的成果是进行风险分析与评估的重要基础。风险识别的最主要成果是风险清单。风险清单是记录和控制风险管理过程的一种方法，并且在做出决策时具有不可替代的作用。风险清单最简单的作用是描述存在的风险并记录可能减轻风险的行为。风险清单格式参见表 13-4。

项目风险清单　　表 13-4

风　险　清　单			编号：	日期：
项目名称：			审核：	批准：
序号	风险因素	可能造成的后果	发生的概率	可能采取的措施
1				
2				
3				
……				

13.2.2 项目风险分析与评价

项目风险分析与评价是指在从定性角度识别风险因素的基础上，进一步分析和评价风险因素发生的概率、影响的范围、可能造成损失的大小以及多种风险因素对项目目标的总体影响等，达到更清楚地辨识主要风险因素，有利于项目管理者采取更有针对性的对策和措施，从而减少风险对项目目标的不利影响。

项目风险分析与评价的任务包括：确定单一风险因素发生的概率；分析单一风险因素的影响范围大小；分析各个风险因素的发生时间；分析各个风险因素的风险结果，探讨这些风险因素对项目目标的影响程度；在单一风险因素量化分析的基础上，考虑多种风险因素对项目目标的综合影响、评估风险的程度并提出可能的措施作为管理决策的依据。

1. 项目风险的度量

(1) 风险事件发生的概率及概率分布

风险事件发生的概率及概率分布是风险分析的基础。

① 风险事件发生的概率。根据风险事件发生的频繁程度，用0～4将风险事件发生的概率分为5个等级，即经常、很可能、偶然、极小、不可能，见表13-5。等级的划分反映了一种主观判断。因此，等级数量的划分和赋值也可以根据实际情况做出调整。

风险事件发生概率的指数 **表13-5**

风险事件发生的概率(或可能性)		
说 明	简 单 描 述	等级指数
经 常	很可能频繁的出现，在所关注的期间多次出现	4
很可能	在所关注的期间出现几次	3
偶然的	在所关注的期间偶尔出现	2
极 小	不太可能但还有可能在所关注的期间出现	1
不可能	由于不太可能发生所以假设它不会出现或不可能出现	0

② 风险事件的概率分布。连续型的实际概率分布较难确定。一般应用概率分布函数来描述风险事件发生的概率与概率分布。在实践中，均匀分布、三角分布及正态分布最为常用，如表13-6所示。

风险事件的概率分布及其数学模型 **表13-6**

概率分布图	数学模型
$f(x)$, $\frac{1}{b-a}$, 0, a, b, x 均匀概率分布	$f(x)=\begin{cases}\frac{1}{b-a} & (a\leqslant x\leqslant b)\\ 0 & (\text{其他})\end{cases}$
$f(x)$, 0, a, c, b, x 三角形概率分布	$f(x)=\begin{cases}\frac{2(x-a)}{(b-a)(c-a)} & (a\leqslant x\leqslant c)\\ \frac{2(b-x)}{(b-a)(b-c)} & (c<x\leqslant b)\\ 0 & (\text{其他})\end{cases}$
$f(x)$, u, x 正态概率分布	$f(x)=\frac{1}{\sqrt{2\pi}\sigma}e^{-(x-\mu)^2/(2\sigma^2)}$ $(-\infty<x<\infty)$

(2) 风险度量方法

风险度量可以用下列一般表达式来描述：

$$R=F(O, P)$$

式中　R——某一风险事件发生后对项目目标的影响程度；

O——该风险事件的所有风险后果集；

P——该风险事件对应于所有风险结果的概率值集。

最简单的一种风险量化方法是：根据风险事件产生的结果与其相应的发生概率，求解项目风险损失的期望值和风险损失的方差(或标准差)来具体度量风险的大小，即：

① 若某一风险因素产生的项目风险损失值为离散型随机变量 X，它的可能取值为 x_1，x_2，…，x_n，这些取值对应的概率分别为 $P(x_1)$，$P(x_2)$，…，$P(x_n)$，则随机变量 X 的数学期望值和方差分别为：

$$E(X)=\Sigma x_i P(x_i)$$

$$D(X)=\Sigma[x_i-E(X)]^2 P(x_i)$$

② 若某一风险因素产生的项目风险损失值为连续型随机变量 X，它的概率密度函数为 $f(x)$，则随机变量 X 的数学期望值和方差分别为：

$$E(X)=\int_{-\infty}^{+\infty} x f(x)\mathrm{d}x$$

$$D(X)=\int_{-\infty}^{+\infty}[x-E(X)]^2 f(x)\mathrm{d}x$$

2. 项目风险评定

(1) 项目风险后果的等级划分

为了在采取控制措施时能分清轻重缓急，需要给风险因素划定一个等级。通常按事故发生后果的严重程度划分为五级，即：灾难性的、关键的、严重的、次重要的、可忽略的。风险后果的等级划分参见表 13-7。

风险后果的等级划分　　**表 13-7**

项目风险的后果		
等　级	简　单　描　述	等　级
灾难性的	人员死亡、项目失败、犯罪行为、破产	4
关键的	人员严重受伤、项目目标无法完全达到、超过风险准备费用	3
严重的	时间损失、耗费的意外费用、需要保险索赔	2
次重要的	需要处理的损伤或疾病、能接受的工期拖延、需要部分意外费用或是保险费过多	1
可忽略的	损失很小，可认为没有损失后果	0

(2) 项目风险重要性评定

将风险事件发生概率的指数(表 13-5)与风险后果的等级(表 13-7)相乘，根据相乘所得数值即可对风险的重要性进行评定。风险重要性评定结果参见表 13-8。

项目风险重要性评定 **表 13-8**

项目风险重要性						
可能性	后果	灾难性的	关键的	严重的	次重要的	可忽略的
	等级 \ 等级	4	3	2	1	0
经 常	4	16	12	8	4	0
很可能	3	12	9	6	3	0
偶然的	2	8	6	4	2	0
极 小	1	4	3	2	1	0
不可能	0	0	0	0	0	0

（3）项目风险的可接受性评定

根据表 13-8 项目风险重要性评定结果，可以进行项目风险可接受性评定。在表 13-8 中，项目风险重要性评分值在 8 分以上的风险因素表示风险重要性较高，是不可以接受的风险，需要给予重点的关注。项目风险可接受性评定参见表 13-9。

项目风险可接受性评定 **表 13-9**

风险可接受性					
后果 \ 可能性	灾难性的	关键的	严重的	次重要的	可忽略的
经 常	不可接受的	不可接受的	不可接受的	不希望有的	不希望有的
很可能	不可接受的	不可接受的	不希望有的	不希望有的	可接受的
偶然的	不可接受的	不希望有的	不希望有的	可接受的	可接受的
极 小	不希望有的	不希望有的	可接受的	可接受的	可忽略的
不可能	不希望有的	可接受的	可接受的	可忽略的	可忽略的
注释： 描述 评定标准 不可接受的——无法忍受的后果，必须立即予以消除或转移； 不希望有的——会造成人员伤亡和系统损坏，必须采取合理的行动； 可接受的——暂时还不会造成人员伤亡和系统损坏，应考虑采取控制措施； 可以忽略的——后果小，可不采取措施					

3. 项目风险分析与评价的方法

项目风险的分析与评价往往采用定性与定量相结合的方法来进行，这二者之间并不是相互排斥的，而是可以相互补充的。目前，常用的项目风险分析与评价的方法主要有调查打分法、蒙特卡洛模拟法、计划评审技术法和敏感性分析法等。这里仅介绍调查打分法。

调查打分法又称综合评估法或主观评分法，是指将识别出的项目可能遇到的所有风险，列成项目风险表，将项目风险表提交给有关专家，利用专家的经验，对可能的风险因素的等级和重要性进行评估，确定出项目的主要风险因素。这是一种最常见、最简单且易于应用的风险评估方法。

（1）调查打分法的基本步骤

① 针对风险识别的结果，确定每个风险因素的权重，以表示其对项目的影响程度；

② 确定每个风险因素的等级值，等级值按经常、很可能、偶然、极小、不可能分为五个等级。当然，等级数量的划分和赋值也可以根据实际情况进行调整；

③ 将每个风险因素的权重与相应的等级值相乘，求出该项风险因素的得分。计算公式如下：

$$r_i = \sum_{j=1}^{m} \omega_{ij} S_{ij}$$

式中 r_i——风险因素 i 的得分；

ω_{ij}——j 专家对风险因素 i 赋的权重；

S_{ij}——j 专家对风险因素 i 赋的等级值；

m——参与打分的专家数。

④ 将各个风险因素的得分逐项相加得出项目风险因素的总分，总分越高，风险越大。总分计算如下：

$$R = \sum_{i=1}^{n} r_i$$

式中 R——项目风险得分；

r_i——风险因素 i 的得分；

n——风险因素的个数。

调查打分法的优点在于简单易懂、能节约时间，而且可以比较容易地识别主要的风险因素。

(2) 风险调查打分表

表 13-10 给出了工程项目风险调查打分表的一种格式。在表中，风险发生的概率按照高、中、低三个档次来进行划分，考虑风险因素可能对造价、工期、质量、安全、环境五个方面的影响，分别按照较轻、一般和严重来加以度量。

风险调查打分表 **表 13-10**

序号	风险因素	可能性			影响程度														
		高	中	低	成本			工期			质量			安全			环境		
					较轻	一般	严重	较轻	一般	严重	较轻	一般	严重	较轻	一般	严重	较轻	一般	严重
1	地质条件失真																		
2	设计失误																		
3	设计变更																		
4	施工工艺落后																		
5	材料质量低劣																		
6	施工水平低下																		
7	工期紧迫																		
8	材料价格上涨																		
9	合同条款有误																		
10	成本预算粗略																		
11	管理人员短缺																		
…	…																		

13.3　项目风险应对策略及监控

13.3.1　项目风险应对策略

项目风险的应对策略包括风险回避、风险自留、损失控制、风险转移。

1. 风险回避

风险回避是指在完成项目风险分析与评价后，如果发现项目风险发生的概率很高，而且可能的损失也很大，又没有其他有效的对策来降低风险时，应采取放弃项目、放弃原有计划或改变目标等方法，使其不发生或不再发展，从而避免可能产生的潜在损失。例如，某项目的可行性研究报告表明，虽然从净现值、内部收益率指标看是可行的，但敏感性分析的结论是对投资额、产品价格、经营成本均很敏感，这意味着该项目的风险很大，因而决定不投资建造该工程。在面临灾难性风险时，采用回避风险的方式处置风险是比较有效的。但是在有时，放弃承担风险就意味着可能放弃某些机会。因此，某些情况下的风险回避是一种消极的风险处理方式。

通常，当遇到下列情形时，应考虑风险回避的策略：

① 风险事件发生概率很大且后果损失也很大的项目；

② 发生损失的概率并不大，但当风险事件发生后产生的损失是灾难性的、无法弥补的；

③ 对客观上不需要的项目。

2. 风险自留

风险自留是指项目风险保留在风险管理主体内部，通过采取内部控制措施等来化解风险或者对这些保留下来的项目风险不采取任何措施。风险自留与其他风险对策的根本区别在于：它不改变项目风险的客观性质，即既不改变项目风险的发生概率，也不改变项目风险潜在损失的严重性。

(1) 风险自留的类型

风险自留可分为非计划性风险自留和计划性风险自留两种类型。

① 非计划性风险自留。由于风险管理人员没有意识到项目某些风险的存在，或者不曾有意识地采取有效措施，以致风险发生后只好保留在风险管理主体内部。这样的风险自留就是非计划性的和被动的。导致非计划性风险自留的主要原因有：缺乏风险意识、风险识别失误、风险分析与评价失误、风险决策延误、风险决策实施延误等。

事实上，对于大型、复杂的项目来说，风险管理人员几乎不可能识别出所有的项目风险。从这个意义上讲，非计划性风险自留有时是在所难免的，因而也是一种适用的风险处理策略。但是，风险管理人员应当尽量减少风险识别和风险评价的失误，要及时制定并实施风险应对策略，从而避免被迫承担重大和较大的项目风险。

② 计划性风险自留。计划性风险自留是主动的、有意识的、有计划的选择，是风险管理人员在经过正确的风险识别和风险评价后制定的风险应对策略。风险自留决不可能单独运用，而应与其他风险对策结合使用。在实行风险自留时，应保证重大和较大的项目风险已经进行了工程保险或实施了损失控制计划。计划性风险自留的计划性主要体现在风险自留水平和损失支付方式两方面。所谓风险自留水平，是指选择哪些风险事件作为风险自

留的对象。确定风险自留水平可以从风险量数值大小的角度考虑，一般应选择风险量小或较小的风险事件作为风险自留的对象。计划性风险自留还应从费用、期望损失、机会成本、服务质量和税收等方面与工程保险比较后才能得出结论。

(2) 损失支付方式

计划性风险自留应预先制定损失支付计划，常见的损失支付方式有以下几种：

① 从现金净收入中支出。采用这种方式时，在财务上并不对自留风险作特别的安排，在损失发生后从现金净收入中支出，或将损失费用记入当期成本。实际上，非计划性风险自留通常都是采用这种方式。因此，这种方式不能体现计划性风险自留的“计划性”。

② 建立非基金储备。这种方式是设立了一定数量的备用金，但其用途并不是专门针对自留的风险，其他原因引起的额外费用也在其中支出。

③ 建立风险准备金。风险准备金是从财务的角度设立的一项专项基金，专门用于风险自留所造成的损失。该基金的设立不是一次性的，而是每期支出，相当于定期支付保险费。准备金的多少是一项管理决策。从理论上说，准备金的数量应与风险损失期望值相等，即为风险发生所产生的损失与发生的可能性(概率)的乘积。即：

$$风险准备金=风险损失\times发生的概率$$

④ 母公司保险。这种方式只适用于存在总公司与子公司关系的集团公司，往往是在难以投保或自保较为有利的情况下运用。从子公司的角度来看，与一般的投保无异，收支较为稳定，税赋可能得益(是否按保险处理，取决于该国的规定)；从母公司的角度，可采用适当的方式进行资金运作，使这笔基金增值，也可再以母公司的名义向保险公司投保。

3. 损失控制

损失控制是一种主动、积极的风险对策。损失控制工作可分为预防损失和减少损失两个方面。预防损失措施的主要作用在于降低或消除(通常只能做到减少)损失发生的概率，而减少损失措施的作用在于降低损失的严重性或遏制损失的进一步发展，使损失最小化。一般来说，损失控制方案都应当是预防损失措施和减少损失措施的有机结合。

在采用损失控制这一风险对策时，所制定的损失控制措施应当形成一个周密的、完整的损失控制计划系统。该计划系统一般应由预防计划、灾难计划和应急计划三部分组成。

(1) 预防计划

预防计划的目的在于有针对性地预防损失的发生，其主要作用是降低损失发生的概率，在许多情况下也能在一定程度上降低损失的严重性。在损失控制计划系统中，预防计划的内容最广泛，具体措施最多，包括组织措施、经济措施、合同措施、技术措施。

近年来，国际上流行以“伙伴关系”的理念来处理风险，体现这种理念的合同范本也相继推出。英国土木工程师学会(ICE)在 1995 年 11 月出版的“新工程合同”(NEC)第二版“设计与施工合同”(ECC，Engineering and Construction Contract)就是一个体现伙伴关系模式的合同。此合同包括如下内容：

① 核心条款规定：工作原则是合同参与各方在工作中应相互信任、相互合作；

② 风险由合同双方合理分担，并鼓励双方以共同预测的方式来降低风险的发生率；

③ 在工作程序中引入了“早期警告程序”，用以防范风险。合同明确了业主的 6 大类风险和承包商的风险以及可补偿事件的处理方法。当任一方觉察到有影响工期、成本和质量的问题时，均有权要求对方参加“早期警告”会议，以提出建议、采取措施，共同努力

来避免或减少损失。

(2) 灾难计划

灾难计划是一组事先编制好的、目的明确的工作程序和具体措施，为现场人员提供明确的行动指南，使其在灾难性的风险事件发生后，不至于惊慌失措，也不需要临时讨论研究应对措施，可以做到从容不迫、及时妥善地处理风险事故，从而减少人员伤亡以及财产和经济损失。灾难计划是针对灾难性风险事件制定的，其内容应满足以下要求：①安全撤离现场人员；②援救及处理伤亡人员；③控制事故的进一步发展，最大限度地减少资产和环境损害；④保证受影响区域的安全尽快恢复正常。灾难计划在灾难性风险事件发生或即将发生时付诸实施。

(3) 应急计划

应急计划就是事先准备好若干种替代计划方案，当遇到某种风险事件时，能够根据应急预案对项目原有计划的范围和内容做出及时地调整，使中断的项目能够尽快全面恢复，并减少进一步的损失，使其影响程度减至最小。应急计划不仅要制定所要采取的相应措施，而且要规定不同工作部门相应的职责。应急计划应包括的内容有：调整整个项目的实施进度计划、材料与设备的采购计划、供应计划；全面审查可使用的资金情况；准备保险索赔依据；确定保险索赔的额度；起草保险索赔报告；必要时需调整筹资计划等。

三种损失控制计划之间的关系如图 13-1 所示。

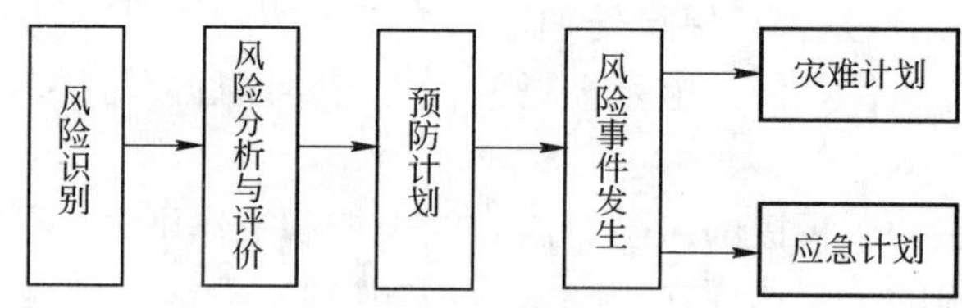

图 13-1 损失控制计划之间的关系

4. 风险转移

风险转移是进行风险管理的一个十分重要的手段，当有些风险无法回避、必须直接面对，而以自身的承受能力又无法有效地承担时，风险转移就是一种十分有效的选择。必须注意的是，风险转移是通过某种方式将某些风险的后果连同对风险应对的权力和责任转移给他人。转移的本身并不能消除风险，只是将风险管理的责任和可能从该风险管理中所能获得的利益移交给了他人，项目管理者不再直接地面对被转移的风险。

根据风险管理的基本理论，项目的风险应由有关各方分担，而风险分担的原则是：任何一种风险都应由最适宜承担该风险或最有能力进行损失控制的一方承担。符合这一原则的风险转移是合理的，可以取得双赢或多赢的结果。例如，项目决策风险应由业主承担，设计风险应由设计方承担，而施工技术风险应由承包商承担等，否则，风险转移就可能付出较高的代价。在项目实施过程中，可能遇到的风险因素众多，项目管理者不可能样样自己面对。因此，适当、合理的风险转移是合法的、正当的，是一种高水平管理的体现。风险转移的方法很多，主要包括非保险转移和保险转移两大类。

(1) 非保险转移

非保险转移又称为合同转移，因为这种风险转移一般是通过签订合同的方式将项目风险转移给非保险人的对方当事人。项目风险最常见的非保险转移有以下三种情况：

① 业主将合同责任和风险转移给对方当事人。在这种情况下，被转移者多数是承包商。例如，在合同条款中规定，业主对场地条件不承担责任；又如，采用固定总价合同将涨价风险转移给承包商等。

② 承包商进行项目分包。承包商中标承接某项目后，将该项目中专业技术要求很强而自己缺乏相应技术的项目内容分包给专业分包商，从而更好地保证项目质量。

③ 第三方担保。合同当事人的一方要求另一方为其履约行为提供第三方担保。担保方所承担的风险仅限于合同责任，即由于委托方不履行或不适当履行合同以及违约所产生的责任。第三方担保的主要有业主付款担保、承包商履约担保、预付款担保、分包商付款担保、工资支付担保等。

与其他的风险应对策略相比，非保险转移的优点主要体现在：一是可以转移某些不可保的潜在损失，如物价上涨、法规变化、设计变更等引起的投资增加；二是被转移者往往能较好地进行损失控制，如承包商相对于业主能更好地把握施工技术风险，专业分包商相对于总包商能更好地完成专业性强的工程内容。

但是，非保险转移的媒介是合同，这就可能因为双方当事人对合同条款的理解发生分歧而导致转移失效。另外，在某些情况下，可能因被转移者无力承担实际发生的重大损失而导致仍然由转移者来承担损失。例如，在采用固定总价合同的条件下，如果承包商报价中所考虑涨价风险费很低，而实际的通货膨胀率很高，从而导致承包商亏损破产，最终只得由业主自己来承担涨价造成的损失。

(2) 保险转移

保险转移通常直接称为保险，对于工程风险来说，则称为工程保险。通过购买保险，业主或承包商作为投保人将本应由自己承担的项目风险(包括第三方责任)转移给保险公司，从而使自己免受风险损失。保险之所以能得到越来越广泛的运用，原因在于其符合风险分担的基本原则，即保险人较投保人更适宜承担项目有关的风险。对于投保人来说，某些风险的不确定性很大，但是对于保险人来说，这种风险的发生则趋近于客观概率，不确定性降低，即风险降低。

在决定采用保险转移这一风险应对策略后，需要考虑与保险有关的几个具体问题：一是保险的安排方式；二是选择保险类别和保险人，一般是通过多家比选后确定，也可委托保险经纪人或保险咨询公司代为选择；三是可能要进行保险合同谈判，这项工作最好委托保险经纪人或保险咨询公司完成，但免赔额的数额或比例要由投保人自己确定。

需要说明的是，保险并不能转移工程项目的所有风险，一方面是因为存在不可保风险，另一方面则是因为有些风险不宜保险。因此，对于工程项目风险，应将保险转移与风险回避、损失控制和风险自留结合起来运用。

13.3.2　项目风险监控

1. 风险监控及其主要内容

项目风险监控是指跟踪已识别的风险，监视剩余风险和识别新的风险，保证风险计划的执行，并评估消除风险对策与措施的有效性。其目的是考察各种风险控制措施产生的实际效果、确定风险减少的程度、监视残留风险的变化情况，进而考虑是否需要调整风险管理计划以及是否启动相应的应急措施等。无论采取什么样的风险控制措施，都很难将风险完全消除，而且当原有的风险消除后，还可能会产生新的风险。因此，在项目实施过程中，定期对风险应对策略与措施进行监控是一项必不可少的工作内容。

风险管理计划实施后，风险控制措施必然会对风险的发展产生相应的效果，监控风险管理计划实施过程的主要内容包括：

① 评估风险控制措施产生的效果；

② 及时发现和度量新的风险因素；

③ 跟踪、评估残余风险的变化和程度；

④ 监控潜在风险的发展、监测项目风险发生的征兆；

⑤ 提供启动风险应急计划的时机和依据。

2. 风险跟踪检查与报告

(1) 风险跟踪检查

跟踪风险控制措施的效果是风险监控的主要内容，在实际工作中，通常采用风险跟踪表格来记录跟踪的结果，然后定期地将跟踪的结果制成风险跟踪报告，使决策者及时掌握风险发展趋势的相关信息，以便及时地做出反应。风险跟踪表格式参见表 13-11。

项目风险跟踪表　　**表 13-11**

项目名称： 风险标识：		风险编号： 减轻行动编号：	
风险来源： 风险类别：		风险发生概率：	
风险的影响程度：		造成影响的时间：	
风险的跟踪情况			
风险跟踪时间：			
减轻行动措施描述：			
措施开始时间：	措施结束时间：	发生的成本：	实施人：
风险影响的修订			
风险发生概率：		风险严重程度：	
受影响范围的修订			
对进度的影响：			
对造价的影响：			
对质量的影响：			
对安全的影响：			
对环境的影响：			
下一步应采取的行动：		执行人：	
填表人：	日期：		批准人：

(2) 风险的重新估算

无论什么时候，只要在风险监控的过程中发现新的风险因素，就要对其进行重新估算。除此之外，在风险管理的进程中，即使没有出现新的风险，也需要在项目的里程碑等关键时段对风险进行重新估计。

(3) 风险跟踪报告

风险跟踪的结果需要及时地进行报告，报告通常供较高层次的决策者使用。因此，风险报告应该及时、准确并简明扼要，向决策者传达有用的风险信息，报告内容的详细程度应按照决策者的需要而定。编制和提交风险跟踪报告是风险管理的一项日常工作，报告的格式和频率应视需要和成本而定。风险跟踪报告表的格式参见表 13-12。

项目风险跟踪报告表　　**表 13-12**

主要风险跟踪报告表			报告编号：		
项目名称：		编制人：		报告时间：	
风险编号	风险名称	本次排名	上次排名	潜在后果	解决进展情况

13.3.3　业主方风险管理措施

项目管理单位应协助业主从前期决策阶段开始进行风险管理，在项目策划、可行性研究及设计阶段，完善财务和工程进度计划，能够花费较低的成本，使项目风险得到较好的控制。

1. 风险预防

主要指业主方在工程项目立项决策时，认真分析风险，对于风险发生频率高、可能造成严重损失的项目不予批准，或采用其他替代方案。对已发现的风险苗头采取及时的预防措施。

2. 风险降低

可以通过修改原设计方案，或是增加合作者和入股人来降低和分散风险。

3. 风险转移

对于不易控制的风险，业主方一般可采用以下两种转移方法。

(1) 合同转移

通过签订协议书或合同将风险转移给设计方或承包单位，但是当对方有经验时，可能导致较高的报价。

(2) 保险转移。

即对可能遇见的风险去投保，这是防范风险最主要的方式。对于设计或监理单位，可要求他们去投职业责任保险，在这些单位由于疏忽或工作中的错误(如设计错误)而引起损失时，由保险公司进行赔偿。对承包单位，可要求他们去投保工程一切险，第三方保险等。

目前在国际上，尤其是大型项目，比较提倡由业主去投保，因为由各个承包单位分别去投保有以下缺点：

① 各个承包单位投保时保单包括的范围不统一，既可能重复，又可能漏保；

② 当每一个保单涉及的范围较小时，保险人谈判时的地位就比较弱，此时保险费会大幅度增加；

③ 各承包单位缺乏讨价还价能力，因而就可能接受比较高的免赔额；

④ 在发生索赔事件时，由承包单位与保险公司去谈判，业主无法控制。

为避免上述问题，常以业主和所有参与工程项目各承包单位的名义联合投保。这样由于保险额大，保险公司就愿意接受低保险费，规定比较优惠的免赔额，也可以避免某些项目漏保以及索赔时不同保险公司之间的争执。业主一方保险可使处理索赔问题只面对一个公司。业主一方在工程开工前就知道工程的总保险费用和保险条件，对防范有关的风险能够做到心中有数。

此外，对于一个大型复杂的工程项目，往往由保险公司组成联合体进行保险，以分散每家保险公司的风险，此时，一个工程项目往往只能安排总包保险方式。

4. 风险自留

即使对风险进行了认真的分析与研究，但总是有一部分风险是不可预见的。业主方对这种自留风险只有采用在预算中自留风险费的方法，以应付不测事件。

13.4　工程保险与担保

13.4.1　工程保险

工程保险是针对工程项目在建设过程中可能出现的因自然灾害和意外事故而造成的物质损失和依法应对第三者的人身伤亡或财产损失承担的经济赔偿责任提供保障的一种综合性保险。工程保险是指以承包合同价或概算价格作为保险金额，以重置基础进行赔偿，以建筑主体工程、工程用材料以及临时建筑物等为保险标的，或以被保险人法律上所负有的赔偿责任为保险标的，对在整个建设期间由于保险责任范围内的物质损失及列明的费用或赔偿责任进行赔偿的保险。

目前，我国已开办建筑工程一切险、安装工程一切险和建筑职工意外伤害险。正在逐步推行勘察设计、工程监理及其他工程咨询机构的职业责任险、工程质量保修保险等。工程保险的基本类型如图 13-2 所示。

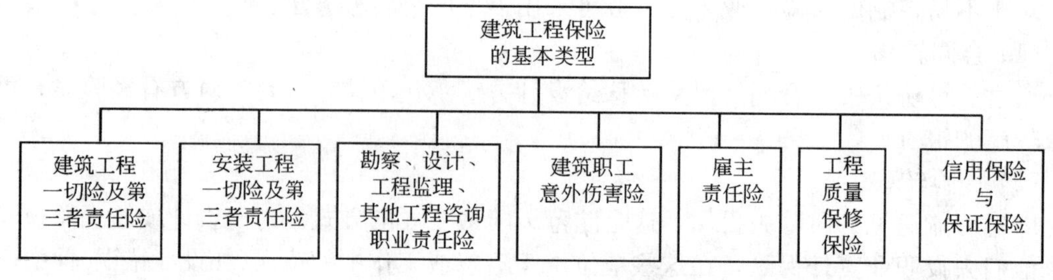

图 13-2　工程保险的基本类型

1. 建筑工程一切险

建筑工程一切险是指以土木建筑为主体的工程在整个建设期间因自然灾害和意外事故造成的物质损失，以及被保险人对第三者人身伤害或财产损失依法应承担的赔偿责任为保险标的的保险。

(1) 建筑工程一切险的被保险人

凡在工程建设期间具有经济利益的关系人，都是具有保险利益的当事人，同时他们又都承担着风险责任，因此，都可以作为建筑工程保险的被保险人。建筑工程一切险的被保险人可以包括：

① 业主或工程所有人；

② 工程承包商或分包商；

③ 业主或工程所有人雇用的建筑师、咨询工程师或其他专业顾问；

④ 其他关系方，如贷款银行或其他债权人等。

(2) 建筑工程一切险的保险标的和保险金额

建筑工程一切险的保险标的可分为物质财产本身和第三者责任两类。具体内容如下：

① 建筑工程。这是建筑工程一切险的主要保险项目。本项保险金额为承包工程合同的总金额，即建成该工程的实际价格，其中包括设计费、材料设备费、运杂费、税款和其他有关费用。

② 所有人提供的物料及项目。保险金额按这一部分的重置价值确定。

③ 安装工程项目。是指未包括在工程承包合同金额内的机械设备安装工程项目。保险金额按重置价值计算，所占保额不应超过全部工程项目保额的 20%；超过 20%则按安装工程一切险费率计收保费；超过 50%则另投保安装工程一切险。

④ 建筑用机器、装置及设备。是指施工用的各种机器设备，不包括在工程承包合同价之内，因而应作为专项承保。保险金额按重置价值计算。

⑤ 场地清理费。是指发生承保风险所致的损失后，为清理工地现场所支付的费用。对于大型工程，保险金额不超过合同金额的 5%；对于小型工程，保险金额不超过合同金额的 10%。

⑥ 工地内现成的建筑物。是指不在承包工程范围内的，由所有人或承包商所有的或其保管的工程内已有的建筑物或财产。保险金额由双方共同商定。

⑦ 所有人或承包商在工地的其他财产。是指不包括在以上各项范围内的其他可保财产。保险金额由双方共同商定。

以上 7 项保险金额之和，构成建筑工程一切险物质损失项目的总保险金额。

⑧ 第三者责任。系指在本保险期限内，因发生与本保险单所承保工程直接相关的意外事故引起工地内及邻近区域的第三者人身伤亡、疾病或财产损失，依法应由被保险人承担的经济赔偿责任，对被保险人因上述原因而支付的诉讼费用以及事先经本公司书面同意而支付的其他费用。

保险金额一般通过一个赔偿限额来确定，该限额根据工地责任风险的大小确定，通常有以下两种形式：

第一种：只规定每次事故的赔偿限额，而不具体限定为人身伤亡或财产损失的分项限额，也不规定整个保险期限内的累计赔偿限额。这种方式适用于责任风险较小的第三者责任。

第二种：先规定每次事故人身伤亡及财产损失的分项赔偿限额，进而规定对每人的限额，然后将分项的人身伤亡限额与财产损失限额组成每次事故的总赔偿限额，最后再规定保险期限内的累计赔偿限额。这种方式适用于责任风险较大的第三者责任。

(3) 建筑工程一切险的保险责任

建筑工程一切险的保险责任分为物质损失部分和第三者责任部分的保险责任。物质损失部分的保险责任包括自然灾害、意外事故和人为灾害三类。

① 列明的自然灾害。指地震、海啸、雷电、飓风、台风、龙卷风、风暴、暴雨、洪水、水灾、冻灾、冰雹、地崩、山崩、雪崩、火山爆发、地面下陷下沉及其他人力不可抗

拒的破坏力强大的自然现象。

② 列明的意外事故。指不可预料的以及被保险人无法控制并造成物质损失或人身伤亡的突发性事件，包括火灾、爆炸、飞机坠毁及灭火或其他救助所造成的损失。

③ 人为灾害。指盗窃、由于工人或技术人员缺乏经验、疏忽、过失、恶意行为或无能力等造成的施工笨拙而造成的损失。

④ 其他意外事件。

建筑材料在工地范围内运输过程中遭受的损失和破坏及施工设备和机具在装卸时发生的损失等亦可纳入工程险承保范围。

(4) 建筑工程一切险的除外责任

按照国际惯例，保险人对于以下情况不负责赔偿：

① 军事行动、战争或其他类似事件、罢工、骚动、民众运动或当局命令停工等情况造成的损失(有些国家还规定投保罢工骚乱险)；

② 被保险人的严重失职或蓄意破坏而造成的损失；

③ 原子核裂变而造成的损失；

④ 由于合同罚款及其他非实质性损失；

⑤ 因施工机具本身原因即无外界原因情况下造成的损失；但因这些损失而导致的建筑事故则不属于除外情况；

⑥ 因设计错误(结构缺陷)而造成的损失；

⑦ 因纠正或修复工程差错(例如因使用有缺陷或非标准材料而造成的差错)而增加的支出。

(5) 建筑工程一切险的保险期限

建筑工程一切险的保险期限自保险工程在工地动工或用于保险工程的材料、设备运抵工地之时起始，至工程所有人对部分或全部工程签发完工验收证书或验收合格，或工程所有人实际占用或使用或接受该部分或全部工程之时终止，以先发生者为准。施工机具保险自其卸放工地之日起生效，直至其撤出工地之日终止。有些国家还要求工程险延长至工程保修期结束。

(6) 建筑工程一切险的免赔额

免赔额是指当风险事件发生后，保险公司要求被保险人承担责任的损失额。工程本身的免赔额为保险金额0.5%～2%；施工机具设备等的免赔额为保险金额的5%；其他保险项目的免赔额为保险金额的2%；第三者责任险中财产损失的免赔额为每次事故赔偿限额的0.1%～0.2%，但人身妨害没有免赔额。

2. 安装工程一切险

安装工程一切险是指以各种大型机械设备的安装工程项目在安装期间因自然灾害和意外事故造成的物质损失，以及被保险人对第三者人身伤害或财产损失依法应承担的赔偿责任为保险标的的保险。

与建筑工程一切险相比，安装工程一切险具有鲜明的特点：

① 安装工程一切险以安装项目为主要承保对象；

② 建筑工程保险的标的从开工以后逐步增加，保险额也逐步提高，但安装工程险所保的机器设备从一开始就存放于工地，保险公司承担着全部货价的风险；

③ 在机器设备安装好之后，试车、考核和保证阶段风险最大；

④ 承保风险主要是人为风险。

安装工程一切险的保单结构、条款内容、保险项目同建筑工程一切险有许多相似之处，被称为建筑工程一切险的姐妹险种。

3. 建筑工程设计责任险

建筑工程设计责任险是指工程设计单位根据合同的规定，向保险公司支付保险费，保险公司对于工程设计人员因设计过失造成的事故，引起受害人(业主或其他第三人)人身伤害或财产损失承担赔偿责任的保险。

建筑工程设计责任险按其保险标的不同，可以分为综合年度险、单项工程险、多项工程险三种。

① 综合年度险。是指以工程设计单位 1 年内完成的全部工程设计项目可能发生的对受害人的赔偿责任作为保险标的的工程设计责任险。综合年度险的年累计赔偿限额由工程设计单位根据该年承担的设计项目所遇风险和出险概率来确定，保险期限为 1 年。

② 单项工程险。是指以工程设计单位完成的一项工程设计项目可能发生的对受害人的赔偿责任作为保险标的的工程设计责任险。单项工程险的累计赔偿限额一般与该工程项目的总造价相同，保险期限由工程设计单位与保险公司具体约定。

③ 多项工程险。是指以工程设计单位完成的数项工程设计项目可能发生的对受害人的赔偿责任作为保险标的的工程设计责任险。多项工程险的累计赔偿限额一般为数个工程项目的总造价之和或数个工程项目的总造价之和的一定比例，保险期限由工程设计单位与保险公司具体约定。

4. 建筑职工意外伤害险

建筑职工意外伤害险是指建筑施工企业为施工现场从事施工作业和管理的人员，向保险公司办理建筑意外伤害保险、支付保险费，保险公司对于在施工活动过程中发生的人身意外伤亡事故，对遭受意外伤害的施工人员实施赔付的保险。

根据我国《建筑法》第 48 条规定："建筑施工企业必须为从事危险作业的职工办理意外伤害保险，支付保险费。"因此，建筑职工意外伤害保险属强制性保险，也是保护建筑业从业人员合法权益，转移企业事故风险，增强企业预防和控制事故能力，促进企业安全生产的重要手段。

(1) 建筑职工意外伤害险的投保

建筑工程施工人员意外伤害险以工程项目或单项工程为单位进行投保。投保人为工程项目或单项工程的建筑施工总承包企业。

建设工程实行总分包的，分包单位施工人员意外伤害保险费包括在施工总承包合同中，不再另行计提。分包单位施工人员意外伤害险投保理赔事项，统一由施工总承包单位办理。

(2) 建筑职工意外伤害险的保险期限

建筑工程施工人员意外伤害保险期限自建筑工程开工之日起至竣工验收合格之日止。提前竣工的，保险责任自行终止。因延长工期的，应当办理保险顺延手续。

(3) 建筑职工意外伤害险的保险范围

施工人员意外伤害保险范围是建筑施工企业在施工现场的施工作业人员和工程管理人

员受到的意外伤害，以及由于施工现场施工直接给其他人员造成的意外伤害。

(4) 建筑职工意外伤害险的保险费率

根据各类风险因素商定建筑意外伤害保险费率，实行差别费率和浮动费率。差别费率可与工程规模、类型、工程项目风险程度和施工现场环境等因素挂钩。浮动费率可与施工企业安全生产业绩、安全生产管理状况等因素挂钩。保险费应当列入建筑安装工程费用。

根据《北京市实施建设工程施工人员意外伤害保险办法(试行)》规定，工程施工人员意外伤害保险费实行差别费率：施工承包合同价在3000万元以下(含3000万元)的，1.2‰；施工承包合同价在3000万元以上10000万元以下(含10000万元)的，0.8‰；施工承包合同价在10000万元以上的，0.6‰。按上述费率计算施工人员意外伤害保险费低于300元的，应当按照300元计算。

(5) 建筑职工意外伤害险的保险金额

建筑职工意外伤害险的最低保险金额要能够保障施工伤亡人员得到有效的经济补偿。根据《北京市实施建设工程施工人员意外伤害保险办法(试行)》规定，因意外伤害死亡的，每人赔付不得低于15万元。因意外伤害致残的，按照不低于下列标准赔付：一级10万元，二级9万元，三级8万元，四级7万元，五级6万元，六级5万元，七级4万元，八级3万元，九级2万元，十级1万元。伤残等级标准划分按照我国《职工工伤与职业病致残程度鉴定》(GB/T 16180—1996)的规定执行。

13.4.2 工程担保

工程担保是指在工程建设活动中，根据法律法规规定或合同约定，由担保人向债权人提供的，保证债务人不履行债务时，由担保人代为履行或承担责任的法律行为。

担保的有效期是指债权人要求担保人承担担保责任的权利存续期间。在有效期内，债权人有权要求担保人承担担保责任。有效期届满，债权人要求担保人承担担保责任的实体权利消灭，担保人免除担保责任。保证人提供的保证方式为一般保证或连带责任保证。当事人对保证方式没有约定或者约定不明确的，按照连带责任保证承担保证责任。

1. 工程保险和工程担保的区别

虽然工程保险和工程担保都是控制和转移工程风险的手段，但两者之间有着根本的不同：

① 风险对象不同。工程保险面对的是“天灾”，即意外事件、自然灾害；而工程保证担保面对的是“人祸”，即人为的违约责任。

② 风险方式不同。保险合同是在投保人和保险人之间签订的，风险转移给了保险人。保证担保当事人有三方：委托人、权利人和保证担保人。权利人是享受合同保障的人，是受益方。当委托人违约使权利人遭受经济损失时，权利人有权从保证担保人处获得补偿。这就与保险区别开来，保险是谁投保谁受益，而保证担保的投保人并不受益，受益的是第三方。最重要的在于，委托人并未将风险最终转移给保证担保人。这也就是说，最终风险承担者仍是委托人自己。

③ 风险责任不同。依据担保法律，委托人对保证人为其向权利人支付的任何赔偿，有返还给保证人的义务；而依据保险法律，保险人赔付后是不能向投保人追偿的。另外，在保证担保中，保证人承诺的赔偿责任通常属“第二性”赔付责任。

④ 风险选择不同。同样作为投保人，保险没有选择性，只要投保人愿意，都可以被

保险。保证担保则不同，这必须通过资信审查评估等手段选择有资格的委托人。因此，在发达国家，能够轻松地拿到保函，是有信誉、有实力的象征。也正因为这样，通过保证担保可以建立一种严格的建筑市场准入制度。

⑤ 风险预期不同。保险转移对于风险损失是有预期的，而保证担保在理论上却不希望发生风险损失，这可能是不现实的，但却是保证担保的原理。由于保证担保人在出具保函前要对委托人的各种有关情况进行调查，进行充分的可行性研究，所以，一旦决定保证担保，基本上能确信不大可能发生委托人不履约行为。即保险建立在实际可计算的预期损失基础上，而保证担保则建立在委托人的信用等级和履约能力基础上。保险造就的是互助机制，保证担保造就的是信用机制。

工程保险和保证担保制度的关系见图 13-3。

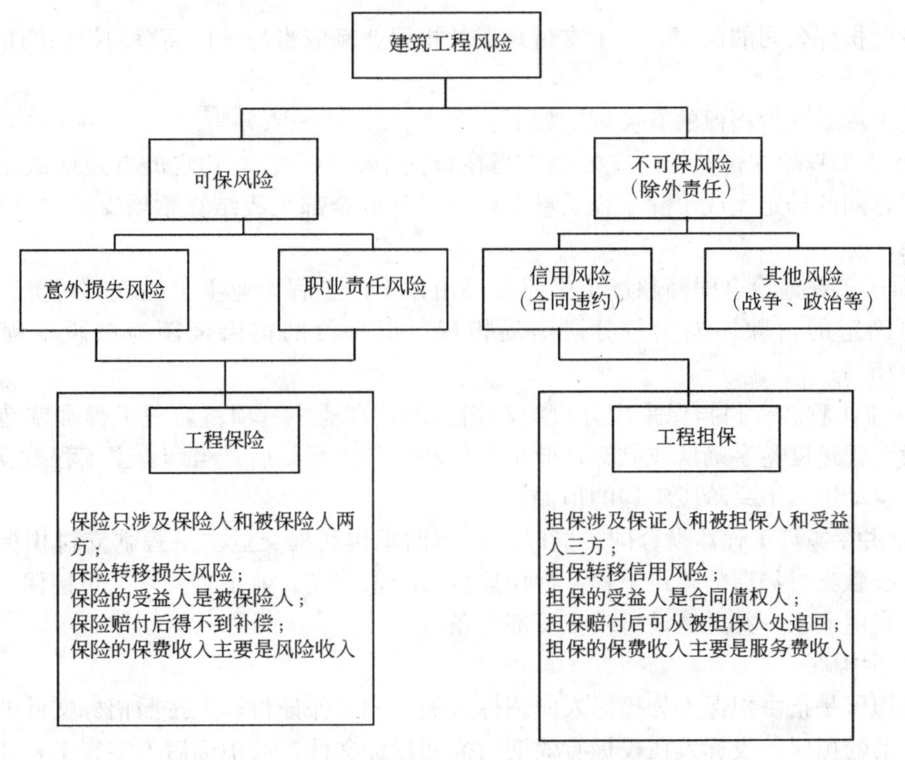

图 13-3　工程保险与工程担保的区别

2. 工程担保的种类

根据建设部 2004 年 8 月发布的《关于在房地产开发项目中推行工程建设合同担保的若干规定(试行)》，在房地产开发项目中推行工程建设合同担保的种类分为投标担保、业主工程款支付担保、承包商履约担保和承包商付款担保。结合国内外开展工程担保的实践情况，建筑工程担保的种类如图 13-4 所示。

3. 业主工程款支付担保

业主工程款支付担保是指为保证业主履行工程合同约定的工程款支付义务，由担保人为业主向承包商提供的，保证业主支付工程款的担保。业主工程款支付担保可以采用银行

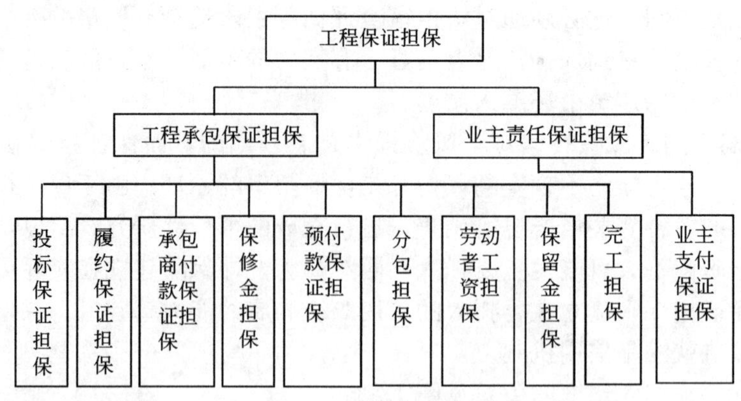

图 13-4　工程担保的种类

保函、专业担保公司的保证。业主支付担保的担保金额应当与承包商履约担保的担保金额相等。

业主工程款支付担保的有关规定如下：

① 业主工程款支付担保的有效期应当在合同中约定。合同约定的有效期截止时间为业主根据合同的约定完成了除工程质量保修金以外的全部工程结算款项支付之日起 30 天至 180 天；

② 对于工程建设合同额超过 1 亿元人民币以上的工程，业主工程款支付担保可以按工程合同确定的付款周期实行分段滚动担保，但每段的担保金额为该段工程合同额的10％～15％；

③ 业主工程款支付担保采用分段滚动担保的，在业主、项目监理工程师或造价工程师对分段工程进度签字确认或结算，业主支付相应的工程款后，当期业主工程款支付担保解除，并自动进入下一阶段工程的担保；

④ 业主在签订工程建设合同的同时，应当向承包商提交业主工程款支付担保。未提交业主工程款支付担保的建筑工程，视作建设资金未落实。业主工程款支付担保与工程建设合同应当由业主一并送建设行政主管部门备案。

4. 投标担保

投标担保是指由担保人为投标人向招标人提供的，保证投标人按照招标文件的规定参加招标活动的担保。投标人在投标有效期内撤回投标文件，或中标后不签署工程建设合同的，由担保人按照约定履行担保责任。

投保担保的有关规定如下：

① 投标担保可采用银行保函、专业担保公司的保证，或定金(保证金)担保方式，具体方式由招标人在招标文件中规定。

② 投标担保的担保金额一般不超过投标总价的 2％，最高不得超过 80 万元人民币。

③ 投标人采用保证金担保方式的，招标人与中标人签订合同后 5 个工作日内，应当向中标人和未中标的投标人退还投标保证金。

④ 投标担保的有效期应当在合同中约定。合同约定的有效期截止时间为投标有效期后的 30 天至 180 天。

⑤ 除不可抗力外，中标人在截标后的投标有效期内撤回投标文件，或者中标后在规

定的时间内不与招标人签订承包合同的，招标人有权对该投标人所交付的保证金不予返还；或由保证人按照下列方式之一，履行保证责任：

第一种方式：代承包商向招标人支付投标保证金，支付金额不超过双方约定的最高保证金额；

第二种方式：招标人依法选择次低标价中标，保证人向招标人支付中标价与次低标价之间的差额，支付金额不超过双方约定的最高保证金额；

第三种方式：招标人依法重新招标，保证人向招标人支付重新招标的费用，支付金额不超过双方约定的最高保证金额。

5. 承包商履约担保

承包商履约担保是指由保证人为承包商向业主提供的，保证承包商履行工程建设合同约定义务的担保。

承包商履约担保的有关规定如下：

① 承包商履约担保的担保金额不得低于工程建设合同价格(中标价格)的 10%。采用经评审的最低投标价法中标的招标工程，担保金额不得低于工程合同价格的 15%。

② 承包商履约担保的方式可采用银行保函、专业担保公司的保证。具体方式由招标人在招标文件中做出规定或者在工程建设合同中约定。

③ 承包商履约担保的有效期应当在合同中约定。合同约定的有效期截止时间为工程建设合同约定的工程竣工验收合格之日后 30 天至 180 天。

④ 承包商由于非业主的原因而不履行工程建设合同约定的义务时，由保证人按照下列方式之一，履行保证责任：

第一种：向承包商提供资金、设备或者技术援助，使其能继续履行合同义务；

第二种：直接接管该项工程或者另觅经业主同意的有资质的其他承包商，继续履行合同义务，业主仍按原合同约定支付工程款，超出原合同部分的，由保证人在保证额度内代为支付；

第三种：按照合同约定，在担保额度范围内，向业主支付赔偿金。

⑤ 业主向保证人提出索赔之前，应当书面通知承包商，说明其违约情况并提供项目总监理工程师及其监理单位对承包商违约的书面确认书。如果业主索赔的理由是因建筑工程质量问题，业主还需同时提供建筑工程质量检测机构出具的检测报告。

⑥ 同一银行分支行或专业担保公司不得为同一工程建设合同提供业主工程款支付担保和承包商履约担保。

6. 承包商付款担保

承包商付款担保是指担保人为承包商向分包商、材料设备供应商、建筑工人提供的，保证承包商履行工程建设合同的约定向分包商、材料设备供应商、建筑工人支付各项费用和价款，以及工资等款项的担保。

承包商付款担保的有关规定如下：

① 承包商付款担保可以采用银行保函、专业担保公司的保证。

② 承包商付款担保的有效期应当在合同中约定。合同约定的有效期截止时间为自各项相关工程建设分包合同（主合同)约定的付款截止日之后的 30 天至 180 天。

③ 承包商不能按照合同约定及时支付分包商、材料设备供应商、工人工资等各项费

用和价款的，由担保人按照担保函或保证合同的约定承担担保责任。

7. 预付款担保

预付款担保是指担保人为承包商向业主提供的，保证承包商将业主预先支付的工程款不会挪作他用、携款潜逃或宣布破产的担保。

预付款担保的有关规定如下：

① 预付款保证担保金额与预付款金额相等；

② 预付款保证担保的有效期截止到预付款全额返还或抵扣之日；

③ 承包人不能按照合同约定使用预付款的，发包人有权要求保证人承担保证担保责任；

④ 随着业主按照工程进度支付工程价款并逐步扣回预付款，预付款担保责任随之减少直至消失；

⑤ 预付款担保金额一般为工程合同价的10%～30%。

8. 保修金担保

保修金担保也称质量担保，是担保人为保障工程保修期(国际上亦称缺陷责任期)内出现质量缺陷时，承包商应当负责维修而提供的担保。

保修金担保的有关规定如下：

① 保修金担保可以包含在履约担保之内，也可以单独列出，并在工程完成后替换履约担保。有些工程则采取暂扣合同价款的5%作为维修保证金。实行保修金担保，可以促使承包商加强全面质量管理，尽量避免质量缺陷的出现；

② 保修金担保金额应当与保修合同约定的保修金相等；

③ 保修金担保有效期由发包人与承包人在保修合同中约定；

④ 承包人不履行保修责任时，发包人可以要求保证人承担保证担保责任。

上述各担保形式，担保人均可要求被担保人提供反担保，被担保人对担保人为其向债权人支付的任何赔偿，均承担返还义务。由于担保人的风险很大，担保人为防止向债权人赔付后，不能从被担保人处获得补偿，可以要求被担保人以其自有资产、银行存款、有价证券或通过其他担保人等提交反担保，作为担保人出具担保的条件。一旦发生代为赔付的情况，担保人可以通过反担保追偿赔付。

第14章 项目信息管理

14.1 项目信息管理的基本环节

14.1.1 项目信息流程

1. 工程项目信息的构成

工程项目的信息量大，来源广泛，形式多样，为了有效地管理和应用项目信息，须将之进行分类。依据不同标准，可将项目信息划分为不同的类型，具体内容见表14-1。

工程项目信息分类 **表14-1**

分类标准	类型	内容
按照项目管理职能划分	造价管理信息	如工程项目投资估算、各种估算指标、类似工程造价、物价指数；设计概算、概算定额；施工图预算、预算定额；合同价组成；投资目标体系；计划工程量、已完工程量、单位时间付款报表、工程量变化表、人工材料调差表；索赔费用表；投资偏差、已完工程结算；竣工决算、施工阶段的支付账单；原材料价格、机械设备台班费、人工费、运杂费等
	进度管理信息	如工期定额；项目总进度计划、进度目标分解、项目年度计划、工程总网络计划和子网络计划、进度计划与实际进度偏差；网络计划的优化、网络计划的调整情况；进度控制的工作流程、进度控制的工作制度、进度控制的风险分析等
	质量管理信息	如国家有关的质量法规、政策及质量标准、项目建设标准；质量目标体系和质量目标的分解；质量控制工作流程、质量控制工作制度、质量控制方法；质量控制的风险分析；质量抽样检查的数据；各个环节工作的质量(项目决策质量、设计的质量、施工的质量)；质量事故记录和处理报告等
	安全管理信息	如国家有关的安全法规、政策及标准；安全管理目标体系和目标的分解；安全管理工作流程、制度、方法；安全风险分析；安全抽样检查的数据；事故记录和处理报告等
	合同管理信息	如工程招投标文件；工程建设施工承包合同，物资设备供应合同，项目管理、监理合同；合同的指标分解体系；合同签订、变更、执行情况；合同的索赔等
	行政管理信息	如上级主管部门、设计单位、施工单位、业主的来往函件；有关技术资料
按照信息来源划分	项目内部信息	取自工程项目本身，如工程概况、可行性研究报告、设计文件、施工组织设计、施工方案、合同结构、合同管理制度，信息资料的编码系统、信息目录表，会议制度，项目管理组织机构，项目的质量目标、项目的进度目标等
	项目外部信息	取自项目外部环境的信息，如国家有关的政策及法规；国内及国际市场的原材料及设备价格、市场变化；物价指数；类似工程造价、进度；投标单位的实力、投标单位的信誉；新技术、新材料、新方法；国际环境变化；资金市场变化等

续表

分类标准	类型	内　　容
按照信息稳定程度划分	固定信息	指在一定时间内相对稳定不变的信息，或者在一段时间内可以在各项目中重复使用而不发生质的变化的信息。如标准信息（如各类定额）；计划信息（如计划期内已定任务的各项指标情况）和查询信息（如国家和行业发布的技术标准、规范、不变价格等）
	流动信息	即作业信息，是反映项目实际进程和状况的信息，它随着项目的进展而不断更新。如项目实施阶段的质量、造价及进度的统计信息等
按照信息层次划分	战略信息	指该项目建设过程中的战略决策所需的信息，如项目概况、项目投资总额、项目总工期、项目施工承包单位的概况、合同价的确定等信息
	管理信息	指项目年度计划、财务计划等。如项目年度进度计划、项目年度财务计划、项目年度材料计划；项目实施总体方案；项目三大目标控制计划等
	业务信息	指各业务部门的日常信息。如分部（分项）工程作业计划；分部（分项）工程施工方案；分部（分项）工程成本控制措施；分部（分项）工程质量控制措施；分部（分项）工程质量检测数据；分部（分项）工程材料消耗计划；分部（分项）工程材料实际消耗
按照工程建设阶段划分	投资决策阶段	如项目相关市场方面的信息；项目资源相关方面的信息；自然环境相关方面的信息；新技术、新设备、新工艺、新材料，专业配套能力方面的信息；政治环境，社会治安状况，当地法律、法规、政策、教育等方面的信息
	设计阶段	如项目前期相关文件资料；同类工程项目信息；拟建工程所在地相关信息；勘察、测量、设计单位相关信息；工程所在国和地方政策、法律、法规、规范规程、环保政策、政府服务情况和限制等信息；设计中的相关信息
	施工招标阶段	如工程地质、水文地质勘察报告，施工图设计及施工图预算、设计概算，设计、地质勘察、测绘的审批报告等方面的信息；业主建设前期报审文件；工程造价的市场变化规律及其所在地区的材料、构件、设备、劳动力差异等信息；当地施工单位管理水平，质量保证体系、施工质量、设备、机具能力等；本工程适用的规范、规程、标准，特别是强制性规范；工程所在地关于招投标有关法律、法规、规定，国际招标指定适用的范本，本工程适用的建筑施工合同范本及特殊条款精髓所在；工程所在地招投标代理机构能力、特点，所在地招投标管理机构及管理程序；工程采用的新技术、新设备、新材料、新工艺，投标单位对“四新”的处理能力和了解程度、经验、措施
	施工准备阶段	如施工承包合同；工程项目管理合同；工程咨询合同；工程监理合同；施工单位人员、资质、设备等情况；分包人情况；建设工程场地的地质、水文、气候、地上、地下等周围环境等资料；建筑红线，标高、坐标、水、电、气管道的引入标志；施工图的会审和交底记录；施工组织设计、施工技术方案和施工进度计划；相关法律、法规和规范、规程，有关质量检验、控制的技术法规和质量验收标准等信息
	施工阶段	来自业主方的信息：如业主对工程建设各方面的意见、看法、指令（包括信函、电传资料、会议纪要、电话等信息）；业主负责材料的供应信息； 来自施工承包单位的信息：主要是各种报审、报验文件、分包合同等，如工程建设实际进展情况报告，工程进度款支付申请，有关质量检测检验报告等； 来自监理机构、咨询机构的信息：工作日记、月（季、年）报资料、工地会议纪要等； 来自其他方面的信息：如设计单位、材料物资供应单位、建设银行、国家及政府有关部门、供电部门、供水部门、通讯及交通部门、质量安全监督部门等信息；有关气候、造价信息、法律法规、技术标准、施工规范等资料
	竣工验收阶段	一部分是在整个施工过程中长期积累起来的信息；另一部分是在竣工验收阶段，根据积累的资料整理分析得到的信息，如竣工验收报告等

2. 工程信息流程的组成

建筑工程是一个由多个单位、多个部门组成的复杂系统。项目信息流程反映了工程项目建设过程中各参与单位、部门之间的关系，为了保证工程建设的顺利进行，项目管理机构必须明确项目信息流程，使项目信息在项目管理机构内部上下级之间及内部组织与外部环境之间的流动畅通无阻。

(1) 项目管理机构外部信息流程

项目管理机构与各相关单位之间的外部信息流程如图 14-1 所示，它反映了项目管理机构与各参建单位之间的关系。

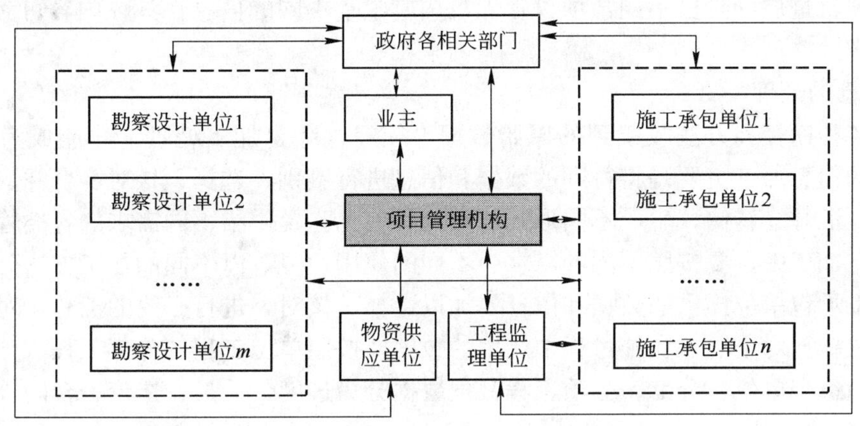

图 14-1　项目管理机构外部信息流程结构图

(2) 项目管理机构内部信息流程

项目管理机构内部存在着三种信息流，如图 14-2 所示。一是自上而下的信息流；二是自下而上的信息流；三是各职能部门横向之间的信息流。这三种信息流都应当畅通无阻，以保证项目管理工作的顺利实施。

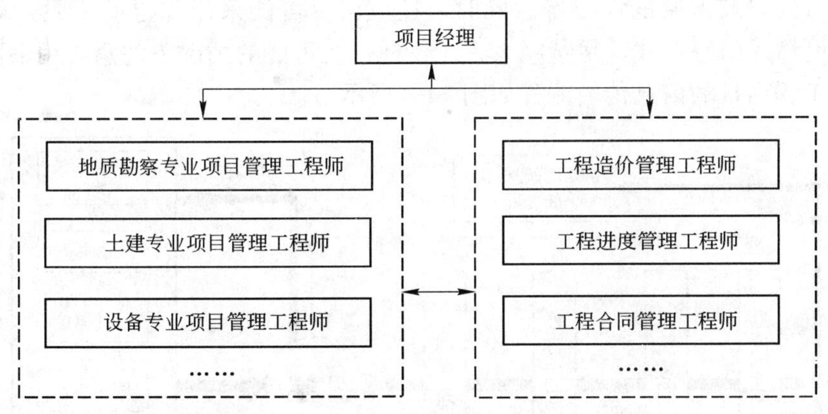

图 14-2　项目管理机构内部信息流程结构图

14.1.2　项目信息管理及其基本环节

工程项目信息管理是通过对各个系统、各项工作和各种数据的管理，使项目信息能够方便而有效地获取、存储、处理、交流和存档，其目的就是通过有组织的信息流通，使项目管理人员及时掌握完整、准确的信息，为项目建设的增值服务。

项目信息管理贯穿工程建设全过程，衔接工程建设的各个阶段、各个参建单位和各个部门，其基本环节包括信息的收集、处理、传输、存储、检索、维护和使用等。

1. 信息的收集

收集信息首先要识别信息，确定信息需求。信息的需求要由工程项目管理的目标出发，从客观情况调查入手，加上主观思路规定数据的范围。工程项目信息的收集，应按信息流程规划内容建立信息收集渠道的结构，即明确各类项目信息的收集部门、收集者、收集地点、收集时间、收集方法、收集形式等内容，确保所需信息的准确、完整、可靠和及时。

根据项目进展的阶段不同，项目管理机构应收集不同的信息，具体内容可参见表14-1中所列内容。

2. 信息的处理

通过各种途径和方法收集到的原始数据，须经过综合加工处理，才能成为有用的信息。项目的信息加工主要是将得到的数据和信息进行鉴别、选择、核对、合并、排序、更新、计算、汇总、转储，生成不同形式的数据和信息，提供给不同需求的各类管理人员使用。在信息加工中，要按照不同的需求、不同的使用角度，以不同的加工方法分层进行加工。对施工承包单位提供的数据和信息要加以选择、核对，进行必要的汇总，对动态的数据要及时更新，对于项目实施过程中产生的数据要按照单位工程、分部工程、分项工程组织在一起，每个单位、分部、分项工程又把数据分为进度、质量、造价、合同等几个方面分别组织。

3. 信息的传输

从信息采集地采集的数据要传送到处理中心，经过加工处理后传送到使用者手中，这些都涉及到信息的传输问题。信息通过传输形成信息流。为提高传输速度和效率，项目管理机构应合理设置机构，明确规定信息传输的级别、流程、时限以及接受方和传递方的职责，根据信息的特点，选择合适的输出媒体、输出格式、输出方式，以确保信息传递便捷准确、使用方便以及保密的需要等。同时，还应当尽可能采用先进的工具，如电话、传真、计算机网络通信等形式，尽量减少人工传递，在可能的情况下注意采用书面形式进行信息传输。工程项目的信息传输流程如图 14-3 所示。

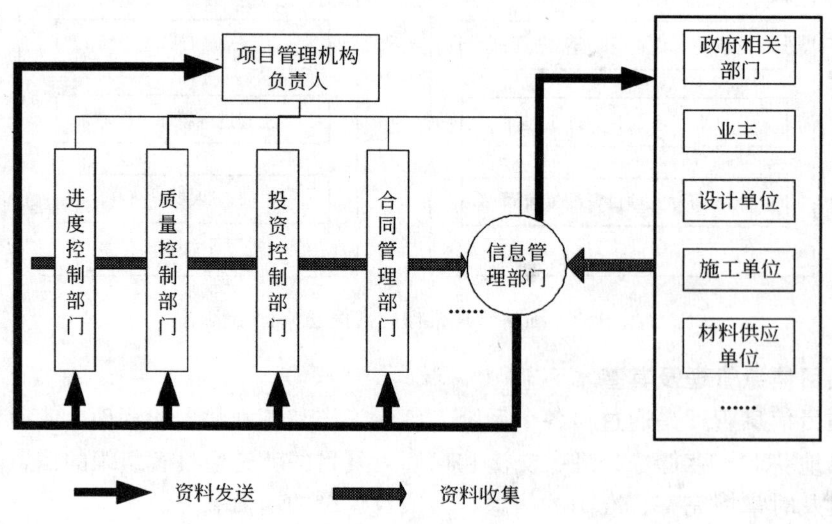

图 14-3　项目信息传递流程图

4. 信息的存储

经过收集和处理后的大量信息资料，必须进行存储保管以便随时调用。信息存储包括物理存储和逻辑组织两个方面，物理存储是指将信息存储在适当的介质上，如纸张、胶卷、录音(像)带、计算机存储器等；逻辑组织是指按信息内在联系组织和使用数据，把大量的信息组成合理的结构。工程项目信息存储可以按照工程进行组织，同一个工程按照进度、质量、造价、合同等角度组织。文件名要规范化，尽量使用统一的代码，保证数据的唯一性。

5. 信息的检索

信息存储的目的是为了信息的再利用，存储于各种介质上的庞大数据要让使用者便于检索，为用户提供方便的查询方式。迅速准确的检索应以先进科学的存储为前提，为此，必须对信息进行科学的分类、编码并采用先进的存储媒介和检索工具。在检索设计中应主要考虑：允许检索的范围、检索的密级划分、密码的管理；检索的信息和数据能否及时、快速地提供，实现的手段；提供检索需要的数据和信息输出形式能否根据关键字实现智能检索。

6. 信息的使用和维护

项目信息管理的最终目的，就是为了更好地使用信息，为项目管理决策服务。使用过程中，要注意信息的维护。项目信息维护是保证项目信息处于准确、及时、安全和保密的合理状态，能够为管理决策提供有用的帮助。准确是要保持数据最新的状态，数据在合理的误差范围以内。信息的及时性是指能够及时地提供信息，常用的信息放在易获取的地方，能够高速、高质地把各类信息、各种信息报告提供到使用者手中。安全性和保密性是要防止信息受到破坏和信息丢失。在整个项目信息管理环节中，都应当考虑实时性，及时注意信息的更新。

14.2　项目管理信息化

14.2.1　项目管理信息系统及其发展趋势

1. 项目管理信息系统及其基本功能

项目管理信息系统(PMIS)是一个由人、电子计算机等组成的能处理工程项目信息的集成化系统，它通过收集、存储及分析项目实施过程中的有关数据，辅助项目管理人员和决策者进行规划、决策和检查，其核心是辅助项目管理人员进行项目目标控制。

根据工程项目管理的主要内容，项目管理信息系统通常分为造价管理、进度管理、质量管理、合同管理、文档管理五个子系统，如图 14-4 所示。

(1) 造价管理子系统

造价管理子系统的功能包括：投资分配分析；项目概算和预算的编制；投资分配与项目概算的对比分析；项目概算与预算的对比分析；合同价与投资分配、概算、预算的对比分析；项目投资变化趋势预测；项目结算与预算、合同价的对比分析；项目投资的各类数据查询；多种(不同管理平面)项目投资报表的提供等。

(2) 进度管理子系统

进度管理子系统的功能包括：项目进度计划(如双代号网络计划、单代号网络计划、

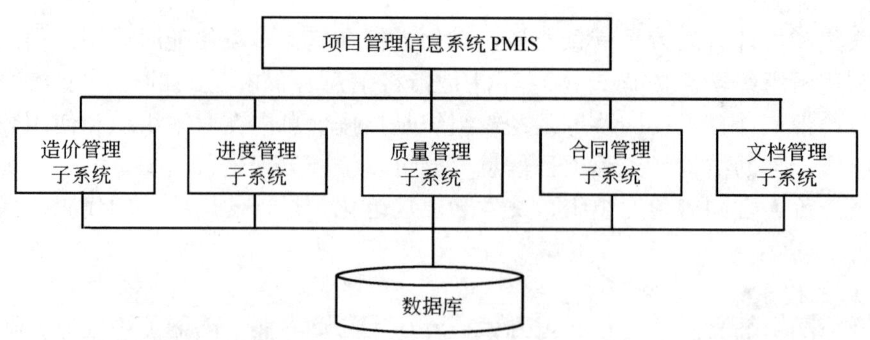

图 14-4　项目信息管理系统的基本构成

多级网络计划等）的编制；实际进度的统计分析；实际进度与计划进度的动态比较；进度变化趋势预测；进度计划的优化和调整；各类进度数据的查询；多种（不同管理平面）进度报表的提供，网络图及横道图的绘制等。

（3）质量管理子系统

质量管理子系统的功能包括：项目的质量要求和质量标准的制订；工程设计质量管理；工程施工质量管理（包括检验批、分项工程、分部工程和单位工程的验收记录和统计分析；工程材料、设备验收记录）；工程事故处理记录；多种工程质量报表的提供等。

（4）合同管理子系统

合同管理子系统的功能包括：合同文件的编制（包括提供和选择标准的合同文本）；合同变更及索赔管理（包括合同执行情况的跟踪和处理过程的管理）；合同信息管理（包括合同信息登录、查询、统计、报表输出）；相关法律法规的查询等。

（5）文档管理子系统

文档管理子系统的功能包括：收文管理、发文管理、图纸管理、会议信息管理、重大事件信息管理等。

2. 项目管理信息系统的应用模式

作为项目管理的基本手段，项目信息管理系统的应用模式主要有三种：购买比较成熟的商品化软件，然后根据项目的实际情况进行二次开发和人员培训；根据所承担项目的实际情况自行开发专有系统；购买商品软件与自行开发相结合。无论采用哪种模式，都需要结合项目管理企业所承担的项目实际情况和企业综合能力。

项目管理信息系统的成功实施，应具备一套先进适用的项目管理信息系统软件和性能可靠的计算机硬件平台。在开发软件时要注意统一规划、分布实施，合理组织开发人员专业构成、注意开发方法和工具的选择、注重现代工程管理理论的支撑和渗透作用、引进成熟的商品化软件。建立项目管理信息系统的硬件，应能满足软件的正常运行需求，同时注意有关设备性能的可靠性；采用高性能的网络硬件平台。目前，大型项目管理信息系统软件已不局限于单机的数据处理，很多采用 Web 技术，建立基于 B/S 体系结构的 Internet 网络平台，可以十分方便地连接到 Internet，如图 14-5 所示。

3. 项目管理信息系统的发展趋势

从 20 世纪 90 年代末至今，随着计算机和网络技术的飞速发展，我们迎来了一个知识

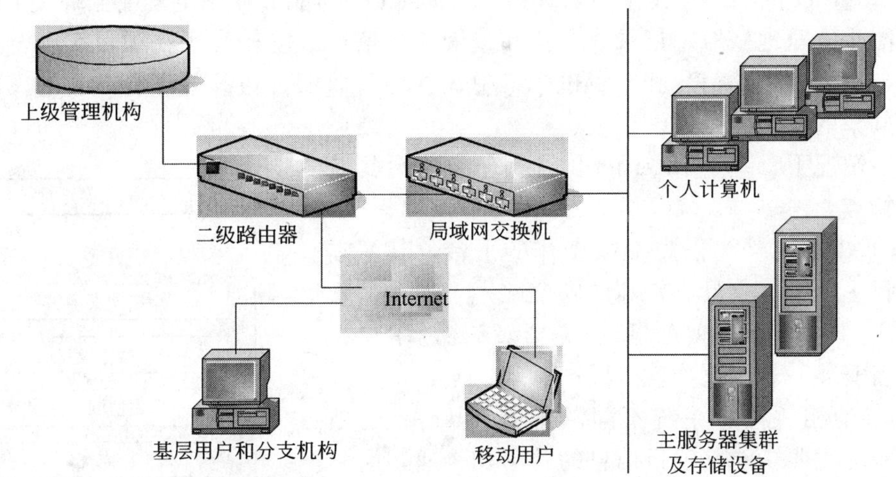

图 14-5　基于 Web 技术构建的项目网络平台示意图

和信息的时代，传统的纵向经济模式向横向经济模式发展，项目管理信息系统也有了新的发展。由于 Internet 的发展，在一间办公室里同时管理处于不同地域的许多项目已经成为可能。项目管理信息系统的发展具有如下特点：

① 功能更趋于专业化。与工程项目管理理论结合得更为紧密，同时，针对不同的建设任务和不同的管理者，软件的针对性也越来越强。

② 信息共享度日益提高。项目管理信息系统中不同的子系统之间通过统一的数据模型和高效的文档管理系统可以实现较高程度的信息共享，提高了信息处理的效率。

③ 系统更趋于集成化。项目管理信息系统往往将不同子系统进行集成，如进度管理子系统与造价管理子系统和合同管理子系统的集成。项目管理信息系统与其他管理信息系统的集成度也越来越高，如造价管理子系统与 CAD 系统的集成等。此外，项目管理信息系统更加注重与通讯功能和计算机网络平台的集成。

④ 系统开放性日益提高。由于采用统一的开放性标准，如 TCP/IP 协议、Java 语言平台等，使得项目管理信息系统对具体软硬件平台的依赖性降低，系统的可移植性和互操作性不断提高，更加有利于项目管理信息系统的推广和应用。

⑤ 多项目管理。项目管理信息系统能够方便地管理不同地域上分布的多个项目。

总之，项目管理信息系统的未来发展方向是专业化、集成化和网络化，同时强调系统的开放性和可用性。

14.2.2　基于 INTERNET 的项目信息平台

随着科学技术的不断进步和项目管理需求的不断提高，人们对项目信息管理和沟通提出了更高的要求，主要体现在：

① 工程建设参与各方都能在各个阶段随时随地获得工程项目各组成部分的各种信息；

② 能够用虚拟现实的、逼真的工程项目模型指导工程项目的决策、设计与施工全过程；

③ 减少距离的影响，使项目管理者之间沟通时有同处一地的感觉；

④ 对信息的产生、保存及传播能够得到有效的管理。

基于Internet的项目信息平台(Internet－based PIP)能够在一定程度上解决上述问题，其主要功能是安全地获取、记录、寻找和查询项目信息。它相当于在项目实施全过程中，对项目参与各方产生的信息和知识进行集中式管理，即项目各参与方有共有的文档系统，同时也有共享的项目数据库。

在一般情况下，基于Internet的项目信息平台具有以下基本特点：

① 以Extranet作为信息交换工作的平台，其基本形式是项目主题网，它具有较高的安全性；

② 采用100%B/S(浏览器/服务器)结构，用户在客户端只需安装一个浏览器就可以；

③ 与其他相关信息系统不同，基于Internet的项目信息平台的主要功能是项目信息的共享和传递，而不是对项目信息进行加工、处理；

④ 基于Internet的项目信息平台不是一个简单的文档系统，通过信息的集中管理和门户设置为项目参与各方提供一个开放、协调、个性化的信息沟通环境。

1. 基于Internet的项目信息平台的体系结构

一个完整的基于Internet的项目信息平台的体系结构包括8层，如图14-6所示。

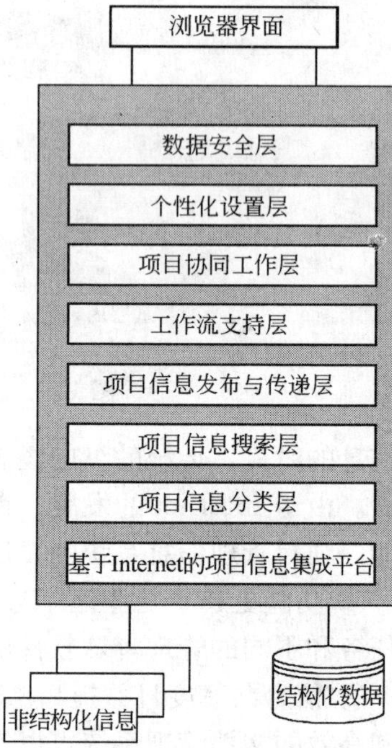

图14-6　基于Internet的项目信息平台体系结构

① 基于Internet技术标准的信息集成平台，是项目信息平台实施的关键，它必须对来自于不同信息源的各种异构信息进行有效集成；

② 项目信息分类层，在项目集成平台基础上，对信息进行有效地分类编目以便于项目参与各方的信息利用；

③ 项目信息搜索层，为项目参与各方提供方便的信息检索服务；

④ 项目信息发布与传递层，能支持信息内容的网上发布；

⑤ 工作流程支持层，使项目参与各方通过项目门户完成一些工程项目的日常工作流程，如工程变更等；

⑥ 项目协同工作层，使用同步和异步手段使项目参与各方结合一定的工作流程进行协作和沟通；

⑦ 个性化设置层，使项目参与各方实现基于角色的界面设置；

⑧ 数据安全层，基于Internet的项目信息平台有严格的数据安全保证措施，用户通过一次登录就可以访问所有的信息源。

2. 基于Internet的项目信息平台的功能

基于Internet的项目信息平台的功能分为基本功能和拓展功能两个层次。其中，基本功能是大部分商业化的基于Internet的项目信息平台和应用服务所具备的功能，它可以看成基于Internet的项目信息平台的核心功能。而拓展功能则是部分应用服务商在其应用服务平台上所提供的服务，这些服务代表了基于Internet的项目信息平台的未来发展趋势。

基于 Internet 的项目信息平台的功能框架如图 14-7 所示。

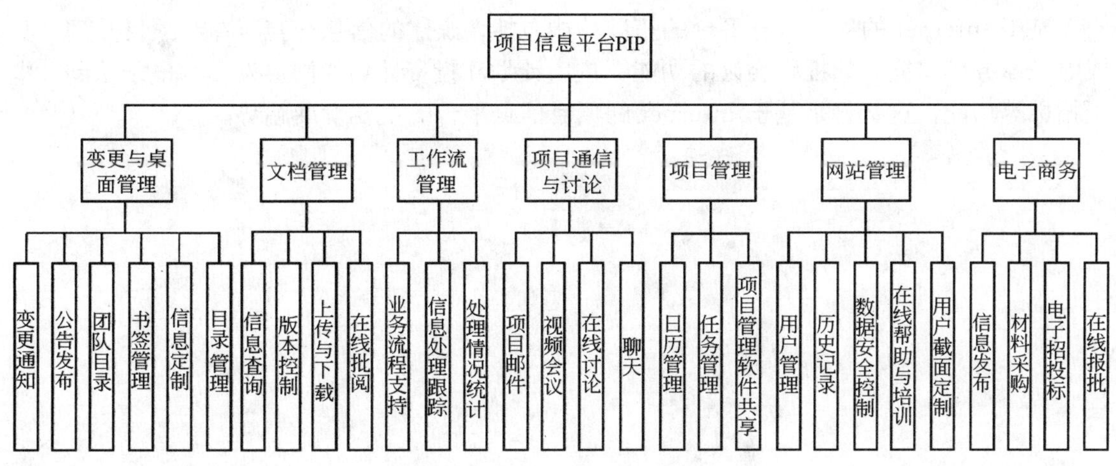

图 14-7　基于 Internet 的项目信息平台的功能结构

(1) 基本功能

基于 Internet 的项目信息平台的基本功能如下：

① 通知与桌面管理。包括变更通知、公告发布、项目团队通信录及书签管理等功能，其中变更通知是指当某一个项目参与单位有关的项目信息发生改变时，系统用 E-mail 进行提醒和通知，它是基于 Internet 的项目信息平台应具备的一项基本功能。

② 日历和任务管理。日历和任务管理是一些简单的项目进度控制工作功能，包括共享项目进度计划的日历管理和任务管理。

③ 文档管理。文档管理是基于 Internet 的项目信息平台一项非常重要的功能，它是项目的站点上提供标准的文档目录结构，项目参与各方可以进行定制。项目参与各方可以完成文档(包括工程照片、合同、技术说明、图纸、报告、会议纪要、往来函件等)的查询、版本控制、文档上传和下载、在线审阅等工作，其中在线审阅的功能是基于 Internet 的项目信息平台的一项重要功能，可支持多种文档格式，如 CAD、Word、Excel、Power Point 等，项目参与各方可以在同一个文件上进行标记、圈阅和讨论，这样可以大大提高项目组织的工作效率。

④ 项目通信与协同工作。在基于 Internet 的项目信息平台为用户定制的主页上，项目参与各方可以通过基于 Internet 的项目信息平台中的内置邮件通信功能进行项目通信功能的沟通，所有的通信记录在站点上都有详细的记录，从而便于争议的处理。另外，还可以就某一个主题进行在线讨论，讨论的每一个细节都会被记录下来，并分发给有关各方。项目信息门户系统的通信与讨论都可以获得大量随手可及的信息作为支持。

⑤ 工作流管理。工作流管理是对项目工作流程的支持，包括在线完成信息请求、工程变更、提交请求及原始记录审批等，并对处理情况进行跟踪统计。

⑥ 网站管理与报告。包括用户管理、使用报告生成等功能，其中很重要的一项功能就是要对项目参与各方的信息沟通(包括文档传递、邮件信息、会议等)及成员在网站上的活动进行详细记录。数据的安全管理也是一项十分重要的功能，它包括数据的离线备份、

加密等。

(2) 拓展功能

基于 Internet 的项目信息平台的拓展功能包括多媒体的信息交互、在线项目管理、集成电子商务等功能，如视频会议的功能、进度计划和投资计划的网上发布、电子采购、电子招标等功能，这些将是基于 Internet 的项目信息平台的主要发展趋势。